高职高专"十二五"规划教材

现代转炉炼钢设备

主　编　季德静　史学红
副主编　董　方　郭　江　吕国成
主　审　于　钧

北　京
冶金工业出版社
2014

内 容 提 要

本书结合现代冶金行业的转炉炼钢生产典型工艺,对现代转炉炼钢设备从工作原理、安全操作要点、结构特点、点检与维护、常见故障及其排除等角度做了系统性的介绍,内容包括铁水预处理设备、原料供应设备、转炉炉体设备、顶底复吹转炉底部供气元件、顶吹氧系统设备、转炉炼钢车间烟气净化回收系统设备、转炉炼钢用辅助设备、计算机自动控制装置、炉外精炼机械设备等。

本书可作为高等学校冶金技术专业的教材,也可作为企业在职人员的培训教材,还可供从事钢铁冶金生产与设备维修的工程技术人员参考。

图书在版编目(CIP)数据

现代转炉炼钢设备/季德静,史学红主编.—北京:
冶金工业出版社,2014.12
高职高专"十二五"规划教材
ISBN 978-7-5024-6826-2

Ⅰ.①现… Ⅱ.①季… ②史… Ⅲ.①转炉炼钢—炼钢设备—高等职业教育—教材 Ⅳ.①TF31

中国版本图书馆 CIP 数据核字(2015)第 004427 号

出 版 人 谭学余
地　　址 北京市东城区嵩祝院北巷 39 号　邮编　100009　电话　(010)64027926
网　　址 www.cnmip.com.cn　电子信箱　yjcbs@cnmip.com.cn
责任编辑 陈慰萍　美术编辑 吕欣童　版式设计 葛新霞
责任校对 禹蕊 责任印制 牛晓波
ISBN 978-7-5024-6826-2
冶金工业出版社出版发行;各地新华书店经销;北京印刷一厂印刷
2014 年 12 月第 1 版,2014 年 12 月第 1 次印刷
787mm×1092mm　1/16;17 印张;412 千字;262 页
39.00 元
冶金工业出版社　投稿电话　(010)64027932　投稿信箱　tougao@cnmip.com.cn
冶金工业出版社营销中心　电话　(010)64044283　传真　(010)64027893
冶金书店　地址　北京市东四西大街 46 号(100010)　电话　(010)65289081(兼传真)
冶金工业出版社天猫旗舰店　yjgy.tmall.com
(本书如有印装质量问题,本社营销中心负责退换)

前　言

转炉炼钢是当前钢铁工业主要的炼钢方法，因此冶金专业学生必须掌握现代转炉炼钢设备的相关知识，如现代转炉炼钢设备的类型、结构、工作原理、使用与维护、常见故障及其处理等等。本书是参照冶金行业的职业技能鉴定规范及中、高级技术工人等级考核标准编写的。在编写过程中，编者依据课程标准的要求，并结合现代钢铁企业转炉炼钢设备实际使用情况以及发展趋势，精选教材内容，理论联系实际，力求反映现代转炉炼钢设备的新技术，重视生产设备的实际应用，注重学生职业技能和动手能力的培养。

本书共分12章。其中，第1章由吉林电子信息职业技术学院毕俊召与韩佩津编写，第2章由吉林电子信息职业技术学院李金玲编写，第3章由吉林电子信息职业技术学院孙建波与蓝蓝编写，第4章由吉林电子信息职业技术学院吕国成与内蒙古科技大学邓永春编写，第5由吉林电子信息职业技术学院魏明贺与季德静编写，第6章由山西工程职业技术学院史学红与吉林电子信息职业技术学院李文韬编写，第7章由吉林电子信息职业技术学院季德静编写，第8章由山西工程职业技术学院史学红与中钢吉林铁合金股份有限公司李春阳编写，第9章由内蒙古科技大学董方编写，第10章由吉林电子信息职业技术学院包丽明与吕国成编写，第11章由吉林电子信息职业技术学院侯君与杨林编写，第12章由济源职业技术学院郭江编写。

本书由吉林电子信息职业技术学院季德静与山西工程职业技术学院史学红担任主编，内蒙古科技大学董方、济源职业技术学院郭江与吉林电子信息职业技术学院吕国成担任副主编，吉林电子信息职业技术学院机械学院院长于钧担任主审。

在编写过程中，得到了吉林电子信息职业技术学院（李长权、陈国山）、济源职业技术学院（李荣）、通化钢铁集团公司（张洪刚、李树飞、翟立伟）、吉林建龙钢铁股份有限公司（邢禹、王彦成）、天津冶金职业技术学院（贾燕璐）、中钢吉林铁合金股份有限公司（苏家男）的大力支持和帮助；在修改过程中，还得到了冶金工业出版社陈慰萍编辑的大力支持和帮助，在此一并表示衷心的感谢。

由于编者水平有限，书中存在的疏漏、欠缺，敬请广大读者批评指正。

编　者

2014年9月

目　录

1 概　　述

学习目标

（1）了解转炉炼钢生产工艺流程及主要设备构成。

（2）了解转炉炼钢经济技术指标内容。

1.1　转炉炼钢生产工艺流程及主要设备

1.1.1　转炉炼钢生产工艺流程

如图 1-1 所示，转炉炼钢工艺主要由以下四个系统构成：

（1）原料供应系统，即铁水、废钢、铁合金及各种辅原料的储备和运输系统以及铁水的预处理系统。

（2）氧气顶吹转炉的吹炼与钢水的精炼、浇注系统。

（3）供氧系统。

（4）烟气净化与煤气回收系统。

下面仅就转炉本体的工艺操作过程做简单的介绍。

（1）根据生产作业计划安排，混铁炉或混铁车作受铁准备，称量装入铁水重量，取样化验铁水成分和测量铁水温度。

（2）在废钢场按一定废钢比准备装入炉内的废钢，确定废钢种类和称量重量。

（3）将铁水和废钢装入炉内，等候吹炼。

（4）开吹前根据钢种要求和原料（铁水和废钢）条件等计算吹氧量和应加入的辅原料量，然后氧枪下降到预定位置吹炼。在吹炼过程中根据钢种要求按预先规定的供氧模式、枪位制度、辅原料加料制度和底吹供气制度进行吹炼操作。

（5）若转炉没有副枪，则一直吹炼到终点为止。当转炉装有副枪时，在吹炼到达终点前 2~3min 下降副枪，将探头插入到钢水一定深度，测量钢水温度和含碳量的同时取样，按测得的数据和目标要求计算到达终点尚需补吹的气耗量和应该加入的冷却剂量，按此数据吹炼到停吹。

（6）停吹后用副枪或倒炉进行钢水测温、取样，如达到温度和成分的目标值就出钢；否则就进行补吹。

（7）根据钢种目标成分要求，事先称量好要加入的脱氧剂量和铁合金量，在出钢时将它们加入钢水包中。

（8）出钢后的钢水用钢包车和天车运送到炉外精炼设备上进行成分微调和温度调整。

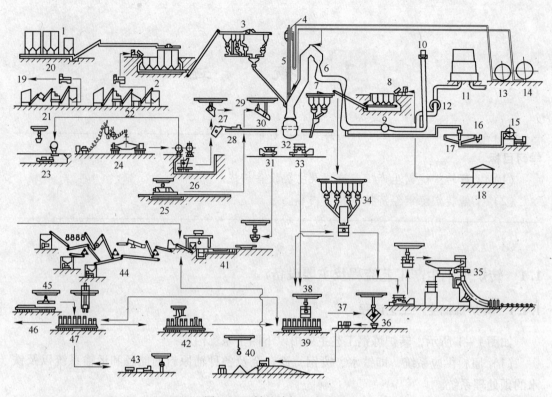

图 1-1　转炉炼钢生产流程

1—中间料仓；2—散状材料地下料仓；3—高位料仓；4—氧枪；5—副枪；6—烟气净化系统；7—铁合金高位料仓；
8—铁合金地下料仓；9—风机；10—烟囱；11—煤气柜；12—水封逆止阀；13—氧气罐；14—氮气罐；15—脱水
槽；16—集尘水槽；17—沉淀水槽；18—铁合金储存场；19—烧结厂；20—石灰料仓；21—氧化铁皮处理设备；
22—萤石处理设备；23—铁水倒渣间；24—铁水脱硫间；25—废钢堆积场；26—铁水倒灌坑；27—兑铁水；
28—扒渣机；29，30—装废钢；31—渣罐车；32—转炉；33—钢包车；34—钢水脱气间料仓；35—连铸
设备；36—渣罐；37—自装卸车；38，39—钢锭浇注；40—落锤；41—钢渣处理间；42—锭模准备间；
43—锭模修理间；44—钢渣回收厂；45—底板准备间；46—出轧厂；47—脱模间

（9）处理后的钢水送经连铸（或模铸）去铸锭。

1.1.2　转炉炼钢车间主要设备

如图 1-2 所示，转炉炼钢车间设备主要包括转炉主体设备、供氧系统设备、原料供应系统设备、出渣和出钢系统设备、烟气净化和回收设备、修炉设备。

（1）转炉主体设备。转炉主体设备包括转炉炉体（见图 1-3）、炉体支撑装置和炉体倾动设备，是炼钢的主要设备。

（2）供氧系统设备。供氧系统设备主要包括供氧系统和氧枪。供氧系统（见图 1-4）由制氧机、压缩机、储气罐、输氧管道、测量仪、控制阀门、信号联锁等主要设备组成。氧枪设备包括氧枪本体（见图 1-5）、氧枪升降装置和换枪装置。

（3）原料供应系统设备。原料供应系统设备包括主原料供应系统设备、散状料供应系统设备及铁合金供应系统设备。

1）主原料供应系统设备：包括铁水供应系统设备和废钢供应系统设备。其中铁水供

应系统设备由混铁炉（见图1-6）或混铁车（见图1-7）、铁水罐运输和称量等设备组成。废钢供应系统设备主要是废钢槽（见图1-8）。主原料供应系统设备的作用是为转炉供应铁水和废钢。

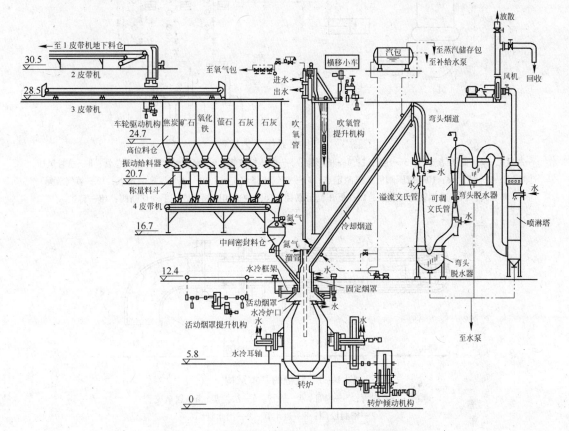

图1-2　顶吹转炉炼钢主要设备和工艺流程

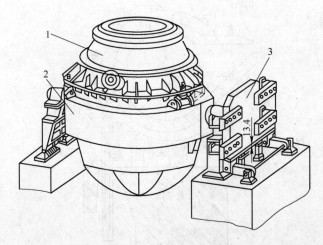

图1-3　转炉炉体结构

1—炉体；2—支撑装置；3—倾动装置

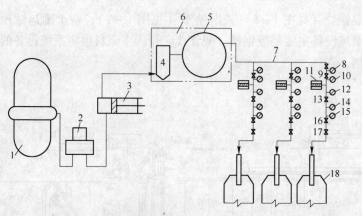

图 1-4　供氧系统工艺流程

1—制氧机；2—低压储气柜；3—压氧机；4—桶形罐；5—中压储气罐；6—氧气站；7—输氧总管；8—总管氧压
　测定点；9—减压阀；10—减压阀后氧压测定点；11—氧气流量测定点；12—氧气温度测定点；13—氧气流量
　调节阀；14—工作氧压测定点；15—低压信号联锁；16—快速切断阀；17—手动切断阀；18—转炉

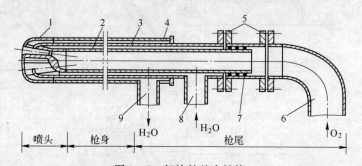

图 1-5　氧枪的基本结构

1—喷头；2—内管；3—中管；4—外管；5—法兰盘；6—送氧支管；
7—密封胶圈；8—进水管；9—出水管

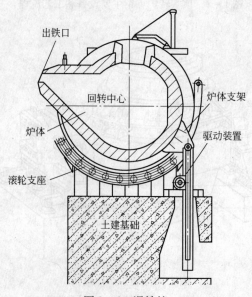

图 1-6　混铁炉

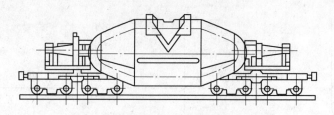

图 1-7 混铁车

图 1-8 废钢槽

2）散装料供应系统设备：包括低位料仓、皮带运输机、高位料仓、电磁振动给料机、称量滑斗等。散装料供应系统设备作用是为转炉供应散装料。散状料主要有造渣剂和冷却剂，通常有石灰、萤石、矿石、石灰石、氧化铁皮和焦炭等。

3）铁合金供应系统设备：在转炉侧面平台设有铁合金料仓、铁合金烘烤炉和称量设备。出钢时把铁合金从料仓或烘烤炉卸出，称量后运至炉后，通过溜槽加入钢包中。铁合金用于铁水脱氧和合金化。

（4）出渣、出钢系统设备。出渣、出钢系统设备有钢包、钢包运输车、渣罐、渣罐车。钢包的作用是承装和运载钢水。钢包车的作用是承载钢包、接受钢水并运送钢包过跨。渣罐的作用是承装和运载钢渣。渣罐车作用是运输渣罐过跨。

（5）烟气净化和回收设备。烟气净化和回收设备由烟罩、烟道、除尘降温设备、抽引风机、放散烟囱、煤气柜等组成。其作用是对转炉产生的烟气进行净化。当烟气 CO 含量低时，送入烟囱，燃烧后排放；当烟气 CO 含量高时，进入煤气柜回收，再供给用户作能源使用。

常用的烟气净化和回收系统有 OG 湿法烟气净化系统和 LT 干法烟气净化系统。

OG 湿法除尘系统流程如图 1-9 所示。OG 烟气净化设备通常包括活动烟罩、直烟道、汽化冷却烟道、溢流文氏管（一文）、可调喉口文氏管（二文）、弯头脱水器和抽风机、放散烟囱等。净化后含大量 CO 的烟气通过抽风机送至煤气柜加以储存利用。

LT 干法除尘系统的流程如图 1-10 所示。LT 烟气净化设备通常包括活动烟罩、直烟道、汽化冷却烟道、蒸发冷却塔、静电除尘器、切换站、放散塔、煤气冷却器等。净化后

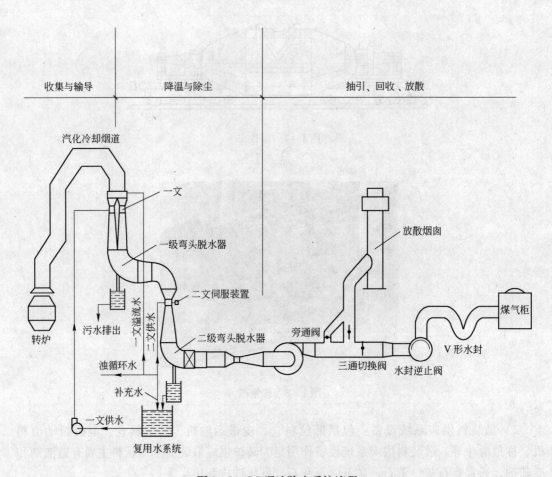

图 1-9　OG 湿法除尘系统流程

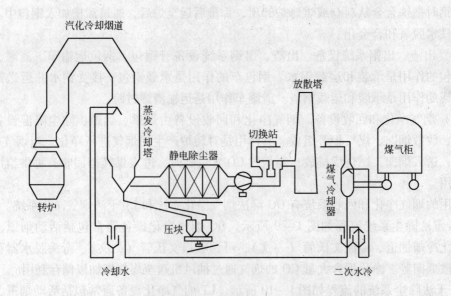

图 1-10　LT 干法除尘系统流程

含大量 CO 的烟气通过抽风机送至煤气柜加以储存利用。

（6）修炉设备。修炉设备包括喷补机、拆炉机和修炉机等。喷补机的作用是把被浸湿的补炉料由压缩空气喷射到炉衬需要修补的各个部位，提高炉衬的使用寿命。拆炉机的作用是把无法修补的炉衬捣毁拆掉，为重新砌炉做准备。修炉机的作用是将砌炉所用衬砖从转炉底部（顶部）送进炉内修砌处，供修炉用。

1.2　转炉炼钢的主要技术经济指标

炼钢技术经济指标是指评价炼钢生产技术水平的各种指标，常用的有 10 项。

（1）年产量。

$$年产量(t) = \frac{24nGa}{100T}$$

式中　n——年内的工作天数；

　　　G——每炉金属料重量，t；

　　　a——钢坯收得率，%；

　　　T——每炉平均冶炼时间，h。

（2）每炉钢产量。

$$每炉钢产量(t/炉) = \frac{合格钢产量(t)}{出钢炉数(炉)}$$

（3）冶炼时间。冶炼时间指冶炼每炉钢所需要的时间。

$$冶炼时间(min/炉) = \frac{炼钢作业总时间(min)}{出钢总炉数(炉)} \times 作业率$$

（4）作业率。作业率反映设备的利用率。

$$作业率 = \frac{年工作时间(d)}{日历时间(d)} \times 100\%$$

（5）转炉利用系数。转炉利用系数指每公称吨位的容量每昼夜所生产的合格钢坯量。

$$转炉利用系数 = \frac{合格钢产量(t)}{转炉公称吨数 \times 日历时间(d)}$$

（6）炉龄。炉衬寿命也称炉龄，指炼钢炉新砌内衬后，从开始炼钢起直到更换炉衬止，一个炉役所炼钢的炉数。

$$炉龄(炉) = \frac{炼钢总炉数(炉)}{炉衬更换次数}$$

（7）钢坯（锭）合格率。

$$钢坯(锭)合格率 = \frac{合格钢坯(锭)量(t)}{全部钢坯(锭)量(t)} \times 100\%$$

（8）钢坯（锭）收得率。

$$钢坯(锭)收得率 = \frac{合格钢坯(锭)量(t)}{金属炉料总量(t)} \times 100\%$$

（9）产品成本。

$$产品成本(元/t) = \frac{各种费用综合(元)}{合格钢坯(锭)量(t)}$$

（10）原材料消耗。

$$某种原材料消耗(kg/t) = \frac{某种原材料消耗(kg)}{合格钢坯(锭)量(t)}$$

思考与练习

1-1　简述转炉炼钢生产工艺流程。

1-2　转炉炼钢主要设备有哪些?

1-3　转炉炼钢生产的主要经济技术指标有哪些?

2 转炉车间的构成与设备布置

学习目标
 （1）了解转炉炼钢车间的跨间组成。
 （2）了解转炉炼钢车间的布置。

  现代炼钢生产中，氧气转炉炼钢占有重要地位。当今新建和改建转炉炼钢车间的基本工艺流程大多为：铁水预处理—复吹转炉—炉外精炼—连铸。氧气转炉炼钢的主要特点是：冶炼周期短，日产炉数多，产量大，生产频率高。因此，在确定氧气转炉炼钢车间的总体布置和工艺流程时，必须精心设计，多方案比较，处理好车间内外部各工序环节的衔接关系以及与炼铁、轧钢的协调，保证各个物流顺行，互不交叉干扰，各工序作业顺畅，以充分满足生产的需要，并尽可能采用机械化、自动化的操作和管理。

2.1　转炉车间的构成

  根据生产规模不同，转炉车间可分为大型、中型、小型三类。目前，国内年产钢量在 100 万吨以下的，称为小型转炉炼钢车间（厂）；年产钢量在 100~200 万吨的，称为中型转炉炼钢车间（厂）；年产钢量在 200 万吨以上的，称为大型转炉炼钢车间（厂）。

  炼钢车间的各主要作业是在车间的主要跨间及辅助跨间内完成的。氧气转炉炼钢车间包括主要跨间、辅助跨间和附属跨间。

  （1）主要跨间。主要跨间由转炉跨、浇注跨、加料跨组成，又称为主厂房。它要完成加料、吹炼、出钢、出渣、精炼、浇注、烟气净化与回收等任务，所以是车间的主体和核心部分。

  （2）辅助跨间。辅助跨间包括原料的准备、浇注前的准备、铸坯或钢锭的精整等。

  （3）附属跨间。附属跨间包括炼钢所需石灰、白云石等原料的焙烧，机修、制氧、供水等系统，还有炉渣的处理、烟尘的处理等系统。

2.2　主厂房的布置

2.2.1　主厂房内跨间的布置

  主厂房的布置，主要是确定加料跨、转炉跨和铸锭跨三个基本跨间的相互位置，其布置方式分为两种类型，如图 2-1 所示。

（1）加料跨—转炉跨—铸锭跨（或炉外精炼和钢包转运跨），如图 2-1（a）所示。此种布置方式的优点是：便于双面操作，转炉兑铁水、加废钢以及取样、测温在加料侧进行；而出钢、出渣在铸锭侧进行，操作方便，互不干扰，有利提高炉衬寿命，简化出钢口开堵操作；由于出钢靠铸锭侧进行，钢包车在炉下行走的距离较短；如果在加料跨出渣，还可利用加料吊车吊换渣罐；转炉跨排在中央位置，建筑重心稳定，可减少基建费用。其缺点是由于净化系统在两跨之间，除尘系统的布置比较紧张，污水排放管路较长。

（2）转炉跨—加料跨—铸锭跨（或炉外精炼和钢包转运跨），如图 2-1（b）所示。此种布置方式的优点是：便于在转炉跨外侧布置烟气净化系统设备，缩短了除尘系统的废气和排污管道长度；炉渣可从转炉跨外的配料偏屋运出，减轻了加料跨或铸锭跨吊车作业负荷。其缺点是炉子不便于双面操作，铁水废钢间布置往往受限制，钢包车运行线较长。如果是小型车间，加料跨被钢包车行走线切断，有效作业面积减小，无法铺设贯通铁路。

两者比较，第一种布置方式的缺点易于克服。一般新设计的转炉车间，采用第一种布置方式者居多。

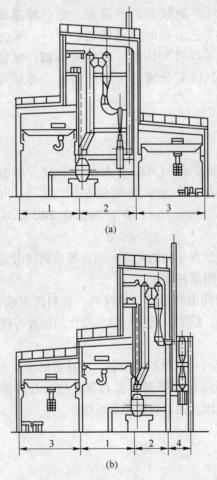

图 2-1　氧气转炉车间主厂房布置方式
1—加料跨；2—转炉跨；3—铸锭跨；4—偏屋

2.2.2 转炉车间设备布置

转炉跨是主厂房的核心部分。转炉跨内布置的主要设备有转炉及转炉倾动系统、散状料供应系统、供氧系统、底吹供气系统、烟气净化系统、铁合金供应系统及炉下出钢出渣设备。

（1）转炉及倾动系统布置：一般都将转炉及倾动系统集中布置在转炉跨纵方向的中央位置，并安装在两根厂房柱子之间。这种布置便于在加料跨的两端分别布置混铁炉工段和废钢工段，减少吊车相互干扰。

（2）烟罩、烟道、氧枪及副枪布置：通常烟罩、烟道皆沿跨间横向朝炉后弯曲，一是便于氧枪和副枪穿过烟罩插入转炉内，二是有一个连续更换氧枪的通道，换枪方便。副枪布置在靠烟道一侧。

（3）高位料仓的布置：散装料的高位料仓一般是沿炉子跨纵向布置，在其顶部有分配皮带机或振动管通过。因此高位料仓只能布置在紧靠固定烟罩的前面或后面。前者高位料仓中心线与转炉的中心线小，加料溜槽倾角大，便于实现重力加料，但烟道倾角较小，易于积灰。后者烟道倾角较大，不易积灰。如我国武钢、首钢和日本川崎等属于后者布置。

（4）除尘设备的布置：除尘系统大多数布置在炉子跨内，可按其中设备宽度最大的尺寸来决定，同时也与除尘系统的类型有关。

（5）加料跨的布置：一般中部为转炉炉前作业区，一端为铁水系统作业区，另一端为废钢系统作业区，其中的吊车等设备配置与具体工艺布置都应按分区作业的原则确定，并应考虑补炉料的运送和转炉修炉作业对生产中的转炉不发生干扰。

（6）铁水工段的布置：转炉车间铁水供应方式大多采用混铁炉，混铁炉在加料跨的布置有双跨布置（见图2-2）和单跨布置（见图2-3）两种。

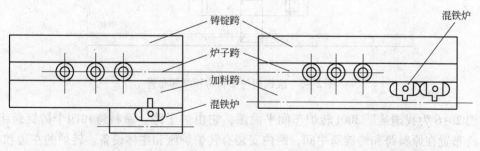

铸锭跨　炉子跨　加料跨　混铁炉　混铁炉

图2-2　混铁炉双跨布置　　　　图2-3　混铁炉单跨布置

双跨混铁炉是将混铁炉布置在加料跨以外相邻的跨间内，出铁水和进铁水分别在两跨内进行。这种布置原料工段劳动条件好，但是吊车不能共用，厂房投资费用增加。结合我国具体情况，中小型转炉以采用单跨混铁炉布置较为合适；在炉容量较大或炉座数较多的车间，宜采用双跨式布置。

（7）废钢工段的布置：废钢工段有三种布置方式，即废钢间布置在加料跨的一端、独立废钢间、废钢间与加料跨相毗邻。废钢间布置在加料跨的一端（见图2-4）的布置，结构紧凑，占地面积少，可以共用吊车，转炉联系方便，但对大量废钢加工困难。独立废钢间可加工处理大量废钢，但占地面积大，向转炉联系不是很方便。废钢间与加料跨相毗邻的布置（见图2-5），采用横向渡车将料槽送入加料跨，这种布置为新建大型转炉广泛采用。

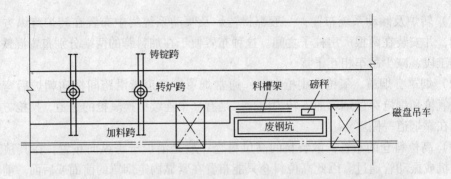

图2-4　废钢间布置在加料跨一端

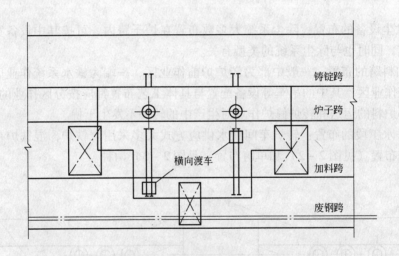

图2-5　废钢间与加料跨相毗邻布置

图2-6为我国某厂300t转炉车间平面图，它由炉子跨、原料跨和四个铸锭跨组成。炉子跨布置在原料跨和铸锭跨中间，跨内安装有转炉炉座和主体设备。转炉的左边和右边分别是铁水和废钢处理平台，正面是操作平台，平台下面设钢包车和渣罐车的运行轨道。转炉上方的各层平台则布置着氧枪设备、散状原料供料设备和烟气处理设备。原料跨主要配置有向转炉供应铁水和废钢的设备。铸锭跨内设有模铸和连铸的设备。

图2-7为我国某厂300t转炉车间断面布置图。通过车间的布置可以了解炼钢机械的总体概貌及其在车间生产中所处的地位以及它们之间的相互联系。

总之，在确定转炉炼钢车间的总体布置和工艺流程时应进行多方案比较，妥善处理好车间内外部各工序环节的衔接和相互平衡的生产关系，保证各种原材料、钢水、炉渣、钢坯（锭）等所有物料流向顺行，互不交错干扰，各工序作业能顺畅协调。

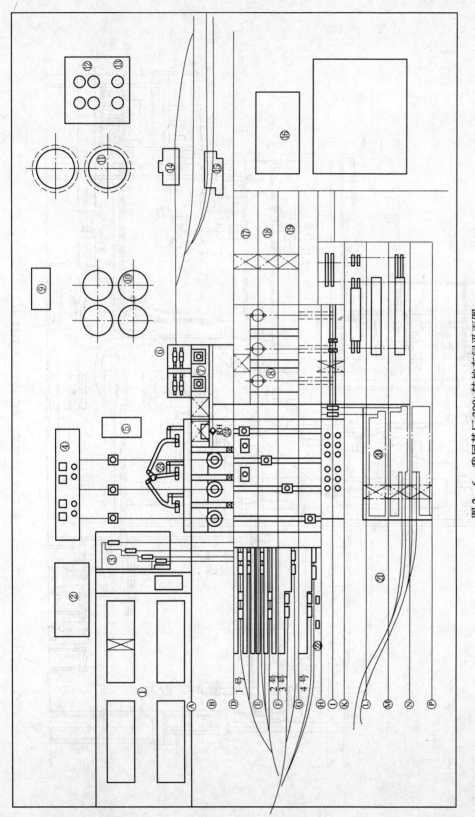

图 2-6 我国某厂 300t 转炉车间平面图

A—B: 加料跨; B—D: 转炉跨; D—E: 1 号浇铸跨; E—F: 2 号浇铸跨; F—G: 3 号浇铸跨; G—H: 4 号浇铸跨; H—K: 钢罐修砌跨;
2—磁选间; 3—废钢装料场; 4—渣场; 5—电气室; 6—混铁车; 7—铁水罐修理场; 8—连铸跨; 9—泵房; 10—除尘系统沉淀池; 11—煤气柜;
12—贮氧罐; 13—贮氮罐; 14—混铁车除渣场; 15—混铁车脱硫场 (铁水预处理); 16—萤石堆场; 17—中间罐修理间; 18—二次冷却辊道修理间;
19—结晶器辊道修理间; 20—冷却场; 21—堆料场; 22—钢水烘烤区; 23—除尘烟囱; 24—RH 真空处理

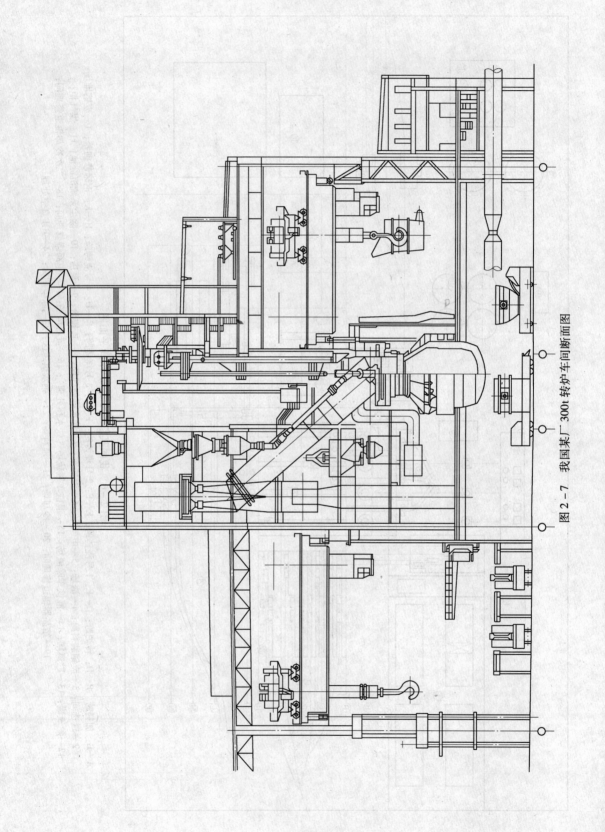

图 2 - 7　我国某厂 300t 转炉车间断面图

思考与练习

2-1 转炉炼钢车间是由哪些跨间组成的?

2-2 分析如何布置转炉炼钢车间。

3 铁水预处理设备

学习目标

(1) 掌握铁水预脱硫工艺。

(2) 熟悉预脱硫设备的使用与维护。

(3) 了解预脱硫设备常见故障及排除方法。

铁水预处理是将铁水装入转炉冶炼之前先在炉外进行脱硫和其他成分的处理。这样不但可以缩短转炉的冶炼时间，提高生产率，同时还可不断扩大转炉炼钢的品种和提高转炉钢的质量。由于这种工艺给钢铁产量和品种质量带来明显的效果，故铁水预处理已成为现代钢铁生产中不可缺少的重要环节。

为了进一步改进和简化炼钢工艺，提高钢材质量，并逐步实现共生铁矿的综合提取和利用，铁水预处理将逐步实现全脱预处理和深处理，即将铁水预处理纳入钢铁冶金工序，实现全量铁水预处理，形成配套技术，并加强自动化控制。图 3-1 是 20 世纪 80 年代形成的最佳钢铁冶金工艺流程。

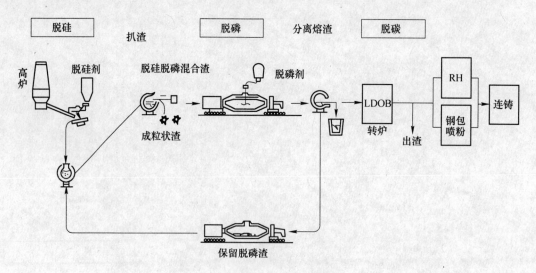

图 3-1 最佳钢铁冶炼工艺流程方案

铁水预处理包括预脱硅、预脱磷和预脱硫。预脱硅常用高炉出铁沟脱硅法和铁水罐喷吹脱硅法；预脱磷常用鱼雷罐车预脱磷和铁水罐预脱磷法。而在铁水预处理中脱硅和脱磷往往可以在脱硫的同时进行，所以本书主要介绍铁水预脱硫的方法及设备。

　　现代工业生产和科学技术的迅速发展，对钢的品种和质量要求提高，连铸技术的发展也要求钢中硫含量低（硫含量高容易使连铸坯产生裂纹）。铁水脱硫可满足冶炼低硫钢和超低硫钢种的要求。转炉炼钢整个过程是氧化气氛，脱硫效率仅为 30% ~ 40%；而铁水中的碳、硅等元素氧含量低，提高了铁水中硫的活度系数，故铁水脱硫效率高；铁水脱硫费用低于高炉、转炉和炉外精炼的脱硫费用。减轻高炉脱硫负担后，能实现低碱度、小渣量操作，有利于冶炼低硅生铁，使高炉稳定、顺行，可保证向炼钢供应精料。铁水预脱硫已成为优化冶金生产工艺不可缺少的工序之一，它可降低炼铁的焦比和提高生产率，减少炼钢的石灰消耗量和渣量等，从而降低生产成本，有效地提高钢铁企业铁、钢材的综合经济效益。

　　铁水预脱硫的方法很多，常见的预脱硫方法有回转炉脱硫、摇包法脱硫、DORA 法脱硫、PDS 法脱硫、CLDS 法脱硫、GMR 法脱硫、镁焦脱硫、Demag 法脱硫、KR 法脱硫及喷吹法脱硫。上述列出的各种方法经工业实际应用，有的因处理能力较小、主要部件耐火材料寿命短、处理效果及可控性较差和环境污染问题较严重等而逐渐被淘汰。现在最常见到的是 KR 法脱硫和喷吹法脱硫。

3.1　KR 脱硫法

3.1.1　KR 脱硫法工艺及特点

　　KR 脱硫法是日本新日铁广烟制铁所于 1965 年用于工业生产的铁水炉外脱硫技术。这种脱硫方法是以一种外衬耐火材料的搅拌器浸入铁水罐内旋转搅动铁水，使铁水产生旋涡，同时加入脱硫剂使其卷入铁水内部进行充分反应，从而达到铁水脱硫的目的。它具有脱硫效率高、脱硫剂耗量少、金属损耗低等特点。

　　1976 年武钢在引进硅钢生产专利技术时，根据硅钢质量的要求，从日本引进了 KR 铁水脱硫装置。1979 年在武钢二炼钢厂建成投产。从投产到 1989 年的 10 年间，处理铁水 11413 罐次 943547t。经脱硫处理后，铁水含硫量小于 0.005% 的罐次比例在 98% 以上，满足了冶炼无取向硅钢的要求，并为开发和生产低硫新钢种提供了重要条件。

　　铁水由炼铁厂高炉用敞口式铁水罐运至 KR 脱硫间，铁水脱硫前的硫含量为 0.036% ~ 0.060%，脱硫后可降至 0.005% 以下，铁水温度不低于 1300℃。脱硫剂使用粉状碳化钙（CaC_2），载气为氮气，处理周期平均为 42min。

3.1.2　KR 脱硫设备

　　KR 脱硫装置（见图 3 - 2）主要由搅拌器、搅拌器旋转和提升装置、搅拌器更换装置、干燥炉、烟罩及升降装置、碳化钙输送给料装置、扒渣机、铁水罐倾翻装置、除尘装置等组成。

　　(1) 搅拌器。搅拌器浸入铁水内用于搅拌铁水，其结构如图 3 - 3 所示。它衬有耐火材料。1 套 KR 脱硫装置共设有 6 个搅拌器，其中 1 个作为正常使用，其余 5 个为备用和干燥。搅拌器的结构特点是有 1 个带十字形叶片的轴，外部浇注 1 层耐火材料。包括轴在内全高为 2800mm，中间轴 $\phi220mm$，内孔 $\phi90mm$，套有内装 $\phi60mm$ 压缩空气冷却用钢管。叶片钢板厚 100mm。为了使耐火材料与叶片和轴粘牢，在轴上和叶片上焊有 $\phi5mm$

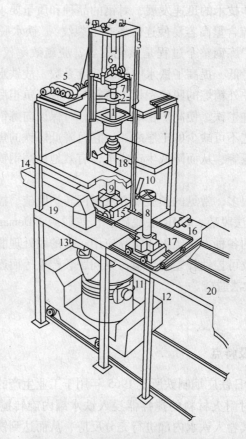

图 3 - 2　武钢引进的 KR 脱硫装置

1—搅拌器主轴；2—搅拌器小车；3—搅拌器导轨；4—搅拌器提升滑轮；5—搅拌器提升装置；6—液压马达；
7—液压挠性管；8—新搅拌器；9—旧搅拌器；10—溜槽伸缩装置；11—铁水罐；12—铁水罐车；
13—废气烟罩；14—废气烟道；15—搅拌器更换小车；16—移动装置；17—新搅拌器更换小车；
18—更换搅拌器活动平台；19—平台；20—搅拌器修理间

长为 50mm、70mm 和 100mm 的 Y 形销钉共计 300 个。包括耐火材料在内重约为 3000kg。搅拌器与主轴用法兰盘连接和承受并传递搅拌力矩。

（2）搅拌器提升装置。搅拌器提升装置（见图 3 - 4）用于当铁水罐运入或运出 KR 操作位置时以及当更换搅拌器时提升搅拌器和小车。

搅拌器提升装置用电动提升卷扬机传动，提升装置参数如下：

提升速度	高速 6m/min，低速 3m/min
升降行程	最大 8000mm（常用 7900mm）
电动机容量	22kW/11kW，AC380V，50Hz
主减速机速比	1∶87.645
事故用升降速度	0.62m/min
事故用电动机	22kW，DC220V，1150r/min
事故用减速机速比	1∶1

人工加油泵安装在框架上，以润滑卷扬机滚筒和钢绳滑轮的轴承。

（3）搅拌器小车。搅拌器小车用型钢和钢板制作，是带有导辊的全焊接结构。主轴

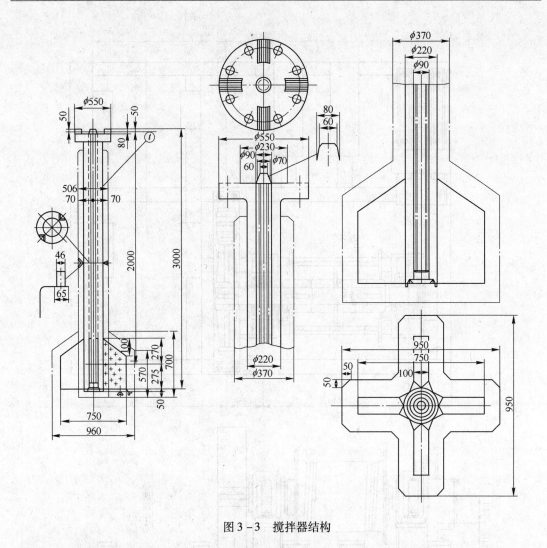

图 3 - 3 搅拌器结构

通过轴承和搅拌器小车相连接，而搅拌器通过联轴节连接在主轴的端部。在操作时，小车的位置根据搅拌器和铁水罐内铁水液面之间的关系而定。

1）带轴承和联轴节的主轴。主轴和搅拌器用联轴节连接，并将搅动力传递至搅拌器。

用于冷却的压缩空气自气源经软管和管道并通过旋转活接头送至主轴的空气冷却孔。

搅拌器结构返回的压缩空气同样经过旋转活接头排至外面。冷却空气连续供应直到脱硫作业结束。

搅拌器旋转驱动装置如图 3 - 5 所示。

2）搅拌器小车夹紧装置。搅拌器小车夹紧装置用于防止在搅动过程中搅拌器和小车产生不规则的振动。它用 4 个液压缸操作。

3）人工润滑系统。人工加油泵安装在搅拌器小车上，以润滑支承主轴的轴承、夹紧装置、旋转活接头、导辊、小车上的钢绳滑轮等。

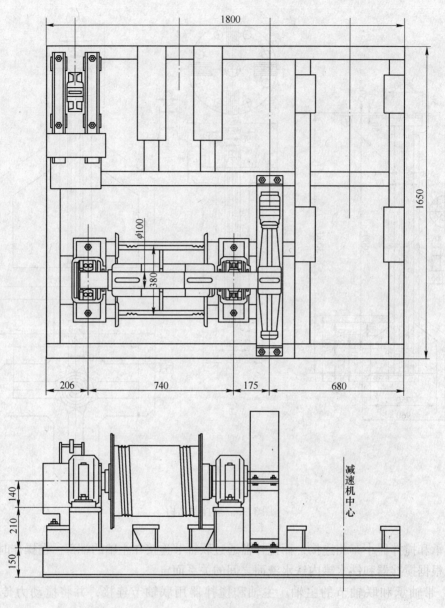

图 3 - 4 搅拌器提升装置

3.1.3 KR 脱硫设备的使用与维护

3.1.3.1 KR 铁水脱硫的基本操作

A 扒渣操作

（1）脱硫铁水罐由牵引车运载至扒渣位置后，由主控台将罐倾斜至扒渣角度（以铁水不会溢出为准），然后进行扒渣操作。

（2）扒渣机在运转前接通电源并选择好手动或自动操作方法（扭动转换操作手柄），要确认清楚手动（ISW）或自动（3PL）灯光显示和紧急停车手动按钮的位置。

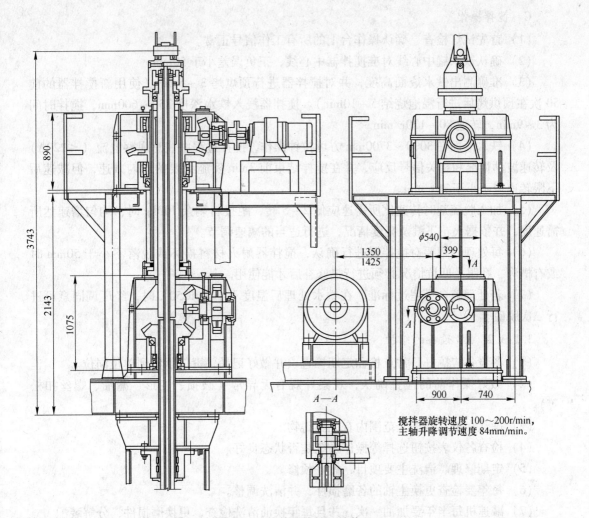

图 3-5 搅拌器旋转驱动装置

（3）要确认压缩空气的入口压力达到 0.6~0.8MPa，操作压力大于 0.45MPa。

（4）扒渣机运转前，小车的前进端极限应设在零位，后退端极限应设在拾位上，否则不允许运转。

（5）扒渣机的前后行程为 5~6m，高度为 0.9m，左右旋转角度为 12.50°。

（6）当罐内铁水中带有大于 600kg 的渣块时，原则不能强行扒渣，应将铁水返回到混铁炉。

（7）铁水在搅拌前后都要进行扒渣，罐内渣子扒到铁水裸露不小于 $\frac{2}{3}$。

B　卷扬操作

（1）运行前必须检查确认主操作台电源转换开关、钢丝绳及抱闸正常，进行试运转后方能使用。

（2）铁水罐必须对准扒渣的中心线，方可进行倾翻铁水罐操作。

（3）机旁操作卷扬时，只许挂脱钩操作，倾斜操作应在主控台进行。

C　搅拌操作

（1）首先试灯检查，确认操作台上的所有工作信号正常。

（2）确认铁水罐中心线对准搅拌器中心线，正负误差小于50mm。

（3）准确测出铁水液面高度，并对搅拌器进行预烘烤3～5min（使用新搅拌器的前50次在预烘烤后进行浸泡烧结5～10min）。搅拌器浸入铁水深度350～600mm，搅拌时间为3～9min，转速80～120r/min。

（4）铁水液面在3000～3700mm方可拉钟操作，搅拌过程中注意观察电流（≤220A）及转速波动情况和相关信号反应，并在搅拌结束前3min实施必要的均匀减速，但减速后下限转速应不小于78r/min。

（5）加入脱硫剂时转速比所需速应低2～5转，距投料剩余100kg时，均匀增速达所需速度，并依据火花飞溅及亮度情况，进行适当的减速调节。

（6）每处理一罐要对搅拌器进行确认，搅拌器耐火材料损坏或脱落不小于50mm时或有槽沟、孔眼、凹坑情况必须进行热修补后才能使用。

（7）若处理硫含量超过标准，在铁水处理后温度不小于1250℃时，经厂调同意可进行二次脱硫。

3.1.3.2　KR 设备的维护

（1）各设备应搞好日常点检和定期检查，并做好记录，责任落实到单位岗位。

（2）做好操作前的检查确认，观察外观有无异常（破损、变形、漏油、螺丝扣松等）。

（3）确认在搅拌器提升范围内有无障碍物。

（4）检查各仪表按钮选择等操作系统是否状态良好。

（5）定期修理、清洗主要项目，做好预修。

（6）每年要检查更换主轴的各磨损件，并清洗调整。

（7）减速机每半年要加油一次，并且每年换油清洗检查，更换磨损件，分解装配。

（8）针摆减速机每隔一年换油一次，一定要让有经验的钳工进行分解。如果减速机外壳温度在50℃以上及有异常声音，暂时停止运转，必须分解检查。

（9）每周检查钢丝绳：1根绳股数中，有10%以上的断丝时，要更换钢丝绳。钢丝绳直径减小超过公称直径7%以上时，要更换钢丝绳。

（10）各种设备分期分批做好定期检修，确保正常运转。

（11）卷扬提升机做好周检外，每年要进行检修、清洗、更换部件，不能超载作业。

3.1.3.3　KR 设备的日常点检

（1）电动机的点检。经常保持电动机清洁，防止灰尘、污垢、杂质等进入电动机。电动机设备要完整无损、零部件齐全。检查地脚以及机械部分有无松动现象。电动机运行正常应无异常杂音、无剧烈振动。电动机绝缘良好，摇测绝缘电阻应不小于0.38MΩ。电源电压不能超过规定值。

（2）减速机的点检。减速机结构要完整无损，地脚及各部连接螺栓要齐全紧固，无松动。在油标的刻度范围内油应清洁，没有乳化现象。齿轮点蚀剥落面积不超过齿面的30%，深度不超过齿厚的10%，磨损不超过原齿厚的15%，不允许齿轮轴有空运现象，不允许有断齿，齿面齿根不应出现裂纹。

（3）制动器的点检。制动器的闸轮固定牢靠，表面光滑，无严重磨损，磨损大于3mm或沟槽大于2mm时应更换。制动器应结构完整，零部件齐全，易损件无严重磨损。闸皮磨损不严重，磨损规定是不超过原厚度的1/3。制动器动作灵活可靠，无偏斜卡阻现象。地脚及连接螺栓坚固，电磁铁座固定牢靠，接线完好，电磁铁运行时没有剧烈振动，温升不超过规定值。

（4）弹性联轴器的点检。弹性联轴器零部件齐全，结构无损伤、断裂等现象。各半接手的配合与连接牢固可靠。胶圈、螺丝及孔径磨损严重时应更换胶圈，径向磨损不超过1.5mm。

（5）卷筒的点检。卷筒运行正常，两半接手应同心，径向位移允差小于0.04mm。卷筒结构要完整，各部连接牢固可靠。卷筒表面不允许有裂纹，卷筒壁厚磨损应小于原壁厚的1/10。轮槽磨损深度不超过钢绳直径25%。卷筒运转平稳，压板牢固。

（6）滑轮组的点检。滑轮位移允差小于0.3mm，零部件齐全无损，各处连接牢靠，转动平稳，轴承润滑良好，磨损不超过规定范围。销轴固定牢靠无弯曲变形，磨损不超过其轴径的25%。

（7）钢丝绳的点检。钢丝绳绳芯含油饱满，表面无结块现象。钢丝绳不允许有整股断丝或钢丝磨损超过原直径的20%。每一节距内的断丝数和磨损不超过规定值。钢丝绳固定要牢靠，卡具要拴牢。

（8）主轴和升降小车的点检。主轴和升降小车应结构完整无损，无严重变形，各部连接螺栓紧固；转动灵活，无偏斜卡阻现象；运行正常、无异常响声。

无论是定期设备检查还是日常检查时发现的设备缺陷，能排除的应立即排除，并在交接班记录中详细记录；不能及时排除的设备缺陷，应在每天厂调度会上研究是否停机处理或请示设备厂长及时停机处理。

如果发现缺陷，操作人员处理不了的，应向班长汇报同时与厂调联系，由当班调度主任组织岗位工人和维修工人共同处理并且所处理情况详细登记记录，以便设备专业员掌握情况。

3.2 喷吹法脱硫

铁水罐喷吹法（见图3-6）是将喷枪垂直地插入铁水中，用载体（N_2）将脱硫粉剂送入铁水中，发生脱硫反应。要使脱硫反应充分进行，应尽可能创造好的动力学条件，如增加脱硫剂在铁水中的停留时间，增大铁水与脱硫剂的接触界面，减少铁水搅动的死区范围，较深的熔池深度等。喷吹法最好使用CaC_2、Mg粒等强脱硫剂。采用铁水罐喷吹可以缩短脱硫处理和转炉冶炼之间的时间，减少因脱硫后铁水长时间等待而造成的回硫现象。铁水罐的几何形状也有利于铁水的均匀搅拌，可以顺利地扒除脱硫渣。

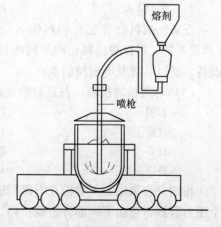

图3-6 铁水罐中喷射脱硫法

　　由于铁水罐喷吹法将惰性气体、脱硫剂、铁水三者进行了充分搅拌混合，所以脱硫效率高、处理时间短、处理费用较低，并且每次处理铁水与转炉用铁量相同，操作方便灵活，因而受到国内大多数厂家认可，成为目前国内应用最广泛的铁水脱硫处理方法。

　　喷镁铁水脱硫站的工作原理是：利用气力输送的原理，通过一系列装置，将符合一定要求的颗粒镁均匀连续地通过管路和喷枪喷射到铁水中，通过镁粒的气化，以气态镁为主的脱硫剂与铁水中的硫反应生成硫化物，上浮到渣中，经过扒渣去除，最终将铁水中的初始含硫量降到预定的目标硫含量。

3.2.1　铁水罐喷吹脱硫设备

　　脱硫站是一个系统工程，包括工艺、设备（含控制系统等）、脱硫剂等多种因素，缺一不可，因此必须确保这些因素都是最佳的，才能完美地实现脱硫站的功能。喷吹工艺要符合用户的实际情况，比如铁水重量、铁水初始硫、温度、其他化学组成、目标硫、渣量、渣况、渣的化学组成、氮气的喷吹参数、颗粒镁的理化性能等。

　　钙基、镁基喷吹设备类似，只是脱硫粉剂不同。宝钢、本钢、包钢已建成一定规模的镁基脱硫预处理项目，在这里以本钢为代表，简介镁基脱硫的设备参数及其特点。本钢镁基脱硫设备年处理铁水量 250 万吨，原始硫平均含量 0.044%，处理后可达 0.01% ~ 0.001%。

　　（1）槽车。槽车的参数为：

料槽容量	10t
卸粉气体	氮气
卸粉垂直距离	约 15m
卸粉水平距离	30 ~ 40m
安全保护	应设气体过压保护

　　（2）石灰粉储仓。石灰粉储仓的参数为：

数量	1 个
容量	$100m^3$
直径	4000mm
总高	15m
保护压力	2.2kPa（$22mmH_2O$）

石灰粉剂料仓装配有粉料输入管道、料仓锥体部分的流态化系统、料位指示系统（共设 5 挡，可以提供料仓内不同的料位）、安全泄压阀和集尘器，并配有自动脉冲供氮设备、通风装置及电磁控制盘。

　　（3）石灰粉输送罐。石灰粉输送罐的参数为：

容积	$1.7m^3$
直径	1219.24mm
总高	2914mm
输送能力	150kg/min

粉剂靠自重由石灰输粉仓下落到输送罐中，并通过气力输送到发送罐中。输送罐是一个压力容器，它由下列部分组成：1）1 个由钢板焊接而成的耐压罐体；2）1 套粉料流态化系统；3）1 套进料系统，设手动和气动操作阀；4）1 个减压阀；5）1 套高、低压开

关；6）1个安全泄压阀。

（4）镁粉储粉仓。镁粉储粉仓的参数为：

容积	10m³
空载质量	3402kg
输送能力	100kg/min

镁粉储料仓是一个压力容器，它由下列部分组成：1）1个由钢板焊接而成的压力容器；2）1套氮气流态化系统；3）1套镁粉进、出口阀；4）1套高、低压开关；5）1套称量系统；6）1套高低压显示和安全放散阀。

袋装镁粉由汽车送到预处理站，并借助5t单梁悬挂吊车吊运到镁粉储仓上部，人工卸到镁粉料仓中，而后根据镁粉用量要求，气力输送到镁粉发送罐中。该镁粉储仓为两个喷吹位共用。

（5）发送罐（喷粉罐）。发送罐（喷粉罐）的参数为：

容积	2.2m³
空载质量	2000kg
供粉速度	
石灰粉	60kg/min（镁粉–石灰粉联合喷吹）
镁粉	25kg/min（镁粉–石灰粉联合喷吹）
石灰粉	90kg/min（石灰粉单独喷吹）
粉气比	150kg/8.4m³

每个喷吹位备有石灰和镁粉发送罐各1个。发送罐由下列部分组成：1）发送罐锥体：由钢板焊接而成的压力容器，每个喷吹位各设有石灰发送罐和镁粉发送罐各1个，全站共4个；2）1套粉料流态化系统；3）1套氮气输送系统；4）1套高压、低压开关；5）1套压力传感器的称量系统；6）1套进粉和排粉系统；7）1套安全泄压阀；8）1组除尘设备。

（6）喷枪传动机构。喷枪传动机构的参数为：

起升质量	5000kg
最小提升能力	2500kg
喷枪质量	1500kg
喷枪升降速度	1.0m/s
喷枪行程	6650mm
驱动电动机功率	约22kW

喷枪传动机构由固定框架、导向架、升降小车以及传动电动机和齿轮箱组成，如图3-7所示。喷枪升降位置的确定，通过编码器来控制。喷枪架底座固定在标高+9.5m的工作平台上。每个喷吹位置各设置1套喷枪传动机构。

（7）测温、取样装置。测温、取样装置的参数为：

起升质量	1270kg
喷枪行程	6800mm
枪升降速度	60m/min
测温试管长	1480mm
取样器长	1000mm
取样时间	约6s

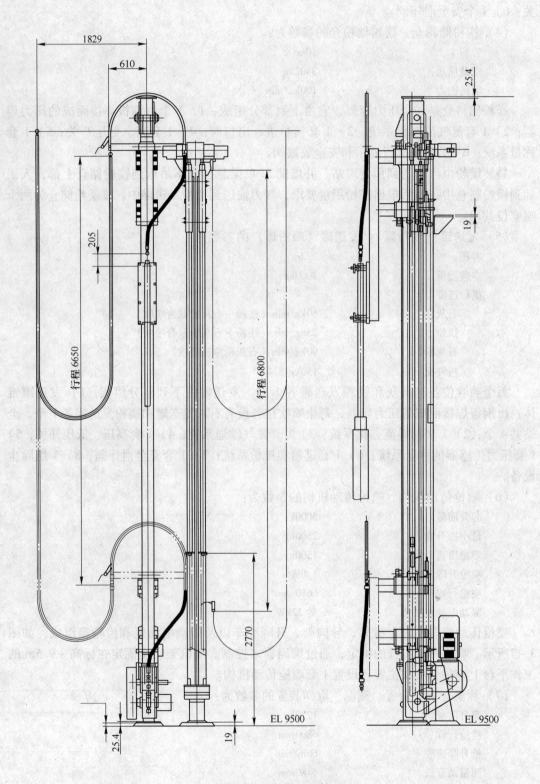

图 3 - 7　喷枪传动机构

测温、取样装置由固定架、导向架、滑动小车以及传动机构等部件组成。枪位的确定采用编码器控制,该装置固定在标高 +9.5m 的平台上,在平台上完成测温、取样探头的更换操作。每个喷吹位各设置 1 套测温、取样装置。

(8) 铁水罐运输与倾翻车。铁水罐运输与倾翻车如图 3-8 所示。其参数为:

最大承载量	300t
轨道中心线	3705mm
轴距	5129mm
轮压	
前轮轮压	353kN (铁水罐处于 0°倾斜时)
后轮轮压	372kN (铁水罐处于 0°倾斜时)
前轮轮压	396kN (铁水罐处于 45°倾斜时)
后轮轮压	186kN (铁水罐处于 45°倾斜时)
走行速度 (最大)	13.5m/min
铁水罐最大倾斜角度	45°12′
铁水罐倾翻速度	0.3r/min
铁水罐铁水最大装入量	160t
铁水罐铁水处理装入量	155t
铁水罐放在倾动架上的动载系数	2.0
铁水倾翻车轨道型号	Qu100

铁水罐运输与倾翻车为一焊接结构,由车架和倾翻架两部分组成。铁水罐放置在一个带有弧形滚动面的支架上,该支架通过两个液压缸使铁水罐得到一定角度的倾斜,以满足扒渣操作要求。

支架底座上安放有 4 个荷重传感器,每个荷重传感器承受能力为 250t,可以对铁水罐中的铁水进行准确称量。

倾翻车为液压驱动,在行程两终点均设有限位开关,车子通过变更行走速度,可以准确停靠在吊包与处理的工作位置。

每个喷吹位的液压系统是独立的,液压源由泵房经阀门站、管道送到铁水罐倾翻车上。通过阀门站对铁水倾翻车的操作进行控制。

(9) 扒渣机。扒渣机主要由支撑柱、旋转支柱、扒渣机臂以及液压缸、液压传动件等部分组成,如图 3-9 所示。扒渣机的参数为:

扒渣机臂总长	7940mm
扒渣机臂行程	5000mm
提升高度	1000mm
旋转速度	0.27r/min
旋转线速度	1.5m/min
提升速度	75mm/min
向上允许倾角	5°
向下允许倾角	10°
水平旋转角度	±105°
水平旋转速度	1.6(°)/s

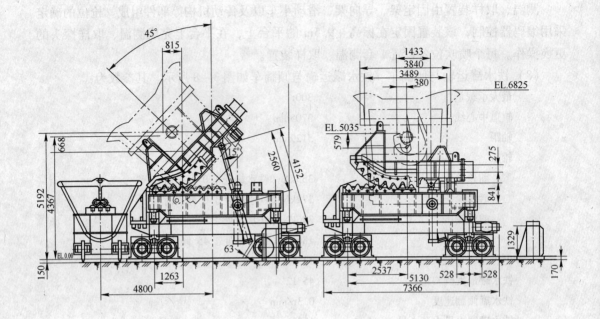

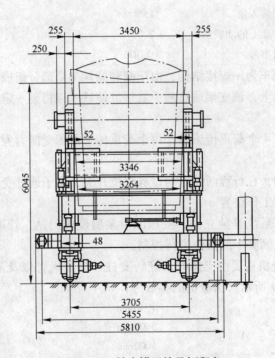

图 3 - 8   铁水罐运输及倾翻车

扒渣机借助操作台上的操作按钮进行人工操作。扒头伴随铁水罐不同的倾动角度，可以在变动的铁水面上按需要的位置和路线移动，将铁水罐的渣子扒到渣罐内。

(10) 渣罐车。渣罐车是本钢二炼钢现有 $11m^3$ 渣罐的配套设备。根据铁水预处理的操作工艺要求，该车是在原有渣罐车结构的基础上重新设计而成的。渣罐车的参数为：

最大承载能力	约50t
驱动方式	电动
行走速度	15~20m/min

渣罐车车体为焊接结构，行走于0m的地面轨道上。

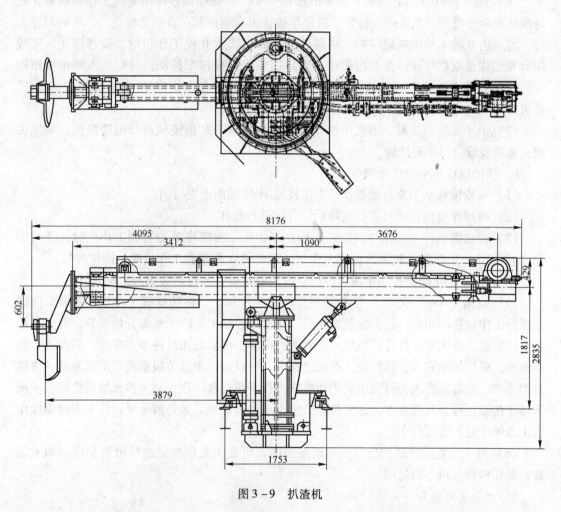

图3-9　扒渣机

3.2.2　铁水罐喷吹脱硫设备的使用与维护

3.2.2.1　设备的使用

A　喷枪横移操作

a　喷枪横移车中央手动操作

（1）喷枪横移车中央手动操作是在主控室HMI画面上进行的。

（2）将操作前检查项目进行完毕后，方可进行操作。

（3）确认哪个枪在工作位。如果A枪在工作位，需要将B枪移到工作位时，进行下面（4）~（6）的操作；如果B枪在工作位，需要将A枪移到工作位时，操作类似。

（4）确认HMI画面控制小窗口内控制模式的选择，此时应为MAIN及MANUAL。

（5）点击画面图标，将锁定缸打开。操作后，对应锁定缸锁紧限位与松开限位的图标颜色有相应变化，当两个限位图标都发生颜色变化时，说明锁紧缸打开到位。在此过程中，如果出现锁紧缸不动作或者锁紧缸限位报警，应通知检修公司小班进行处理。

（6）点击 HMI 界面上指向 B 位置的按钮"＜＜"，操作横移车向 B 枪工作位横移，此时横移车声光报警会发出声光报警。横移车横移为变频控制：首先低速走行，然后高速走行，当到达 B 枪工作位减速位时，横移减速，最后到达 B 枪工作位时，横移停止，完成向 B 枪工作位横移作业。在此过程中，如果需要停止横移车移动，只要点击停止按钮即可。如果 B 枪在工作位，需要 A 枪移动到工作位时，点击指向 A 位置的按钮"＞＞"即可。

（7）由于是变频控制，当发生驱动报警时，可点击复位按钮进行报警复位；如果无效，通知检修公司小班处理。

b　喷枪横移车中央自动操作

（1）喷枪横移车中央自动操作是在主控室 HMI 画面上进行的。

（2）将操作前检查项目进行完毕后，方可进行操作。

（3）确认哪个枪在工作位。如果 A 枪在工作位，需要将 B 枪移到工作位时，进行下面（4）、（5）步操作；如果 B 枪在工作位，需要将 A 枪移到工作位时，操作类似。

（4）确认 HMI 画面控制小窗口内控制模式的选择，此时应为 MAIN 及 AUTO。

（5）点击"＜＜"或"＞＞"按钮操作横移车横移。具体选择哪个按钮，视需要向哪个喷枪工作位移动而定。点击移动按钮后，在程序控制下，声光报警开始报警，首先自动打开锁紧缸，待锁紧缸打开到位后，开始进行横移。横移的速度还是先低速，后高速，然后减速，最后停车完成横移作业。在此过程中，一旦有一个环节报警或者出现异常，横移自动停止，此时需要人为打到中央手动模式进行干预处理。在手动干预无效的情况下，按下停止按钮，停止设备动作，通知检修公司小班进行处理。紧急情况可以按下主控室操作台上急停按钮，进行停车。

（6）由于是变频控制，当发生驱动报警时，可点击复位按钮进行报警复位。如果无效，通知检修公司小班处理。

B　喷枪升降操作

a　喷枪升降中央手动模式

（1）喷枪升降中央手动操作是在主控室 HMI 画面上进行的。

（2）将操作前检查项目进行完毕后，方可进行操作。

（3）确认哪个枪在工作位。如果 A 枪在工作位，升降操作对 A 枪有效；如果 B 枪在工作位，则操作对 B 枪有效。特别注意：升降操作对喷枪有效是针对于喷枪横移车工作位限位信号而言。在喷枪下降过程中，如果出现信号变化，将会导致双枪下降事故。

（4）确认 HMI 画面控制小窗口内控制模式的选择，此时应为 MAIN 及 MANUAL。

（5）在画面上点击下降按钮，则在工作位的喷枪将下降到待机位，如果再次点击下降按钮，喷枪将继续下降到脱硫位。这里需要注意的是，脱硫室内有铁水罐时，从待机位下降前，需要开启氮气，否则会导致枪芯阻塞故障；脱硫时，待喷枪下降到脱硫位后，要将喷枪夹持器夹紧。

（6）在脱硫完毕后，需要提枪（此时需要注意脱硫完毕后的喷枪外面耐火材料温度非常高，注意防止烫伤及热辐射灼伤），需要先打开喷枪夹持器，待打开到位后，点击上升按钮，喷枪开始提升，直到待机位停止；再次点击上升按钮，喷枪上升到上限位置。

（7）在喷枪上升或者下降过程中，需要停止时，可点击停止按钮，停止喷枪的升降动作。

b　喷枪升降中央自动模式

（1）喷枪升降中央自动操作是在主控室 HMI 画面上进行的。

（2）将操作前检查项目进行完毕后，方可进行操作。

（3）确认哪个枪在工作位。如果 A 枪在工作位，升降操作对 A 枪有效；如果 B 枪在工作位，则操作对 B 枪有效。特别注意：升降操作对喷枪有效是针对于喷枪横移车工作位限位信号而言。在喷枪下降过程中，如果出现信号变化，将会导致双枪下降事故。

（4）确认 HMI 画面控制小窗口内控制模式的选择，此时应为 MAIN 及 AUTO。

（5）喷枪自动升降是配合自动喷吹模式进行的，当选择自动脱硫模式时，喷枪将按照程序设定，自动进行升降枪的操作。

（6）在喷枪上升或者下降过程中，需要停止时，可点击停止按钮，停止喷枪的升降动作；紧急情况下，可按下急停按钮来实现快速停止。

C　铁水车的操作

铁水车的操作分为集中、机旁自动及机旁手动三种模式，优先权以机旁手动控制为优先。在机旁手动模式时，为接触器控制，只有超限位有效，其他位置限位无效；其他模式为变频控制，限位联锁有效。

机旁手动模式操作如下：

（1）机旁手动模式，需要操作人员在机旁箱上进行操作。

（2）操作前将机旁箱上面的集中机旁转换开关打到机旁，此时集中控制无效；HMI 铁水罐车控制小窗口内显示 ECD。

（3）机旁手动模式为应急模式，采用接触器控制，全程为点动控制。开车前，必须进行点动试车，测试操作按钮标识是否与车的运动方向一致。要合理使用点动控制，做到慢启动，稳停车，避免车速过高，铁水罐内铁水外溢；非紧急情况下，禁止使用机旁手动应急模式。

（4）机旁手动模式为点动控制，按下前进或者后退按钮，车就开始向前或者向后运行，此时操作箱上面相应的前进或者后退指示灯亮。松开按钮，车停止运行。

（5）不得以极限开关作为停车开关使用，不得利用碰撞道挡停车。

（6）在机旁手动模式下，操作铁水罐车走行时，要密切注意脱硫室大门必须在打开状态，喷枪必须在上限位；在车走行时，坦克链不得与其他物体发生碰撞及刷蹭；倾翻托架必须在垂直位置。

3.2.2.2　设备的点检与维护

A　喷枪设备的点检

减速机油质没有变质、卤化现象，油位在一段齿面以下，润滑正常，无渗漏现象。地脚及各部连接螺栓紧固，无断裂、松动。齿厚磨损小于10%、齿面点蚀小于25%，轴承无损坏、游隙不超标，密封件无损坏。无振动、无异常声音。

喷枪传动装置链轮无松动，链轮螺帽无松动、退扣现象，链轮装配牢固、无严重磨损。链条无裂纹，链节磨损小于1/5，传动平稳，啮合良好，无卡阻和撞击现象。轴承底座无断裂、无异音，窜动小于2mm。制动摩擦片无脱落，磨损小于1/5。碟形弹簧无断裂。拉杆无退扣、裂纹。

升降小车走行轮动作灵活，无松动、无破损、无卡死、无异音；地脚及各部连接螺栓紧固；轴承间隙小于0.3mm。夹持器无变形、裂纹。

横移架车液压缸无漏油，运行平稳、无爬行现象；车轮运转自如、无严重磨损、不缺油；连接销连接紧固、磨损不超标。轨道滑道无裂纹、变形。

喷枪夹持器无漏油，运行平稳、无爬行现象；连接紧固，磨损不超标，无变形、无开焊。

B 扒渣机设备点检

扒渣机伸缩装置伸缩臂内臂无裂纹、开焊、变形；链条无裂纹、无跳槽，有一定松动量，链节磨损小于1/5；主动链轮和被动链轮无断齿，磨损小于1/5，链轮装配牢固无严重磨损，传动平稳、啮合良好，无卡阻和撞击现象；挡轮无卡滞、异音；后部托辊、前部托辊无卡滞、异音。伸缩马达油口无泄漏，本体无卡滞、异音。

举升缸、倾斜缸密封好，无泄漏；活塞杆无变形、无拉痕；缸头无松动、无退扣；旋转马达油口无泄漏。

C 维护方法

每班开始工作前，维护操作人员要对整个装置及其组成部件做目力检查。观察时，必须注意所有螺栓连接的状况，如有松动，要予以拧紧。要特别注意喷枪与滑车在滑架上的固定情况和滑车辊与立柱导向槽之间的间隙，如有必要，加以调节。维护人员必须检查链条张紧情况和链条传动情况。如果喷枪所在区段链条烧焦，要及时清理和上油。轴承件、滑车辊、链条传动星轮、下位喷枪夹具的铰接处等，打润滑油每月不少于一次。减速机、闸、泵站、液压缸等根据其操作文件中的说明进行维护。不要使装置维护场地的过道堵塞，要保护清洁，及时揩去灰尘与污物。仔细检查轨道状况和下位喷枪夹钳的状况，清除上面的垃圾、枪衬渣块、渣子及其他无关物体。检查管路及液压系统仪表的情况，看是否有漏气、漏油现象。如有漏气、漏油，要及时排除。听见架车可能移动的报警信号，立即清空危险地带。

维护人员禁止在喷枪架车工作（台车或喷枪滑动小车运行）时停留在维护平台上；不要在喷枪从包内拔出时停留在距枪3~4m以内的地方；不得在枪没有完全冷却时便急于进行枪衬小修和清理枪芯。

3.2.3 常见的设备事故及处理办法

3.2.3.1 废气切断阀门自动控制报警

A 造成事故的原因

（1）自动控制旋钮线路接触不好。

（2）24V 直流保险管烧损。

（3）执行机构电动机烧损。

B　事故处理方法

（1）操作人员将机旁操作箱上的选择旋钮打到机旁，在机旁进行阀门开关操作。

（2）如果自动控制及机旁控制都失效，操作人员应手动将阀门盘打开或关闭。

3.2.3.2　喷枪夹持器无法在集中控制打开，无法提枪

A　造成事故的原因

（1）自动控制失效。

（2）液压过滤器堵塞，油管不过油。

（3）油管断裂，没有压力。

B　事故处理方法

（1）操作人员将紧急操作台上的旋钮打到紧急操作位，利用紧急操作台打开喷枪夹持器，然后进行提枪操作。

（2）在紧急操作台控制失效时，操作人员到液压站，捅开喷枪夹持器的电磁阀，强制夹持器打开。

（3）在以上均无效的情况下，要将喷枪夹持器的液压缸上的油管拆下，然后用手拉葫芦将喷枪夹持器拉开。

3.2.3.3　喷枪提不起来，系统报警

A　造成事故的原因

（1）自动控制失效。

（2）电动机烧损。

（3）制动器控制失效。

（4）夹持器打不开。

B　事故处理方法

（1）如果在自动控制下夹持器打不开，应采用上面夹持器应急预案，打开夹持器，然后利用自动控制提枪。

（2）打开夹持器后，自动提枪失效，采用紧急操作台进行提枪。

（3）打开夹持器后，紧急操作失效，应采用5t 电葫芦将喷枪吊住，然后松开相应制动器，利用电葫芦将喷枪吊出。

3.2.3.4　横移车失控，到位不停

A　造成事故的原因

（1）PLC 故障。

（2）变频器故障。

（3）限位故障。

B　事故处理方法

操作人员按下紧急停车按钮，强制停车。

思考与练习

3 – 1　什么是铁水预处理?

3 – 2　铁水预脱硫有什么优点?

3 – 3　KR 脱硫的优点有哪些?

3 – 4　喷镁铁水脱硫站的工作原理是什么?

3 – 5　KR 脱硫装置的主要设备有哪些?

3 – 6　铁水罐脱硫处理中喷枪夹持器无法在集中控制打开,无法提枪,有哪些原因造成? 应如何处理?

转炉原料供应设备

学习目标

(1) 能准确陈述混铁车、混铁炉、铁水罐车向转炉供应铁水的方式、工艺流程以及供应设备的结构和工作过程。

(2) 能对混铁炉进行日常维护，并能对其常见故障进行判断和处理。

(3) 明确全胶带上料系统设备的结构、工作原理，知道其工作过程及使用和维护的方法，并能使用计算机操作画面对其进行熟练操作。

(4) 能进行供料设备的简单操作和使用，并能进行日常维护和检查。

4.1 铁水供应设备

铁水是转炉炼钢的主要原料。它有化铁炉铁水和高炉铁水两种。由于化铁炉需二次化铁，能耗与熔损较大，已被国家明令淘汰。

高炉向转炉供应铁水的方式有混铁炉、混铁车、铁水罐直接热装等。

4.1.1 混铁炉

4.1.1.1 混铁炉供应铁水工艺流程

高炉铁水出至高炉下的铁水罐车内，铁水罐车由机车牵引到转炉车间。在转炉车间用天车吊起铁水罐，将铁水兑入混铁炉内。混铁炉两侧设有煤气烧嘴，靠高温火焰实现铁水保温，并按要求取铁样、测温，进行记录。接到出铁通知时，将铁水包吊至混铁炉出铁口下方，倾动炉体，按要求的数量出铁，并通知铁水成分和温度。可见，混铁炉供应铁水的工艺流程为：

高炉→铁水罐车→混铁炉→铁水包→称量→兑入转炉

由于混铁炉具有储存铁水、混匀铁水成分和温度的作用，因此这种供铁方式，铁水成分和温度都比较均匀，对调节高炉与转炉之间均衡供应铁水有利。

4.1.1.2 混铁炉构造

混铁炉是高炉和转炉之间的桥梁，具有储存铁水、稳定铁水成分和温度的作用，对调节高炉与转炉之间的供求平衡和组织转炉生产极为有利。

混铁炉由炉体、炉盖开闭机构和炉体倾动机构三部分组成，如图 4-1 所示。

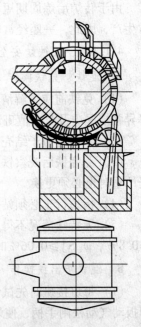

图 4-1 混铁炉

A　炉体

混铁炉的炉体一般采用短圆柱炉型，其中段为圆柱形，两端端盖近于球面形，炉体长度与圆柱部分外径之比近于1。

炉体包括炉壳、托圈、倒入口、倒出口和炉内砖衬等。

炉壳用 20~40mm 厚的钢板焊接或铆接而成。两个端盖通过螺钉与中间圆柱形主体连接，以便于拆装修炉。炉内耐火砖衬由外向内依次为硅藻土砖、黏土砖和镁砖。

在炉体中间的垂直平面内配置铁水倒入口、倒出口和齿条推杆的凸耳。倒入口中心与垂直轴线成 5°倾角，以便于铁水倒入和混匀。倒出口中心与垂直轴线约成 60°倾角。在工作中，炉壳温度高达 300~400℃，为了避免变形，在圆柱形部分装有两个托圈。同时，炉体的全部重量也通过托圈支承在辊子和轨座上。

为了铁水保温和防止倒出口结瘤，炉体端部与倒出口上部配有煤气、空气管，用火焰加热。

B　炉盖开闭机构

倒入口和倒出口皆有炉盖。通过地面绞车放出的钢绳绕过炉体上的导向滑轮独立地驱动炉盖的开闭。因为钢绳引上炉体时，钢绳引入点处的导向滑轮正好布置在炉体倾动的中心线上，所以当炉体倾动时，炉盖状态不受影响。

C　炉体倾动机构

目前混铁炉普遍采用的一种倾动机构是齿条传动倾动机构。齿条与炉壳凸耳铰接，由小齿轮传动，小齿轮由电动机通过四对圆柱齿轮减速后驱动。

目前国内混铁炉容量有 300t、600t、1300t。混铁炉容量应与转炉容量相配合。要使铁水保持成分的均匀和温度的稳定，要求铁水在混铁炉中的储存时间为 8~10h，即混铁炉容量相当于转炉容量的 15~20 倍。

由于转炉冶炼周期短、混铁炉受铁和出铁作业频繁、混铁炉检修又不能影响转炉的正常生产，因此，一座经常吹炼的转炉配备一座混铁炉较为合适。

4.1.1.3　混铁炉安全操作

A　混铁炉兑铁操作

(1) 兑铁前应了解清楚罐内铁水成分及重量，若发现高炉铁水渣子过多、温度偏低等异常情况应及时向值班调度汇报。

(2) 铁水罐渣子结壳时应压破渣壳才能兑铁，严禁结壳翻铁。

(3) 兑完铁后观察铁水罐内情况，若衬砖侵蚀严重或局部掉砖应停止使用，罐口结壳严重时也必须更换。

(4) 指挥行车必须站位准确，指令清楚，避免各类事故发生。

(5) 无特殊情况不得直接从铁水罐翻水兑铁入炉，必须从混铁炉出铁，当铁水 $w[Si]$ ≥0.8%、$w[S]$≥0.06% 时必须入混铁炉。

B　混铁炉出铁操作

(1) 每班接班时先试气动松闸机构是否正常，出铁时若发生停电或失控故障，应立即扳动气动松闸手柄，使炉子迅速回零位。

(2) 出铁前认真检查铁水包情况，在确认无结壳、包位准确后才能出铁。

（3）出铁重量严格按转炉铁水工要求控制，误差可在±1.5t范围，出完铁时间比入转炉时间提前5~10min，不能过早出铁，但必须确保转炉不等铁水。

（4）出铁时执行"两头小、中间大"、"看包为主、看称为辅"的要点，出铁到离规定重量2t左右时，准备抬炉，防止溢铁事故。

（5）包内铁水不能出得过满，铁水液面距最低包沿应大于200mm，每次出完铁，倾炉手柄应回零位，关上控制开关。

（6）每班对出炉铁水测温两次（接班一次，生产中途一次），每天取样一次，结果及时通知炉前。

C 混铁炉保温操作

（1）每班检查炉体各部位情况及兑铁槽情况，并对各种设备进行检查和加油润滑，发现问题及时处理并上报。

（2）每两小时对炉膛温度和炉壁温度进行一次监测记录，结合出炉铁水温度、炉内存铁量调整煤气、空气流量，将炉内温度控制在1150~1300℃之间，确保混铁炉倒出铁水温度在1250~1300℃之间。

（3）每两小时对炉壳温度进行一次红外线测温，各部位多点监测，记录最高点，出现温度异常情况及时上报。

4.1.1.4 混铁炉维护日常检查

A 检查内容

（1）炉壳：不得被烧红，不得有严重变形，炉壳不得窜动。

（2）水冷炉口：

1）连接应紧固。

2）冷却水压力保持在0.5~0.6MPa，最低不低于0.5MPa，要求进水温度不得高于35℃，出水温度不得高于35℃。

3）无泄漏现象。

（3）轴销：

1）轴销与炉体连接部位的螺栓，不能有任何的松动。

2）无焊缝脱焊现象。

（4）抱闸：

1）闸轮应固定牢靠，表面光滑无油渍闸皮，铆钉擦伤不得超过2mm，闸皮磨损不得超过5mm。

2）闸架应结构完整、零件齐全。

3）闸皮磨损不超过厚度的1/3。

4）液压推杆无漏油现象。

（5）减速机：

1）箱体应完整无裂纹。

2）各部位连接螺丝应齐全紧固。

3）齿轮应啮合平稳，应无冲击、无噪声，齿面无严重点蚀。

4）轴承转动应灵活、无杂音，温度小于70℃。

（6）金属软管：应无死弯、断裂、破损、老化现象。

B　主要易损件的报废标准

（1）齿条和传动轴发现裂纹、断齿时应予以报废。

（2）齿条磨损不得超过原齿厚的 20%，超过即应予以报废。

（3）水冷炉口材料烧损、锈剥达原厚度的 3/5 时，应予以报废。

（4）齿轮：

1）齿轮点蚀剥落面积不超过齿面的 30%，深度不超过齿厚的 10%。

2）磨损不得超过原齿厚的 20%，超过即应予以报废。

3）不允许有断齿。

4）齿面齿根不应出现裂纹。

4.1.1.5　混铁炉常见故障及处理方法

（1）混铁炉的减速机发生严重漏油时，应及时组织处理，保持润滑油不低于最低油位。

（2）发现水冷炉嘴漏水严重，应及时通知值班主任、厂调和维修人员及时更换。

（3）混铁炉倾动电动机接手尼龙栓销被切断或掉出，应及时处理。

（4）混铁炉炉体连接螺栓松动及脱落时应抢修。

（5）混铁炉炉壳发现烧穿，应抢修。

（6）混铁炉齿条、传动轴有裂纹时，应抢修。

4.1.2　混铁车

4.1.2.1　混铁车供应铁水工艺流程

混铁车又称混铁炉型铁水罐车或鱼雷罐车，由铁路机车牵引，兼有运送和储存铁水的两种作用。

作业过程：高炉铁水出至高炉下的鱼雷混铁车内，混铁车由机车牵引到转炉车间出铁坑上方，取样测温并记录。接到出铁通知时，将铁水包吊至混铁车出铁口下方，倾动炉体，按要求的数量出铁，并通知铁水成分、温度。可见，混铁车供应铁水的工艺流程为：

高炉→混铁车→铁水包→称量→转炉

采用混铁车供应铁水的主要特点是：设备和厂房的基建投资以及生产费用比混铁炉低，铁水在运输过程中的热损失少，并能较好地适应大容量转炉的要求，有利于进行铁水预处理（预脱磷、硫和硅）。混铁车的容量受铁路轨距和弯道曲率半径的限制，不宜太大，因此，储存和混匀铁水的作用不如混铁炉。但这个问题随着高炉铁水成分的稳定和温度波动的减小而逐渐获得解决。近年来世界上新建大型转炉车间采用混铁车供应铁水的厂家日益增多。

4.1.2.2　混铁车炉体构造

混铁车由罐体、罐体支承及倾翻机构和车体等部分组成，如图 1-7 所示。

罐体是混铁车的主要部分，外壳由钢板焊接而成，内砌耐火砖衬。通常罐体中部较长一段是圆筒形，两端为截圆锥形，以便从直径较大的中间部位向两端耳轴过渡。罐体中部上方开口，供受铁、出铁、修砌和检查出入之用。罐口上部设有罐口盖保温。

根据国外已有的混铁车，罐体支承有两种方式。小于325t 的混铁车，罐体通过耳轴借助普通滑动轴承支承在两端的台车上；325t 以上的混铁车，其罐体是通过支承滚圈借助支承辊支承在两端的台车上。罐体的旋转轴线高于几何轴线约100mm，这样无论是空罐还是满罐，罐体的重心总能保持在旋转轴线以下。

罐体的倾翻机构通常安装在前面台车上，由电动机、减速机及开式齿轮组成。带动罐体一起转动的大齿轮，安装在传动端的耳轴上。

混铁车的容量根据转炉的吨位确定，一般为转炉吨位的整数倍，并与高炉出铁量相适应。目前，我国使用的混铁车最大公称吨位为260t 和300t，国外最大公称吨位为600t。

4.1.2.3 混铁车倾倒铁水操作

(1) 混铁车的操作控制只在主控室操作台上进行。确认所要操作的系统对应的鱼雷罐车，即为预订要操作的鱼雷罐车，如果不同，严禁操作。

(2) 在检查完毕开车前确认项目后，可以进行混铁车倾倒铁水的操作。

(3) 开始操作要先踏下脚踏开关，然后按下启动按钮，给系统送电，需要操作的系统电源指示灯"亮"，此时方可操作主令控制器对混铁车进行操作。

(4) 真正开始倾倒铁水作业前，要点动主令，测试混铁车的旋转方向，同时测试混铁车旋转制动效果。如果主令给定方向与混铁车实际旋转方向相反，则旋转倒转控制开关，切换转向后，再次点动测试，混铁车旋转方向与给定方向相同后，方可继续进行操作。如果一开始测试时，混铁车旋转方向与主令给定方向相同，则可以直接继续进行操作。

(5) 进行铁水倾倒作业，控制混铁车的主令控制器要一下一下给定，切忌一次给定过猛，以防止混铁车旋转过猛，将铁水倒出铁水包，发生事故。

(6) 进行铁水倾倒作业完毕后，将混铁车摇到垂直位置，主令控制器拉回到零位，按下停止按钮，切断系统电源，此时电源指示灯熄灭，松开脚踏开关，完成停车操作。

(7) 待将混铁车内铁水倾倒干净并复位后，要及时将与混铁车连接的电动机拖缆线防爆插头从混铁车上拔下，杜绝火车开车后将电源拖缆线拉断的现象发生。

(8) 任何时候发现混铁车旋转制动有问题时，绝对禁止对混铁车进行倾翻操作。

4.1.2.4 混铁车操作的日常检查

(1) 检查确认混铁车主控室操作台按钮、转换开关、主令控制器、脚踏开关及指示灯正常。

(2) 检查确认电动机拖缆线防爆插头与混铁车连接完好。

(3) 检查确认混铁车拖缆是否工作正常，以免被剐蹭、碾压或烧烫。

(4) 检查确认混铁车倾倒铁水口与倒罐站受铁口及铁水包对齐，防止在倒铁操作中将铁水倒在铁水包外，出现人身或者设备事故。

(5) 检查确认除尘阀位置状态，倒铁水前需要开启除尘阀。倾倒铁水结束后，无烟尘的情况下，关闭除尘阀。

(6) 确认放好铁水包，铁水包车开到并停放到受铁位置。

4.1.3 铁水罐车

高炉铁水流入铁水罐后，运进转炉车间。转炉需要铁水时，将铁水倒入转炉车间的铁水包，经称量后用铁水吊车兑入转炉。其工艺流程为：

高炉→铁水罐车→前翻支柱→铁水包→称量→转炉

铁水罐车供应铁水的特点是设备简单，投资少。但是铁水在运输及待装过程中热损失严重，用同一罐铁水炼几炉钢时，前后炉次的铁水温度波动较大，不利于操作，而且黏罐现象也较严重；另外对于不同高炉的铁水、同一座高炉不同出铁炉次的铁水或同一出铁炉次中先后流出的铁水来说，铁水成分也存在差异，使兑入转炉的铁水成分波动较大。

我国采用铁水罐车供铁方式的主要是小型转炉炼钢车间。

4.2 废钢供应设备

目前在转炉炼钢车间，向转炉加入废钢的方式有以下两种：

（1）直接用桥式吊车吊运废钢槽倒入转炉。这种方法是用普通吊车的主钩和副钩吊起废钢料槽，靠主、副钩的联合动作把废钢加入转炉。这种方式的平台结构和设备都比较简单，废钢吊车与兑铁水吊车可以共用，但一次只能吊起一槽废钢，并且废钢吊车与兑铁水吊车之间的干扰较大。

（2）用废钢加料车装入废钢。这种方法是在炉前平台上专设一条加料线，使加料车可以在炉前平台上来回运动。废钢料槽用吊车事先吊放到废钢加料车上，然后将废钢加料车开到转炉前并倾动转炉，废钢加料车将废钢料槽举起，把废钢加入转炉内。这种方式废钢的装入速度较快，并可以避免装废钢与兑铁水吊车之间的干扰，但平台结构复杂。

对以上两种废钢加入方式，以往人们认为，当转炉容量较小、废钢装入数量不多时，宜采用吊车加入废钢；而当转炉容量较大，装入废钢数量较多时，可以考虑采用废钢加料车装入废钢。但据资料介绍，现在大型转炉更趋向于用吊车加入废钢，而不是用废钢加料车。因为用废钢加料车加废钢易对炉体产生冲击，而且加废钢过程中需要调整转炉的倾角。而用吊车加废钢则平稳、便利得多。一些大型转炉为了减少加废钢时间，增加废钢添加量，采用了双槽式专用加废钢吊车，或专用的单槽式大型废钢料槽吊车（料槽容积为 $10m^3$）。

4.2.1 废钢槽

如图 1-8 所示，废钢槽是用钢板焊接的一端开口、底部呈平面的长簸箕状槽。在料槽前部和后部的两侧有两对吊挂轴，供吊车的主、副钩吊挂料槽。

废钢槽称量作业安全使用方法如下：

（1）检查并清理秤台盖板与秤体边框等间隙处，不得有块状废钢及杂物卡阻。

（2）指挥行车将空废钢槽降落在秤台的中心位置。

（3）在行车装槽前，废钢操作工及时对称重显示仪表按清零键清零位，确保数据的准确性。

（4）从调度室接受信息（熔炼号、钢种、废钢装入量、品种），准备废钢装槽作业。

（5）废钢装槽时，应尽量降低电磁盘的高度后再断电卸废钢，以减轻废钢装槽时产生的扬尘和噪声，防止废钢飞溅伤人和减轻对秤台产生较大的冲击损坏秤台。

（6）当称重显示仪显示的值不正常，出现较大的误差时，应及时通知仪表维修人员检查。

（7）在装废钢入槽的过程中，要求行车司机做到边加废钢边观察废钢称重大屏幕显示器的显示值，及时掌握废钢槽内所装废钢的重量，使废钢加入量的误差控制在±500kg，多余的必须从槽中取出。

（8）检查与监督装槽废钢的加工质量，不得有超高、超宽或有飞边、挂角，以免影响吊挂发生坠落伤人；发现过大的废钢、冻块应责成废钢加工人员返工，直到达到所规定的标准为止。

（9）确认废钢槽内无潮湿废钢、封闭容器、有色金属、易燃易爆物，防止炉子发生放炮、喷溅事故。

（10）应将分类废钢重量、槽号、磅称号和行车号及时输入计算机信息管理系统，把信息及时传递到炉前和调度室，并认真填写好废钢装槽记录。

（11）废钢挂吊工在挂吊过程中，要注意脚下废钢和头上行车吊物，防止碰伤或划伤；指挥行车起吊时，手势要清楚、正确，手脚、身体要离开吊钩、链条、吊环及废钢槽；起吊废钢前，必须先确认废钢槽边沿、吊具横梁上无废钢，确认废钢槽吊具吊环两边和尾钩完全挂好才能指挥起吊。

4.2.2 废钢加料车

废钢加料车在国内曾出现两种形式。一种是单斗废钢料槽地上加料机，如图4-2所示，废钢料槽的托架被支承在两对平行的铰链机构的轴上，用千斤顶的机械运动，使料槽倾翻并退至原位。另一种是双斗废钢料槽加料车，是用液压操纵倾翻机构动作的。

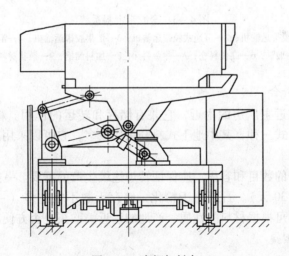

图4-2 废钢加料车

4.3 散状材料供应设备

散状材料是指炼钢过程中使用的造渣材料、补炉材料及冷却剂等，如石灰、萤石、白云石、铁矿石、氧化铁皮、焦炭等。氧气转炉所用散状材料供应的特点是种类多、批量小、批数多，供料要求迅速、准确、连续及时而且工作可靠。

4.3.1　散状材料供应系统设备组成

　　散状材料供应系统包括车间外和车间内两部分。先通过火车或汽车将各种材料运至主厂房外的原料间（或原料场）内，分别卸入料仓中。然后再按需要通过运料提升设施将各种散状料由料仓送往主厂房内的供料系统设备中。

　　散状材料供应系统一般由储存、运送、称量和向转炉加料等几个环节组成。整个系统由存放料仓、运输机械、称量设备和向转炉加料设备组成。目前国内典型散装料供应方式是全胶带上料系统（见图4-3）。其工艺流程为：

　　地下（或地面）料仓→固定胶带运输机→转运漏斗→可逆式胶带运输机→高位料仓→分散称量漏斗→电磁振动给料器→汇集胶带运输机→汇集料斗→转炉

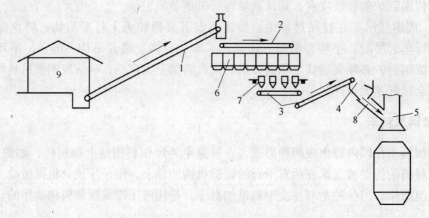

图4-3　全胶带上料系统

1—固定胶带运输机；2—可逆式胶带运输机；3—汇集胶带运输机，4—汇集料斗；
5—烟罩；6—高位料仓；7—称量料斗；8—加料溜槽；9—散状材料间

4.3.1.1　低位料仓

　　低位料仓设在靠近主厂房的附近，它兼有储存和转运的作用。料仓设置形式有地下式、地上式和半地下式三种，其中地下式料仓采用较多，它可以采用底开车或翻斗汽车方便地卸料。

　　各种散装料料仓的数目和容积，应保证转炉连续生产的需要。一般矿石、萤石可以多储存一些天数（10~30天）。石灰易于粉化，储存天数不宜过多（一般为2~3天）。各种散状料的储存天数可根据材料的性质、产地的远近、购买是否方便等具体情况而定。

4.3.1.2　输送系统

　　目前大、中型转炉车间，散状材料从低位料仓运输到转炉上的高位料仓，都采用胶带运输机。为了避免厂房内粉尘飞扬污染环境，有的车间对胶带运输机整体封闭，同时采用布袋除尘器进行胶带机通廊的净化除尘。也有的车间在高位料仓上面，采用管式振动运输机代替敞开的可逆活动胶带运输机配料（见图4-4），并将称量的散状材料直接送入汇集料斗，取消汇集胶带运输机。

　　提升运输散状材料时，胶带机的倾角很小，因此这种输送系统占地面积大，投资也较多。也有的车间散状材料水平运输时采用胶带运输机，垂直输送则用斜桥料斗或斗式提升

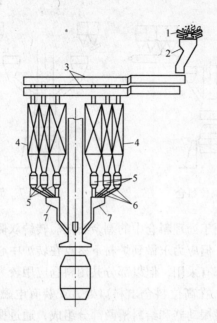

图 4-4   固定胶带和管式振动输送机上料系统

1—固定胶带运输机；2—转运漏斗；3—管式振动输送机；4—高位料仓；

5—称量漏斗；6—电磁振动给料器；7—汇集料斗

机。这种输送方式占地面积小，并可节约胶带，但维修操作复杂，而且可靠程度较差。

4.3.1.3   给料系统

（1）高位料仓。高位料仓的作用是临时储料，以保证转炉随时用料的需要。根据转炉炼钢所用散状料的种类，高位料仓设置有石灰、白云石、萤石、氧化铁皮、铁矿石、焦炭等料仓，其储存量要求能供 24h 使用。因为石灰用量最大，所以料仓容积也最大，大、中型转炉一般每炉设置两个以上的石灰料仓，其他用量较少的材料每炉设置一个或两座转炉共用一个料仓。这样每座转炉的料仓数目一般有 5～10 个，布置形式有共用、单独使用和部分共用三种。

1）共用料仓。共用料仓是指两座转炉共用一组料仓，如图 4-5 所示。其优点是料仓数目少，停炉后料仓中剩余石灰的处理方便；缺点是称量及下部给料器的作业频率太高，出现临时故障时会影响生产。

2）单独用料仓。单独用料仓是指每个转炉各有自己的专用料仓，如图 4-6 所示。其主要优点是使用的可靠性比较高；缺点是料仓数目增加较多，停炉后料仓中剩余石灰的处理问题尚未合理解决。

3）部分共用料仓。部分共用料仓是指某些散料的料仓两座转炉共用，某些散料的料仓则单独使用，如图 4-7 所示。这种布置克服了前两种形式的缺点，基本上消除了高位料仓下部给料器作业负

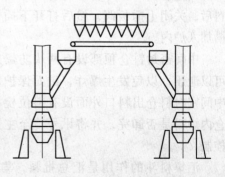

图 4-5   共用高位料仓

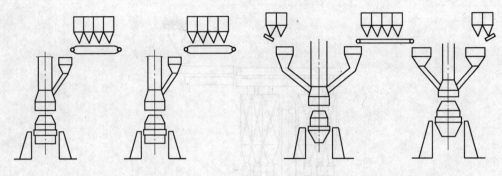

图 4-6　单独用高位料仓　　　　　　图 4-7　部分共用高位料仓

荷过高的缺点，停炉后也便于处理料仓中的剩余石灰。转炉双侧加料能保证成渣快，改善了对炉衬侵蚀的不均匀性，但应力求做到炉料下落点在转炉中心部位。

目前，上述三种方式都有采用，但以部分共用料仓应用较为广泛。

（2）电磁振动给料器。在高位料仓出料口处，安装有电磁振动给料器，用以控制给料。电磁振动给料器由电磁振动器和给料槽两部分组成，通过振动使散状料沿给料槽连续而均匀地流向称量料斗。

（3）称量料斗。称量料斗是用钢板焊接而成的容器，下面安装有电子秤，对流进称量料斗的散状料进行自动称量。当达到要求的数量时，电磁振动给料器便停止振动而停止给料。称量好的散状料送入汇集料斗。

散状料的称量有分散称量和集中称量两种方式。分散称量是在每个高位料仓下部分别配置一个专用的称量料斗。称量后的各种散状料用胶带运输机或溜槽送入汇总漏斗。集中称量则是在每座转炉的所有高位料仓下面集中设置一个共用的称量料斗，各种料依次叠加称量。分散称量的特点是称量灵活，准确性高，便于操作和控制，特别是对临时补加料较为方便。而集中称量的特点是称量设备少，布置紧凑。一般大中型转炉多采用分散称量，小型转炉则采用集中称量。

（4）汇集料斗。汇集料斗又称中间密封料仓，它的中间部分常为方形，上下部分是截头四棱锥形容器，如图 4-8 所示。为了防止烟气逸出，在料仓入口和出口分别装有气动插板阀，并向料仓内通入氮气进行密封。加料时先将上插板阀打开，装入散状料后，关闭上插板阀，然后打开下插板阀，炉料即沿溜槽加入炉内。

中间密封料仓顶部设有两块防爆片，在压力很大时可以泄压，以免发生爆炸，进而保护供料系统设备。在中间密封料仓出料口外面设有料位检测装置，可检测料仓内炉料是否卸完，并将讯号传至主控室内，便于炉前控制。

汇集料斗的作用是汇总批料，集中一次加入炉内。称量好的各种料进入汇集料斗暂存。

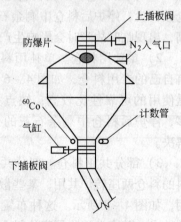

图 4-8　中间密封料仓

加料溜槽与转炉烟罩相连，为防止烧坏，溜槽需通水冷却。为依靠重力加料，其倾斜角度不宜小于 45°。当采用未燃烧法除尘时，溜槽必须用氮气或蒸汽密封，以防煤气外逸。

为了保证及时而准确地加入各种散状料，给料、称量和加料都在转炉的主控室内由操作人员或电子计算机进行控制。

4.3.2 散状材料供应设备的使用

4.3.2.1 手动操作

(1) 将加料方式按钮打到"手动"位。

(2) 根据加料种类，在电脑加料画面选定料仓，并在指定位置输入所需加入物料的数量，并按"回车键"确认。

(3) 启动当前振动料仓下面的振动电动机按钮，执行称料操作。将设定的物料加到对应的称量料斗内。

(4) 从炉前汇总斗往前，逐步将各条皮带运输机启动。

(5) 检查各条运输线流向无误后，启动对应的称量斗下的放料按钮，将料从称量斗加到炉前汇总斗。

(6) 当确定设定量的物料全部加到汇总斗之后，再启动"停止"按钮，结束放料。然后再按与启动时相反顺序，分别将皮带运输机逐步停止。

(7) 打开汇总斗下部的启动插板阀和炉盖加料门气缸，将料加到炉内或钢包内。

4.3.2.2 自动操作

(1) 将加料方式按钮打到"自动"位。

(2) 根据加料种类，在电脑加料画面上选择料仓，并在指定位置设定所需加入的物料数量，按"回车键"确认。

(3) 启动当前料仓下面的振动电动机按钮，执行称量操作，将设定的物料加到对应的称量斗内。

(4) 打开称量斗内的加料按钮，各皮带从后到前依次自动启动，然后加料振动自动启动，将料一直加到炉前汇总斗内，待料全部到汇总斗后，振动机及各条皮带依次自动停止。

(5) 打开汇总斗下部的气动插板阀和炉盖加料门气缸，将料加到炉内或包内。待料加完后，气动插板阀和炉门自动关闭，加料全部结束。

某炉座操作台加料按钮板面排列如图 4-9 所示，按钮含义见表 4-1。

4.3.2.3 散状材料供应系统设备的安全、技术操作规程

(1) 应根据入炉散状材料的特性与安全要求，确定其储存方法；入炉物料应保持干燥。

(2) 采用有轨运输时，轨道外侧距料堆应大于 1.5m。

(3) 具有爆炸和自燃危险的物料，如 CaC_2 粉剂、镁粉、煤粉、直接还原铁（DRI）等。应储存于密闭储仓内，必要时用氮气保护；存放设施应按防爆要求设计，并禁火、禁水。

(4) 地下料仓的受料口，应设置格栅板。

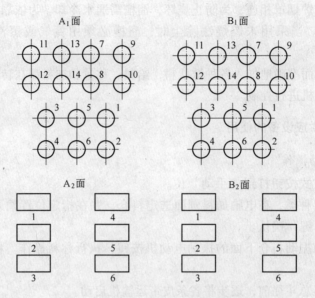

图 4 - 9　操作台加料按钮板面排列图

表 4 - 1　操作台加料按钮含义

按钮序号	按 钮 含 义			
	A$_1$ 面	A$_2$ 面	B$_1$ 面	B$_2$ 面
1	左汇总料斗出口阀，开	右石灰称量指示	右汇总料斗出口阀，开	右石灰称量指示
2	左汇总料斗出口阀，关	矿石称量指示	右汇总料斗出口阀，关	萤石称量指示
3	左石灰给料器，开	右白云石称量指示	右石灰给料器，开	右白云石称量指示
4	左石灰给料器，关	左石灰称量指示	右石灰给料器，关	左石灰称量指示
5	左石灰放料阀，开	铁皮称量指示	右石灰放料阀，开	矿石称量指示
6	左石灰放料阀，关	左白云石称量指示	右石灰放料阀，关	左白云石称量指示
7	左白云石给料器，开		右白云石给料器，开	
8	左白云石给料器，关		右白云石给料器，关	
9	左白云石放料阀，开		右白云石放料阀，开	
10	左白云石放料阀，关		右白云石放料阀，关	
11	铁皮给料器，开		萤石给料器，开	
12	铁皮给料器，关		萤石给料器，关	
13	铁皮放料阀，开		萤石放料阀，开	
14	铁皮放料阀，关		萤石放料阀，关	

4.3.3　散状材料供应系统设备的日常点检与维护

4.3.3.1　散状材料供应系统设备的日常点检

检查加料装置是保证正常加料的重要一环。如某一种料无法继续加入，就会造成冶炼被动，甚至停炉。例如：氧化铁皮加料发生故障，就会造成石灰不易熔化，且温度降不下来；如石灰加料发生故障，就无法进行冶炼，只能停炉修理。

转炉加料有一整套包括机、电、仪的加料设备系统。设备正常时，加料既省力又省时间（按几下按钮即可）。但如果某一处有故障就会造成某一种物料或全部物料无法入炉，冶炼操作将会受到影响。因此开新炉前要仔细检查加料装置；平时生产中发现加料装置有故障的要立即修理；若未能及时修好，交班时要交代清楚，并做好记录。

A　检查

(1) 料仓是否有料（可以直接观察高位料仓）。

(2) 振动给料器是否完好（由仪表工配合检查）。

(3) 计量仪表是否正常（由仪表工配合检查）。

(4) 料位显示是否正常（若显示不正确由仪表工配合检修）。

(5) 各料仓进出口阀门是否正常（由钳工配合检查）。

(6) 固定烟罩上的下料口是否堵塞，发现堵塞及时清理。

(7) 最后炉子摇成水平位置，试放各种渣料（少量）。

B　注意事项

(1) 要求加料装置整个系统物料通道畅通无阻，阀门开、关灵活，保证渣料及时入炉。

(2) 加料数量能正确显示及打印。

(3) 转炉汇总料斗的出口阀除放料时外，要求为常闭，否则转炉烟气会烧坏加料设备系统。

4.3.3.2　散状材料供应系统设备维护

A　故障及处理

(1) 扇形阀、密封阀限位异常。在操作扇形阀、密封阀时，从散装料操作画面上发现限位位置显示异常或开、关超时报警时，停止投料操作，通知检修人员处理。

(2) 电振异常。自动操作投料时，发现电振报警，或者高低速控制异常，应停止投料操作，通知检修人员处理；如果可以使用其他料仓投料时，此时可以使用其他料仓继续生产。

(3) 堵料、卡料和溜料。发生堵料、卡料时，立即停止投料操作，进行投料系统疏通工作；必须及时将堵塞料管的异物取出，方可继续进行投料操作。发生溜料时，立即停止投料操作，避免出现废品事故；通知检修人员；查看物料颗粒度情况，检查电振振幅强弱，检查电振筛的角度是否太大，检查插板阀开度是否过大；检查测试下料速度是否过快；根据需要进行适当调整，调整后必须经过实际下料测试无异常后，方可投入使用。

(4) 称量数据异常。发现称量数据异常时，立即停止投料，防止出现废品事故；通知自动化人员处理；在称量数据异常时，禁止使用该称量斗进行生产作业。

(5) 控制系统异常。发生控制系统异常时，立即停止投料，通知调度室、检修人员、自动化人员进行处理，待处理测试完毕后，方可继续进行生产。

(6) HMI 画面异常（死机或者无法操作）。当操作画面出现死机或者无法控制的情况时，可以使用备用 HMI 终端机（如操作氧枪用终端机、汽化冷却用终端机）进行操作，同时通知自动化人员处理。

（7）仪表气源压力异常。仪表气源压力异常时，立即通知检修人员进行现场确认并处理；同时通知自动化人员检查气源压力检测是否有故障。

B　注意事项

（1）发现投料系统异常，无法保证投料精度时，禁止进行投料作业，防止出现废品事故。

（2）密封阀及吹扫气异常，同时系统煤气浓度超标时，禁止进行投料作业，防止发生爆炸事故。

（3）发生堵料、卡料时，禁止再次投料，防止故障扩大化。

4.4　铁合金供应设备

铁合金供应分为铁合金的储存、称量、烘烤及加入几个工序。

一般在车间的一端设有铁合金料仓和自动称量料斗或称量车，铁合金由叉式运输机（见图4-10）送到炉旁，经溜槽加入钢包内。

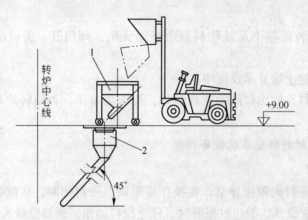

图4-10　铁合金叉式运输机
1—铁合金加料小车；2—铁合金加料旋转漏斗

4.4.1　铁合金供应系统设备组成

铁合金的供应系统一般由炼钢厂铁合金料间、铁合金料仓及称量和输送、向钢包加料设备等部分组成。

铁合金由铁合金料间运到转炉车间有以下两种方式：

（1）铁合金用量不大的炼钢车间。将铁合金装入自卸式料罐，然后用汽车运到转炉车间，再用吊车卸入转炉炉前铁合金料仓。需要时经称量后用铁合金加料车经溜槽或铁合金加料漏斗加入钢包。

（2）需要铁合金品种多、用量大的大型转炉炼钢车间。这种情况铁合金加料系统有两种形式：

1）铁合金与散状材料共用一套上料系统，然后从炉顶料仓下料，经旋转溜槽加入钢包，如图4-11所示。这种方式不另增设铁合金上料设备，而且操作可靠，但稍增加了散

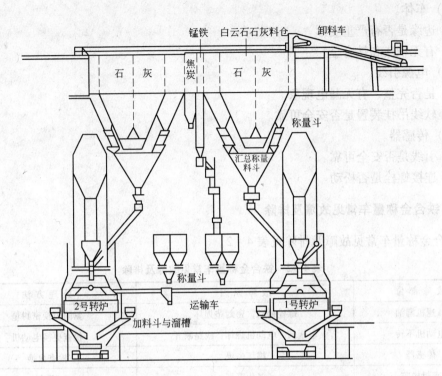

图 4 – 11 美国扬斯顿公司芝加哥转炉散状材料及铁合金供应系统

状材料上料胶带运输机的运输量。

2）铁合金自成系统用胶带运输机上料，有较大的运输能力，使铁合金上料不受散状原料的干扰，还可使车间内铁合金料仓的储量适当减少。对于规模很大的转炉车间，这种流程更可确保铁合金的供应。但增加了一套胶带运输机上料系统，设备重量与投资有所增加。

4.4.2 铁合金称量车的检查与维护

（1）电动机。

1）电动机地脚螺丝是否松动。

2）电动机引线绝缘是否安全可靠。

3）轴承有无润滑，转动是否灵活无杂音。

（2）减速机。

1）连接螺栓有无松动和脱落。

2）传动是否正常、无杂音。

3）有无严重漏油现象。

（3）车轮。

1）滚动面是否平整（凸凹不平深 3mm 以内）。

2）滚动面的磨损情况（磨损不超过原厚度的 20%）。

3）轮缘的磨损情况（磨损不超过原厚的 40%）。

（4）车体。

1）边缘是否有严重变形。

2）有无积灰和铁合金。

（5）电源引线。

1）是否完整，有无漏电现象。

2）软线吊挂装置是否安全可靠。

（6）传感器。

1）引线是否安全可靠。

2）连接螺栓是否松动。

4.4.3　铁合金称量车常见故障及排除

铁合金称量车常见故障及排除见表 4 - 2。

表 4 - 2　铁合金称量车常见故障及排除

故 障 部 位	故 障 原 因	处 理 方 法
减速机漏油	螺栓松动，密封垫损坏	紧固更换密封垫
电动机不转	电压低，电动机烧坏，线路断开	检查更换电动机
传感器	损坏失灵	检查更换
密封橡胶	老化撕裂	更换

思考与练习

4 - 1　铁水供应方式有哪些？

4 - 2　简述铁水供应的工艺流程。

4 - 3　简述混铁炉的结构组成。

4 - 4　简述混铁车的结构构成。

4 - 5　废钢的供应设备有哪些？

4 - 6　混铁炉、混铁车的不同之处是什么？

4 - 7　简述全胶带上料系统供应的流程。

4 - 8　如何进行散状材料的操作？

4 - 9　散状材料系统设备的日常点检有哪些内容？

4 - 10　散状材料系统设备的常见故障及排除？

5 转炉炉体设备

学习目标
(1) 能够准确描述转炉系统设备的构造。
(2) 了解转炉本体设计的计算方法。
(3) 掌握转炉炉体设备的使用、点检、常见故障及排除方法。

5.1 炉体机械设备

转炉炉体设备由转炉炉体（包括炉壳和炉衬）、炉体支承装置（包括托圈、耳轴、耳轴轴承及支座）、倾动机构组成，如图5-1所示。

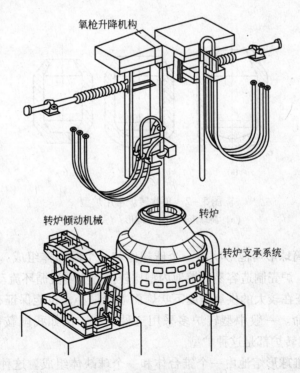

图5-1 氧气顶吹转炉总图

5.1.1 炉型

转炉是转炉炼钢车间的主体设备。其设计的质量不仅直接影响投产后的各项技术经济指标以及企业的经济效益和社会效益，而且还关系操作者的劳动安全。为了正确、合理地设计，达到预定的目标，必须依据建厂的具体条件，充分调查和掌握同类转炉的发展现状，切实做到理论与实际紧密结合。

本章以氧气顶吹转炉为重点，对其炉型、炉衬以及炉体金属结构和倾动机构的选型和设计进行系统的论述；同时，结合顶底复吹转炉的工艺特点，着重介绍其主要设备的设计方案和步骤。

5.1.1.1 炉型的选择与类型

转炉炉型是指用耐火材料砌成的炉衬内形。

炉型的选择和各部分尺寸确定是否合理，直接影响工艺操作、炉衬寿命、钢的产量与质量以及转炉的生产率。

合理的炉型应满足以下要求：

（1）要满足炼钢的物理化学反应和流体力学的要求，使熔池有强烈而均匀的搅拌；

（2）要有较高的炉衬寿命；

（3）应减轻喷溅和炉口结渣现象，改善劳动条件；

（4）炉壳应易于制造；

（5）炉衬的砌筑和维修应方便。

按金属熔池形状的不同，转炉炉型可分为筒球形、锥球形和截锥形三种，如图 5 - 2 所示。

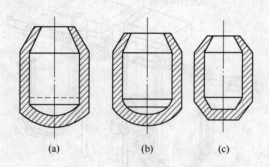

图 5 - 2　顶吹转炉常用炉型

(a) 筒球形；(b) 锥球形；(c) 截锥形

（1）筒球形。筒球形熔池形状由一个球缺体和一个圆筒体组成。它的优点是炉型形状简单，砌筑方便，炉壳制造容易，熔池内型比较接近金属液循环流动的轨迹，在熔池直径足够大时，能保证在较大的供氧强度下吹炼而喷溅最小，也能保证有足够的熔池深度，使炉衬有较高的寿命。一般中型转炉多采用这种炉型。例如我国鞍钢 150t 转炉、攀钢 120t 转炉和太钢 50t 转炉都是这种炉型。

（2）锥球形。锥球形熔池由一个锥台体和一个球缺体组成。这种炉型与同容量的筒球形转炉相比，若熔池深度相同，则熔池面积比筒球形大，有利于冶金反应的进行。同时，随着炉衬的侵蚀，熔池变化较小，对炼钢操作有利。欧洲生铁含磷相对偏高的国家，采用此种炉型的较多。我国大型转炉一般采用这种炉型，如宝钢 300t 转炉、首钢 210t 转炉炉型均为锥球形。

对筒球形与锥球形的适用性，看法尚不一致，有人认为锥球形适用于大转炉（奥地利），有人却认为适用于小转炉（俄罗斯）。

（3）截锥形。截锥形熔池为上大下小的圆锥台。其特点是构造简单，且熔池为平底，便于修砌。这种炉型基本上能满足炼钢反应的要求，适用于小型转炉。我国 30t 以下的转炉多用这种炉型。而且原冶金部技术规定中提出"公称吨位不大于 100t 的转炉可采用截头型活炉底"。但国外转炉容量普遍较大，故极少采用此种形式。

5.1.1.2 炉型主要参数的概念与选择

（1）转炉的公称吨位。转炉的公称吨位是炉型设计、计算的重要依据，但其含义目前尚未统一，有以下三种表示方法：

1）用转炉的平均铁水装入量表示公称吨位；

2）用转炉的平均出钢量表示公称吨位；

3）用转炉年平均炉产良坯（锭）量表示公称吨位。

由于出钢量介于装入量和良坯（锭）量之间，其数量不受装料中铁水比例的限制，也不受浇铸方法的影响，所以大多数采用炉役平均出钢量作为转炉的公称吨位。根据出钢量可以计算出装入量和良坯（锭）量。

$$出钢量 = 装入量/金属消耗系数$$
$$装入量 = 出钢量 \times 金属消耗系数$$

金属消耗系数是指吹炼 1t 钢所消耗的金属料数量，视铁水含硅、含磷量的高或低，波动于 1.1 ~ 1.2 之间。

（2）炉容比。转炉的炉容比是转炉的有效容积与公称容量之比，其单位是 m^3/t。

炉容比的大小决定了转炉吹炼容积的大小，它对转炉的吹炼操作、喷溅、炉衬寿命、金属收得率等都有比较大的影响。如果炉容比过小，即炉膛反应容积小，转炉就容易发生喷溅和溢渣，造成吹炼困难，降低金属收得率，并且会加剧炉渣对炉衬的冲刷侵蚀，降低炉衬寿命；同时也限制了供氧量或供氧强度的增加，不利于转炉生产能力的提高。反之，如果炉容比过大，就会使设备重量、倾动功率、耐火材料的消耗和厂房高度增加，使整个车间的投资增大。

选择炉容比时应考虑以下因素：

1）铁水比、铁水成分。随着铁水比和铁水中 Si、P、S 含量增加，炉容比应相应增大。若采用铁水预处理工艺时，炉容比可以小些。

2）供氧强度。供氧强度增大时，吹炼速度较快，为了不引起喷溅就要保证有足够的反应空间，炉容比相应增大些。

3）冷却剂的种类。采用铁矿石或氧化铁皮为主的冷却剂，成渣量大，炉容比也需相应增大些；若采用废钢为主的冷却剂，成渣量小，则炉容比可适当小些。

目前使用的转炉，炉容比波动在 0.85 ~ 0.95m^3/t 之间（大容量转炉取下限）。近些年来，为了在提高金属收得的基础上提高供氧强度，新设计转炉的炉容比趋于增大，一般为 0.9 ~ 1.05m^3/t。

（3）高宽比。高宽比是指转炉总高（$H_总$）与炉壳外径（$D_壳$）之比，是决定转炉形状的另一主要参数。它直接影响转炉的操作和建设费用。因此高宽比的确定既要满足工艺要求，又要考虑节省建设费用。在最初设计转炉时，高宽比选得较大。生产实践证明，增加转炉高度是防止喷溅、提高钢水收得率的有效措施。但过大的高宽比不仅增大了转炉的倾动力矩,而且厂房高度增高使建筑造价也上升。所以,过大的高宽比没有必要。

在转炉大型化的过程中,$H_总$ 和 $D_壳$ 随着炉容量的增大而增加,但其比值是下降的。这说明直径的增加比高度的增加更快,炉子向矮胖型发展。但过于矮胖的炉型,易产生喷溅,会使热量和金属损失增大。

新设计转炉的高宽比一般在 1.35 ~ 1.65 的范围内选取,小转炉取上限,大转炉取下限。

5.1.1.3 炉型的主要参数的确定

新转炉炉型和各部位尺寸可根据经验公式计算,结合现有转炉的生产实际,并通过模型试验来确定。

以筒球形氧气顶吹转炉为例,转炉主要尺寸如图 5 - 3 所示。

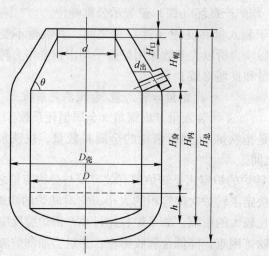

图 5 - 3 筒球形氧气顶吹转炉主要尺寸

D—熔池直径;$D_壳$—炉壳直径;d—炉口直径;$d_出$—出钢口直径;h—熔池深度;$H_身$—炉身高度;

$H_帽$—炉帽高度;$H_内$—转炉有效高度;$H_总$—转炉总高;$H_口$—炉口直线段高度;θ—炉帽倾角

A 熔池直径的确定

熔池直径是指转炉熔池在平静状态时金属液面的直径。它主要取决于金属装入量和吹氧时间。比如,随着装入量增加和吹氧时间缩短,单位时间的脱碳量和从熔池排出的 CO 气体量增加。此时,如不相应增大熔池直径,势必会使喷溅和炉衬蚀损加剧。

目前用经验公式进行计算熔池直径,计算结果还应与容量相近、生产条件相似、技术经济指标较好的炉子进行对比并适当调整。

我国设计部门推荐的计算熔池直径的经验公式为:

$$D = K \sqrt{\frac{G}{t}}$$

式中 D——熔池直径,m;

   G——新炉金属装入量,t;

   t——吹氧时间,min,可参考表 5 - 1 来确定;

   K——比例系数,可参考表 5 - 2 确定。

表5-1 不同吨位转炉冶炼周期和吹氧时间推荐值

转炉容量/t	<30	30～100	>100	备 注
冶炼时间/min	28～32 (12～16)	32～38 (14～18)	38～45 (16～20)	结合供氧强度、铁水成分和 所炼钢种等具体条件确定

注：括号内数字为吹氧时间参考值。

表5-2 比例系数 K 的参考值

转炉容量/t	<30	30～100	>100	备 注
K	1.85～2.10	1.75～1.85	1.50～1.75	大容量取下限， 小容量取上限

另外，还有其他计算熔池直径的一些经验公式。例如武汉钢铁设计院推荐如下公式：

$$D = 0.392 \sqrt{20 + T}$$

式中 T——炉子容量，t。

由国外一些30～300t转炉实际尺寸统计的结果，得出下面的计算公式：

$$D = (0.66 \pm 0.05) T^{0.4}$$

式中 T——炉子容量，t。

B 熔池深度 h 的确定

熔池深度 h 是指转炉熔池在平静状态时，从金属液面到炉底的深度。从动力学的角度考虑，合适的熔池深度应既能保证转炉熔池有良好的搅拌效果，缩短冶炼时间，从而提高生产效率；又不致使氧气射流穿透炉底，以达到保护炉底、提高炉龄的目的。

对于一定吨位的转炉，炉型和熔池直径确定之后，便可利用几何公式计算熔池深度 h。

（1）筒球形熔池 h 的确定。筒球形熔池由圆柱体和球缺体两部分组成。考虑炉底的稳定性和熔池应有适当的深度，一般球缺体的半径 $R = 1.1 \sim 1.25D$，国外大于200t的转炉 $R = 0.8 \sim 1.0D$。当 $R = 1.1D$ 时，金属熔池的体积 $V_{熔}$ 为：

$$V_{熔} = 0.79hD^2 - 0.046D^3$$

得：

$$h = \frac{V_{熔} + 0.046D^3}{0.79D^2}$$

（2）锥球形熔池 h 的确定。锥球形熔池由倒锥台和球缺体两部分组成（见图5-4）。根据统计，球缺体曲率半径 $R = 1.1D$，球缺体高 $h_2 = 0.09D$ 者较多。一般倒锥台底面直径 $d_1 = 0.895 \sim 0.92D$，如取 $d_1 = 0.895D$，则金属熔池体积为：

$$V_{熔} = 0.70hD^2 - 0.0363D^3$$

得：

$$h = \frac{V_{熔} + 0.0363D^3}{0.70D^2}$$

（3）截锥形熔池 h 的确定。截锥形熔池为上大下小的圆锥台（见图5-5）。取锥体顶面直径 $d_1 = 0.7D$ 时，显然其体积为：

$$V_{熔} = \frac{\pi h_1}{12}(D^2 + Dd + d_1^2)$$

得：

$$h = \frac{V_{熔}}{0.574 D^2}$$

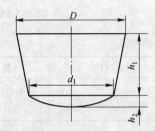

图 5 - 4   锥球形熔池主要尺寸

D—熔池直径；d_1—倒锥台底面直径；

h_1—锥台高度；h_2—球缺体高度

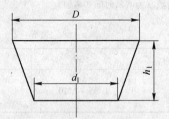

图 5 - 5   截锥形熔池主要尺寸

D—熔池直径；d_1—倒锥台底面直径；

h_1—锥台高度

C   炉帽尺寸的确定

顶吹转炉一般都用正口炉帽，其主要尺寸有炉帽倾角、炉口直径和炉帽高度。设计时，应考虑到以下因素：确保其稳定性；便于兑铁水和加废钢；减少喷溅；减少热损失；避免出钢时钢渣混出或从炉口流渣。

（1）炉帽倾角 θ 的确定。θ 一般取 60°~68°，小炉子取上限，大炉子取下限，以减小炉帽高度。如 $\theta < 53°$，则炉帽砌砖有倒塌的危险；如 $\theta > 68°$，将导致锥体部分过高，出钢时容易从炉口下渣。

（2）炉口直径 d 的确定。在满足兑铁水、加废钢、出渣、修炉等操作要求的前提下，应尽量缩小炉口直径，以减少喷溅、热量损失和冷空气的吸入量。一般炉口直径为：

$$d = (0.43 \sim 0.53)D$$

大转炉取下限，小转炉取上限。

（3）炉帽高度 $H_{帽}$ 的确定。炉帽的总高度是截锥体高度（$H_{锥}$）与炉口直线段高度（$H_{口}$）之和，其炉口直线段高度一般为 300~400mm。设置直线段的目的是为了保持炉口形状和保护水冷炉口。炉帽高度的计算公式如下：

$$H_{帽} = H_{锥} + H_{口} = 0.5(D - d)\tan\theta + (300 \sim 400)$$

炉帽容积为：

$$V_{帽} = V_{台} + V_{直} = \frac{\pi}{12}H_{台}(D^2 + Dd + d^2) + \frac{\pi}{4}d^2 H_{直}$$

D   出钢口尺寸的确定

转炉设置出钢口的目的是为了便于渣钢分离，使炉内钢水以正常的速度和角度流入钢包中，以利于在钢包内进行脱氧合金化作业和提高钢的质量。

出钢口主要参数包括出钢口位置、出钢口角度及出钢口直径。

（1）出钢口位置。出钢口的内口应设在炉帽与炉身的连接处。此处在倒炉出钢时位置最低，钢水容易出净，又不易下渣。

（2）出钢口角度 α 的确定。出钢口角度是指出钢口中心线与水平线的夹角。出钢口角度 α 一般在 $15° \sim 25°$，出钢口角度越小，出钢口长度就越短，钢流长度也越短，可以减少钢流的二次氧化和散热损失，并且易对准炉下钢包车；修砌和开启出钢口方便。国外不少转炉采用 $0°$。

（3）出钢口直径 $d_出$ 的确定。出钢口直径决定着出钢时间，因此随炉子容量而异。时间过短，即出钢口过大，难以控制下渣，且钢包内钢液静压力增长过快，脱氧产物不易上浮。时间过长，即出钢口太小，钢液容易二次氧化和吸气，散热也大。

出钢口直径可按下列经验公式计算：

$$d_出 = \sqrt{63 + 1.75G}$$

式中　$d_出$——出钢口直径，cm；

　　　G——转炉的公称吨位，t。

国内外一些转炉炉型主要工艺参数见表 5 - 3。

表 5 - 3　国内外一些转炉炉型主要工艺参数

序号	参数名称	单位	公称吨位/t										
			中国					日本	中国		美国	日本	中国
			15	20	25	30	50	100	120	150	230	250	300
1	炉壳全高 $H_总$	mm	5920	5880	6270	7000	7470	8500	9750	9250	11732	11000	11500
2	炉壳外径 $D_壳$	mm	3630		3840	4420	5110	5400	6670	7000	7720	8200	8670
3	炉膛有效高度 $H_内$	mm	5171	4900	5530	6220	6491	7672	8150	8480	10600		10458
4	炉膛直径 D	mm	2250	2380	2400	2480	3500	4000	4860	5260	6250	5670	6832
5	炉内有效容积 V	m³	18.14	18.16	20.40	24.30	52.72	80	121	129.1	209.3	193	315
6	炉口直径 d	mm	1070	1000	1100	1100	1850	2200	2200	2500	2360	3000	3600
7	熔池内径 D	mm	2250	2400	2480		3500	4000	4860	5260	6250		6740
8	熔池深度 H_0	mm	800	820	1000	1000	1085		1350	1447	1725		1954
9	熔池面积 S	m²	3.97	4.4	4.52	4.53	9.62	12.57	18.85	21.73	30.70		33.9
10	熔池容积 $V_熔$	m³							19.14				33.9
11	炉帽倾角 θ	(°)	60	62	62	65.36			62.1	60			
12	出钢口内径 $d_出$	mm	100	100	100	120			170	180			200
13	出钢口倾角	(°)	30		15	45			20	20			15
14	$H_总/D_壳$		1.63	1.59	1.61	1.66	1.46	1.57	1.46	1.32	1.52	1.45	1.32
15	$H_内/D$		2.24	2.01	2.20		1.855	1.92	1.66	1.61	1.72		1.53
16	炉容比		1.21	0.908	0.816	0.81	0.95	0.83	1.01	0.86	0.91	0.774	1.05
17	$D_口/D$	%	47.6	42	48.5	44	52.9	55	45.3	47.5	53.7		52.7

E　炉身尺寸的确定

转炉在熔池面以上、炉帽以下的圆柱体部分称为炉身。一般炉身直径就是熔池直径。由于

$$V_身 = V_总 - V_帽 - V_熔 = \frac{1}{4}\pi D^2 H_身$$

因此：

$$H_身 = \frac{4V_身}{\pi D^2}$$

式中　　$V_总$——转炉的有效容积，可根据转炉吨位和选定的炉容比确定；

$V_帽, V_身, V_熔$——炉帽、炉身和金属熔池的容积；

$H_身$——炉身高度，m。

　　F　炉衬尺寸的确定

　　炉衬设计的主要任务是选择合适的炉衬材质，确定合理的炉衬组成和厚度，并提出相应的砖型和数量，以确保获得经济上的最佳炉龄。

　　(1) 炉衬材质的选择。转炉炉衬寿命是一个重要的经济技术指标。合理选用炉衬的材质，特别是工作层的材质乃是提高炉龄的基础。

　　根据炉衬的工作特点，材质的选择应遵循以下原则：耐火度（在高温条件下不熔化的性能）高；高温下机械强度大，耐急冷急热性能好；化学稳定性能稳定；资源广泛，价格便宜。

　　近年来，氧气转炉炉衬材质的普遍使用镁碳砖，炉龄有明显提高。但由于镁碳砖成本较高，因此一般只将其用在诸如耳轴区、渣线等炉衬易损部位，即炉衬工作层采用均衡炉衬，综合砌炉。

　　(2) 炉衬的组成和厚度的确定。一般炉衬由永久层、填充层和工作层组成。有些转炉在永久层与炉壳钢板之间夹有一层石棉板绝热层。

　　工作层是指直接与液体金属、熔渣和炉气接触的内层炉衬，它要经受钢与渣的冲刷、熔渣的化学侵蚀、高温和温度急变、物料冲击等一系列作用。同时工作层不断侵蚀，也将影响炉内化学反应的进行。因此，要求工作层在高温下要有足够的强度、一定的化学稳定性和耐急冷急热等性能。

　　填充层介于工作层和永久层之间，一般用焦油镁砂材料捣打而成，厚度为 80 ~ 100mm，其主要作用是减轻内衬膨胀时对金属炉壳产生的挤压作用，拆炉时便于迅速拆除工作层，并避免永久层的损坏。也有一些转炉不设置填充层。

　　永久层紧贴炉壳钢板，修炉时一般不拆除，其主要作用是保护炉壳钢板。该层用镁砖砌成。

　　转炉各部位的炉衬厚度设计参考值见表 5 - 4。

表 5 - 4　转炉炉衬厚度设计参考值

炉衬各部位名称		转炉容量/t		
		< 100	100 ~ 200	> 200
炉　帽	永久层厚度/mm	60 ~ 115	115 ~ 150	115 ~ 150
	工作层厚度/mm	400 ~ 600	500 ~ 600	550 ~ 650
炉身（加料侧）	永久层厚度/mm	115 ~ 150	115 ~ 200	115 ~ 200
	工作层厚度/mm	550 ~ 700	700 ~ 800	750 ~ 850

续表 5-4

炉衬各部位名称		转炉容量/t		
		<100	100~200	>200
炉身（出钢侧）	永久层厚度/mm	115~150	115~200	115~200
	工作层厚度/mm	500~650	600~700	650~750
炉底	永久层厚度/mm	300~450	350~450	350~450
	工作层厚度/mm	550~600	600~650	600~750

（3）炉衬砖型的选择。选择砖型时应考虑以下原则：

1）对于小型转炉尽量选用大砖，以提高筑炉速度，减少砖缝，减轻劳动强度；对于大中型转炉现已采用小砖型砌筑，利于机械化操作，减轻劳动强度。

2）砌筑过程中力争不打或少打砖，以提高砖的利用率和保证砖的质量。

3）出钢口选用异型整体砖砌筑。

4）尽量减少砖型种类。

5.1.2 炉壳

5.1.2.1 炉壳组成

炉壳通常由炉帽、炉身和炉底三部分组成（见图5-6）。

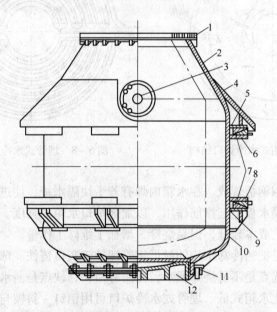

图5-6 转炉炉壳

1—水冷炉口；2—锥形炉帽；3—出钢口；4—护板；5，9—上、下卡板；6，8—上、
下卡板槽；7—斜块；10—圆柱形炉身；11—销钉和斜楔；12—可拆卸活动炉底

转炉炉壳要承受耐火材料、钢液、渣液的全部重量，并保持炉子有固定的形状，倾动时承受扭转力矩作用。炉壳由普通锅炉钢板或低合金钢板焊接而成。三部分连接的转折处必须以不同曲率的圆滑曲线来连接，以减少应力集中。为了适应转炉高温作业频繁的特

点，要求转炉炉壳必须具有足够的强度和刚度，在高温下不变形、在热应力作用下不破裂。

A 炉帽

炉帽部分的形状有截头圆锥体形和半球形两种。半球形的刚度好，但制造时需要做胎模，加工困难；截头圆锥体形制造简单，但刚度稍差，一般用于30t以下的转炉。

炉帽上设有出钢口。因出钢口最易烧坏，为了便于修理更换，最好设计成可拆卸式的，但小转炉的出钢口还是直接焊接在炉帽上为好。

在炉帽的顶部，现在普遍装有水冷炉口。它的作用是：防止炉口钢板在高温下变形，提高炉帽的寿命；另外它还可以减少炉口结渣，而且即使结渣也较易清理。

水冷炉口有水箱式水冷炉口（见图5-7）和埋管式水冷炉口（见图5-8）两种结构。

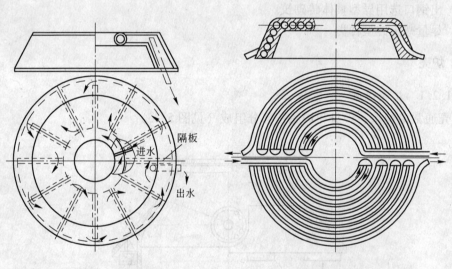

图5-7 水箱式水冷炉口结构   图5-8 埋管式水冷炉口结构

水箱式水冷炉口用钢板焊成。在水箱内焊有若干块隔水板，使进入的冷却水在水箱中形成一个回路，同时隔水板也起撑筋作用，以加强炉口水箱的强度。这种结构的优点是冷却强度大，易于制造，成本较低，但易烧穿，增加了维修工作量。

埋管式水冷炉口是把通冷却水用的蛇形钢管埋铸于灰口铸铁、球墨铸铁或耐热铸铁的炉口中。这种结构的优点是不易烧穿漏水，使用寿命长；缺点是漏水后不易修补，且制作过程复杂，冷却强度比水箱式低。埋管式水冷炉口可用销钉-斜楔与炉帽连接，由于喷溅物的黏结，拆卸时不得不用火焰切割。因此我国中、小型转炉采用卡板连接方式将炉口固定在炉帽上。

通常炉帽的下半段还焊有环形伞状挡渣护板（裙板），以防止喷溅出的渣、铁烧损炉帽、托圈及支承装置等。

B 炉身

炉身一般为圆筒形。它是整个转炉炉壳受力最大的部分。转炉的全部重量（包括钢水、炉渣、炉衬、炉壳及附件的重量）通过炉身和托圈的连接装置传递到支承系统上，并且炉身还要承受倾动力矩，因此用于炉身的钢板要比炉帽和炉底适当厚些（见表5-5）。

表5-5 转炉炉壳各部位钢板厚度

转炉吨位/t	15（20）	30	50	100（120）	150	200	250	300
炉帽厚度/mm	25	30	45	55	60	60	65	70
炉身厚度/mm	30	35	45	70	70	75	80	85
炉底厚度/mm	25	30	45	60	60	60	65	70

炉身被托圈包围部分的热量不易散发，在该处易造成局部热变形和破裂。因此，应在炉壳与托圈内表面之间留有适当的间隙，以加强炉身与托圈之间的自然冷却，防止或减少炉壳中部产生变形（椭圆和胀大）。

炉帽与炉身也可以通水冷却，以防止炉壳受热变形，延长其使用寿命。例如有的厂家100t转炉在其炉帽外壳上焊有盘旋的角钢，内通水冷却；炉身焊有盘旋的槽钢，内通水冷却。这套炉壳自1976年投产至今，炉壳基本上没有较大的变形，仍在服役。

C 炉底

炉底部分有截锥形和球缺形两种。截锥形炉底制造和砌砖都较为方便，但其强度比球形低，故在我国用于中、小型转炉。球形炉底虽然砌砖和制作较为复杂，但球形壳体受载情况较好，目前，多用于大型转炉。

炉帽、炉身与炉底三段间的连接方式决定于修炉和炉壳修理的要求，三者连接方式有两种：一是死炉帽活炉底结构（炉帽与炉身是焊死的，而炉底和炉身是可拆连接的）；二是活炉帽死炉底结构（炉帽与炉身是可拆连接的，而炉底和炉身是焊死的），如图5-9所示。

死炉帽活炉底结构适用于下修法。即修炉时可将炉底拆去，新的衬砖自炉身下口运进炉内进行修砌。炉底和炉身多采用吊架丁字销钉和斜楔连接。实践证明，销钉和斜楔材料不宜采用碳素钢，最好用低合金钢，以增加强度。

活炉帽死炉底结构适用于上修炉法，即人和炉衬材料都经炉口进入。死炉底具有重量轻、制造方便、安全可靠等优点。

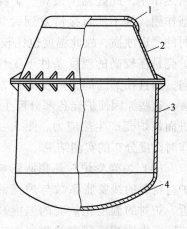

图5-9 活炉帽炉壳
1—炉口；2—炉帽；3—炉身；4—炉底

目前有的大容量转炉，在采用上修法时采用可拆卸的小炉底结构（见图5-10），以增加修炉操作的灵活性。还有些大型转炉为了减少停炉时间，提高效率，修炉时采用更换炉体的方式，将待修炉体移至炉座外修理，而将事先准备好的炉体装入炉座继续吹炼。在使用活炉座时，为了不增加起重运输设备能力，并便于修理损坏了的炉帽，可将炉帽与炉身做成可拆连接。

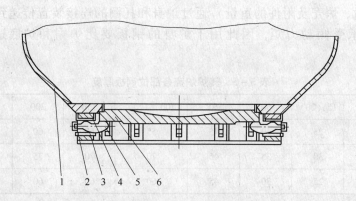

图 5 - 10　国外某厂 150t 转炉小炉底结构

1—炉壳；2—固定斜楔；3—调节斜楔；4—耐磨垫板；5—支承块；6—小炉底

5.1.2.2　炉壳钢板厚度的确定

炉壳钢板的厚度是根据其所受力的情况来决定的。转炉炉壳属于薄壳结构，由于高温、重载和生产操作等因素影响，炉壳工作时不仅承受静负荷、动负荷，而且还承受热负荷等。

（1）静负荷。静负荷包括炉壳、炉衬、炉料重量引起的负荷。

（2）动负荷。动负荷包括兑铁水的冲击、加废钢时的冲击、炉体旋转时的加速度或减速度产生的动力冲击以及刮渣时产生的冲击引起的负荷。

（3）炉壳温度分布不均匀而引起的负荷。炉帽上部接近高温炉气，受喷溅物和烟罩反射回来的辐射热作用，此处温度最高。炉身部分由于托圈的屏蔽作用，热不能直接散发到大气中，加之这部分炉衬的严重蚀损，故此温度也比较高。上述情况说明，炉壳是在较高的温度条件下工作，不仅在其高度方向，而且在其圆周方向及半径方向都会存在温度梯度。这些原因使炉壳各部分产生不同程度的热膨胀，进而使炉壳产生热应力。图 5 - 11 所示为炉壳在工作时温度分布的实测结果。

（4）炉壳受炉衬热膨胀影响产生的负荷。转炉炉衬材料的线膨胀系数与炉壳钢板的线膨胀系数相近，炉衬的温度比炉壳的温度高，所以炉衬的径向热膨胀也比炉壳径向热膨胀大，在炉衬和炉壳间产生内压力，由此炉壳在这个内压力作用下产生热膨胀应力。

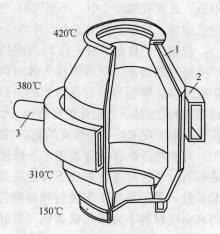

图 5 - 11　炉壳在工作时温度分布情况

1—炉壳；2—托圈；3—耳轴

此外，还有因炉壳断面改变、加固、焊接等原因而引起炉壳局部应力提高。可见，炉壳在工作中受很多因素的影响，这必然使炉壳产生相应的应力，以致引起不同程度的变形。实践表明，热应力在此起主导作用。所以设计时必须给予足够的重视。但由于应力计算相当复杂，所以炉壳钢板的厚度常根据经验公式确定，见表 5 - 6。表 5 - 7 为不同转炉容量的实际炉壳基本参数。

表 5 - 6　炉壳钢板厚度的经验公式

炉子吨位	δ_1	δ_2	δ_3
<30t	$(0.8 \sim 1)\delta_2$	$\delta_2 = (0.0065 \sim 0.008)D$	$0.8\delta_2$
>30t	$(0.8 \sim 0.9)\delta_2$	$\delta_2 = (0.008 \sim 0.011)D$	$(0.8 - 1)\delta_2$

注：δ_1—炉帽钢板厚度；δ_2—炉身钢板厚度；δ_3—炉底钢板厚度；D—炉子外径。

表 5 - 7　不同转炉容量的实际炉壳基本参数

炉子公称容量/t	15	30	50	120	150（国外某厂）	300
炉壳全高/mm	5530	7000	7470	9750	8992	11575
炉壳外径/mm	3548	4220	5110	6670	7090	8670
炉帽钢板厚度/mm	24	30	55	55	58	75
炉身钢板厚度/mm	24	40	55	70	80	85
炉底钢板厚度/mm	20	30	45	70	62	80
炉壳重量/kN	225.4	424.34	694.33	1717.744	1943.4	3332
材　质	16Mn	Q235	14MnNb		AST41	SM41C（日本）

5.1.3　托圈

早期建造的转炉不带托圈，如日本钢管公司 60t 转炉、联邦德国莱茵豪森钢厂的 180t 转炉均不带托圈。这种转炉的炉体是通过焊接在炉体上的耳轴板或加强圈来支承的。这种结构虽然简单，但炉壳承载不均，寿命较短，现已不再采用。近代转炉皆采用托圈结构来支承炉体。

5.1.3.1　托圈断面形状、类型和基本尺寸

托圈是转炉重要的承载和传动部件。它在工作中除承受炉壳、炉衬、钢水和自重等全部静载荷外，还要承受由于频繁启动、制动所产生的动载荷和操作过程所引起的冲击载荷，以及来自炉体、钢包等热辐射作用而引起的热负荷。如果托圈采用水冷，则还要承受冷却水对托圈的压力。所以托圈结构必须具有足够的强度、刚度和韧性，才能满足转炉生产的要求。

图 5 - 12 为某厂 50t 转炉托圈结构图。它是由钢板焊成的箱形断面的环形结构，两侧焊有铸钢的耳轴座，耳轴装在耳轴座内。为了便于运输，该托圈剖分成四段在现场进行装配。各段通过矩形法兰由高强度螺栓连接。为了保证法兰连接牢固，在安装时先把螺栓拧紧，再用电将螺栓加热至 120℃ 左右，然后继续拧紧螺母（约旋转 45°）。再经过冷却后每个螺母约产生 60t 左右的预紧力。每个矩形法兰中间都安装有方形定位销，用它来承受法兰结合面上的剪力。托圈材质一般与炉壳相同，也趋向采用低合金结构钢。

A　托圈断面形状

托圈断面形状有两种：箱形和开式匚形和冂形。封闭式断面均为箱形焊接结构，开口式断面有匚形和冂形，即开口方向有向着转炉和背着转炉之分，开口式托圈皆为铸造结构。

近年来，大、中型转炉托圈断面一般采用钢板焊接的箱形结构，因为这种封闭的箱形断面受力好，托圈中切应力均匀，其抗扭刚度比开口断面大，同时这种封闭断面还可直接

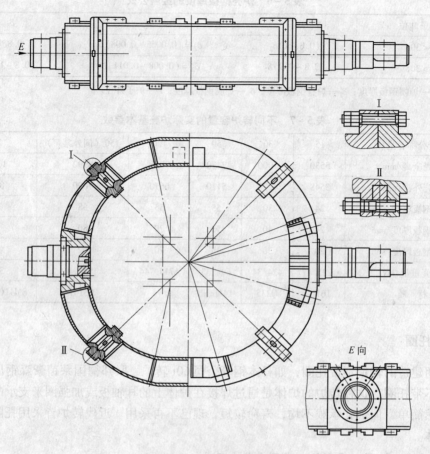

图 5 – 12　50t 转炉托圈部件

通入冷却水冷却托圈。只有小型转炉，才考虑采用开口铸造托圈，其断面形状可用封闭的箱形，也可用开式的匚形断面。

B　托圈的类型

（1）铸造托圈和焊接托圈。对于小型转炉，如 30t 以下的转炉，由于托圈尺寸小，可采用铸造托圈。目前，对中等容量以上的转炉，都采用重量较轻的焊接托圈。

（2）整体托圈和剖分托圈。托圈是做成整体还是做成剖分的主要取决于托圈受力、加工、制造及运输条件等情况。在制造与运输条件允许的情况下，托圈应尽量做成整体的。图 5 – 13 所示为国内某厂 300t 转炉使用的整体托圈。它是用钢板焊成的箱形结构，其断面形状为 2740mm × 835mm 矩形，材质为日本钢号 SM41C。内外侧钢板厚为 70mm。这样结构简单、加工方便，耳轴对中容易保证。但是由于大、中型转炉托圈的重量和外形尺寸很大，这样的整体托圈在加工、运输过程中困难很大，所以大托圈大多数做成剖分式，这样加工、运输都很方便。以 50t 转炉为例，其托圈的外形尺寸为 6800mm × 9990mm，重达 100t，因此托圈要做成剖分式的。剖分式托圈一般可分成两段和四段（见图 5 – 14），剖分位置应避开最大应力和最大切应力所在截面。

剖分托圈的连接最好采用现场焊接，这样结构简单，但焊接时应保证两耳轴同心度和

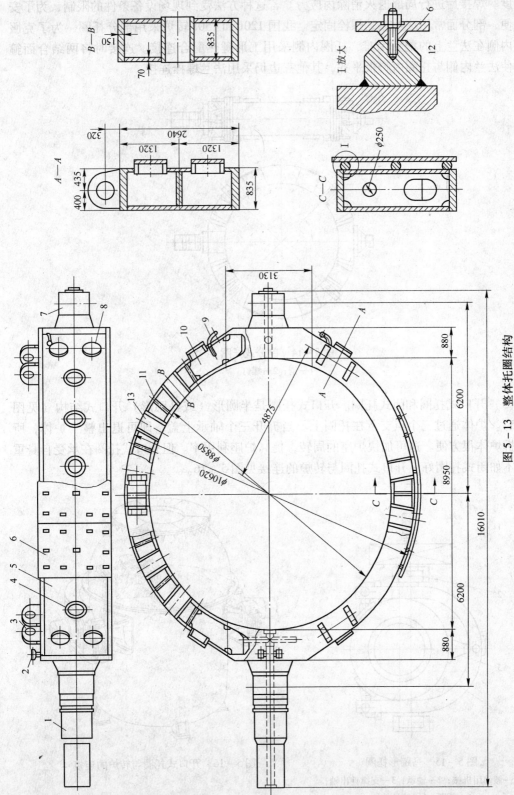

图 5 - 13 整体托圈结构

1—驱动侧耳轴；2—进水管；3—吊耳；4—空气流通孔；5—托圈；6—保护圈；7—从动侧耳轴；
8—人孔；9—出水管；10—横隔板；11—立筋板；12—连接保护板用凸块；13—圆管

平行度。焊接后进行局部退火消除内应力。若这种方法受到现场设备条件的限制，为了安装方便，剖分面常用法兰热装螺栓固定。我国 120t 和 150t 转炉采用剖分托圈，为了克服托圈内侧在法兰上的配钻困难，托圈内侧采用工形键热配合连接。连接时将两结合面箍紧，使法兰内侧与托圈内腹板平齐，其他三边仍采用法兰螺栓连接。

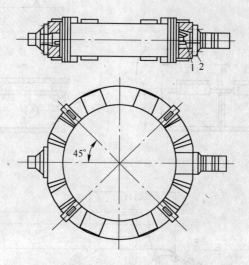

图 5 - 14　剖分式托圈

1—销；2—螺钉

（3）开口式托圈和闭式托圈。开口式托圈是半圆形（或马蹄形）开口式结构（见图 5 - 15）。炉体通过三个点支承在托圈上。当拆开三个轴承上盖，即可退出整个炉体，所以装拆炉体很方便。这可加快炉座的周转，提高炉座利用率。但开口式托圈在承受自身重量时不如闭式托圈好。开口式托圈与转炉的连接见图 5 - 16。

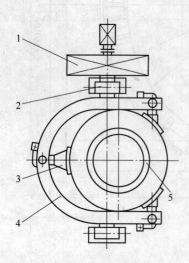

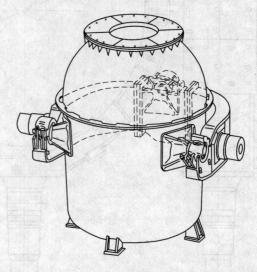

图 5 - 15　马蹄形托圈　　　　　图 5 - 16　开口式托圈与转炉的连接

1—倾动用机械；2—轴承；3—支撑伸出轴；

4—托圈；5—转炉炉体

C 托圈的基本尺寸

托圈的基本尺寸就是断面尺寸，托圈的高宽比一般在 2.5~3.5 之间选取。托圈与炉壳之间应留有一定的间隙，其间隙可按 $0.03D_壳$ 计算确定，而实际使用的数据多数小于计算值，一般在 100~150mm 之间。留间隙的目的是改善炉身的散热条件和炉身受热膨胀变形的空间。托圈的高度为炉壳全高的 20%~40%，托圈的宽度为炉壳直径的 11.5%~13.5%。表 5-8 为不同吨位转炉托圈的基本尺寸。

表 5-8 不同吨位转炉托圈的基本尺寸

炉子容量/t	15	30	50	120	150①	300
断面形状	（铸）箱	（铸）匚	箱	箱	箱	箱
断面高度/mm	1060	1500	1650	1800	2400	2500
断面宽度/mm	480	400	730	900	760	835
盖板厚度/mm	100	255	80	100	83	150
腹板厚度/mm	60	130	55	80	75	70

① 国外某厂转炉吨位。

5.1.3.2 炉体和托圈的连接装置

在实际生产过程中，炉壳和托圈都会受到机械载荷的作用和热负荷的作用，这样两者将产生变形。因此，要求连接装置必须满足两点要求：一是连接装置保证将炉体牢固地连接在托圈上；二是连接装置能适应在炉壳和托圈热膨胀时，在径向和轴向产生相对位移的情况下，不使位移受到限制，以免造成炉壳或托圈产生严重变形和破坏。为此，托圈和炉壳之间的间隙可取为 $0.03D_壳$。

A 连接装置的设计原则

随着炉壳和托圈变形，在连接装置中将引起传递载荷的重新分配，会造成局部过载，由此引起严重的变形和破坏。所以一个好的连接装置应能满足下列要求：

（1）转炉处于任何倾转位置时（垂直、水平、倒置等），均能可靠地把炉体静载荷、动载荷和冲击载荷均匀地传递给托圈。

（2）能适应炉体在托圈中的径向和轴向的热膨胀而产生相对位移，同时不产生窜动。

（3）考虑到变形的产生，能以预先确定的方式传递载荷，并避免因静不定问题的存在而使支承系统受到附加载荷。

（4）可为转炉炉体传递足够的倾动力矩。

（5）其结构对炉壳、托圈的强度和变形的影响应为最低。

（6）结构简单，工作安全可靠，易于安装、调整和维护，而且经济。

B 支架的设置

为了使连接装置满足上述的要求，在设计时必须考虑全面。这里的问题主要是支架的问题，现将支架问题分为三个方面进行阐述。

（1）支架的数目。支架的数目首先应根据炉子的容量而定，一般设计 3~6 个支架。支架的数目设计过少时传递载荷的能力不够。支架的数目设计过多时就会抑制炉壳的热变形移量，而且调整、安装非常困难，当炉壳和托圈变形后容易引起一部分支架接触不良而失去其应有的作用。

（2）支架的部位。支架在托圈上的位置不同，则转炉倾转时传递载荷的方式也不同。一般情况下，支架的位置是在由耳轴起始的30°、45°、60°等位置。

（3）支架的平面。应该把各支架安装在同一平面上，这样可以使炉壳在各支架间所产生的热变形位移量相等，而不致引起互相抑制。平面高度可以在托圈顶部、中部或下部。

C　连接装置的类型

（1）支承托架夹持器连接装置。支承托架夹持器连接装置的基本结构是沿炉壳圆周装有若干组上、下托架，并用它们夹住托圈的顶面和底部。通过接触面一方面可以把炉体的负荷传给托圈，另一方面当炉壳和托圈因温差而出现变形时，可自由地沿其接触面产生相对位移。这里主要介绍双面斜垫板托架夹持器和平面卡板夹持器。

双面斜垫板托架夹持器（见图5-17）是由四组夹持器组成的，这四组夹持器有三组为支承夹持器，一组为定位夹持器。位于两耳轴部位的两组夹持器（R_1、R_2）为支承夹持器，主要用于支承炉体和炉内液体的全部重量。位于装料侧托圈中部的夹持器（R_3）为倾动夹持器，在转炉倾动时主要通过它来传递倾动力矩。位于出钢口部位的一组夹持器（R_4）为导向夹持器，只起导向定位作用，这四组夹持器构成三支点支承结构。每组夹持器上都装有上、下托架，托架与托圈之间都有一组支承斜垫板。转炉炉体通过上、下托架和斜垫板夹住托圈，借以支承其重量。

这种双面斜垫板托架夹持器的连接装置基本满足了炉子的工作要求，但结构很复杂，加工量又大，安装调整过程比较困难。

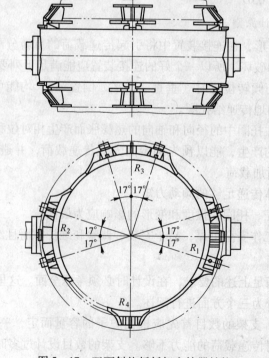

图5-17　双面斜垫板托架夹持器结构

平面卡板夹持器（见图5-18）一般由4~10组夹持器将炉壳固定在托圈上。卡板是用钢板焊成的角钢，角钢一头固定在炉壳上，另一头卡在托圈的上卡板或下卡板上，使炉壳与托圈连接起来。4~10组夹持器中有两组夹持器必须布置在耳轴轴线上，以在炉体倾转到水平位置时承受载荷。每组夹持器的上、下卡板用螺栓成对地固定在炉壳上，利用焊在托圈上的卡座将上、下卡板伸出的底板卡在托圈的上、下盖板上。底板和卡座的两平面间和侧面均有垫板，垫板磨损可以更换。托圈下盖板与下卡板的底板之间留有一定的间隙，这样夹持器本体可以在两卡座间滑动，使炉壳在径向和轴向的胀缩均不受限制。

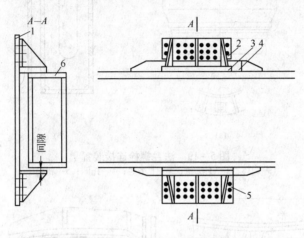

图5-18 平面卡板夹持器连接结构
1—炉壳；2—上卡板；3—垫板；4—卡座；5—下卡板；6—托圈

（2）吊挂式连接装置。这类结构通常由若干组拉杆或螺栓将炉体吊挂在托圈上。它有两种方式：法兰螺栓连接和自动螺栓连接（又称三点球面支撑）。其中自动螺栓连接装置应用较多。

1）法兰螺栓连接装置。法兰螺栓连接是早期出现的吊挂式连接装置，如图5-19所示。在炉壳上部周边焊接两个法兰，在两法兰之间加焊垂直筋板加固，以增加炉体刚度。在下法兰上均布8~12个长圆形螺栓孔，通过螺栓或销钉斜楔将法兰与托圈连接。在连接处垫一块经过加工的长形垫板，以便使法兰与托圈之间留出通风间隙。螺栓孔呈长圆形的目的是允许炉壳沿径向热膨胀并避免把螺栓剪断。炉体倒置时，由螺栓（或圆锁）承受载荷。炉体处于水平位置时，则由两耳轴下面的托架把载荷传给固定在托圈上的定位块。而在与耳轴连接的托圈平面上有一方块与大法兰方孔相配合，这样就能保证转炉倾动时，将炉体重量传递到托圈上。这种结构的炉体与托圈在轴向的相对位移不受约束，而径向的相对位移是靠热膨胀力克服螺栓连接力所产生的摩擦力而进行的，故连接螺栓的合理预紧力对该结构的使用性能是非常关键的。这种结构对于解决径向膨胀问题不够理想，但此结构比较简单，适用于活炉座炉体的交换方式。我国小型转炉上多采用这种结构。

2）自调螺栓连接装置。自调螺栓连接装置是目前吊挂装置形式中比较理想的一种结构，它综合了法兰螺栓连接和拉杆吊挂连接装置的优点。图5-20为我国某厂300t转炉自调螺栓连接装置的结构原理图。炉壳上焊接两个加强圈，炉体通过加强圈和三个带球面垫圈的自动螺栓与托圈连接在一起。三个自调螺栓在圆周上呈120°布置，其中两个在出钢

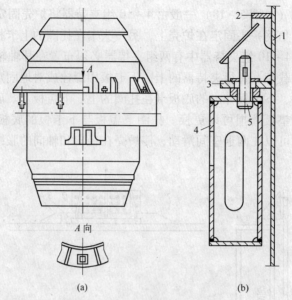

图 5-19　法兰螺栓连接装置
1—炉体；2—上法兰；3—下法兰；4—托圈；5—销钉

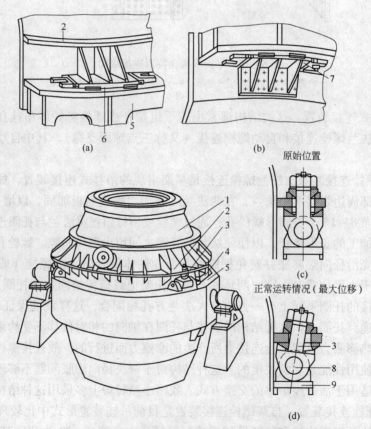

图 5-20　我国某厂 300t 转炉自调螺栓连接装置
(a) 上托架；(b) 下托架；(c)，(d) 自调螺栓的位置
1—炉体；2—加强圈；3—自调螺栓装置；4—托架装置；5—托圈；
6—上托架；7—下托架；8—销轴；9—支座

侧与耳轴轴线成30°夹角的位置上。另一个在装料侧与耳轴轴线呈90°的位置上。自调螺栓3与焊接在托圈盖板上的支座9铰接连接。当炉壳产生热胀冷缩时，由焊在炉壳上的法兰推动球面垫移动，从而使自调螺栓绕支座9摆动，故炉体径向位移不会受到约束，而且炉壳中心位置保持不变。图5-20（c）、（d）表示了自调螺栓原始位置和正常运转时的工作状态。此外，在两耳轴位置上还设有上、下托架装置（见图5-20a、b）。在托架上的剪切块与焊在托圈上的卡板配合。当转炉倾动到水平位置时，由剪切块把炉体的负荷传给托圈。这种结构也属于三支点静定结构。其工作性能好，能适应炉壳和托圈的不等量变形，载荷分布均匀，结构简单，制造方便，维护量少。这种结构很值得推广。

（3）薄带连接装置。薄带连接装置（见图5-21）是采用多层挠性薄钢带作为炉体与托圈的连接件。从图中可以看出，在两侧耳轴的下方沿炉壳圆周各装有五组多层薄钢带，每组钢带均由多层薄钢片组成，钢带的下端借螺钉固定在炉壳的下部，钢带的上端固定在托圈的下部。在托圈上部耳轴处还装有铰接连杆结构。当炉体处于直立位置时，炉体是被托在多层薄钢带组成的"托笼"中；当炉体的倾动时，炉体主要靠距耳轴轴线最远位置的钢带组来传递扭矩；当炉体倒置时，炉体重量由钢带压缩变形和托圈上部的铰接连杆结构装置来平衡。

薄带连接装置的特点是将炉壳上的主要承重点放在了托圈下部炉壳温度较低的部位，这样可以消除炉壳与托圈间因热膨胀产生的影响，可以减少炉壳连接处的热应力。同时，由于采用了多层挠性薄钢带做连接件，它能适应炉壳与托圈受热变形所产生的相对位移，还可以减缓连接件在炉壳、托圈连接处引起的局部应力，从而提高设备的使用寿命。

5.1.4 耳轴及轴承

5.1.4.1 耳轴

耳轴是重要的承载件。在工作过程中，耳轴受热会产生轴向的伸长和翘曲变形，因此耳轴应具有足够的刚度和强度。耳轴一般用合金钢锻造或铸造加工而成，驱动侧耳轴可用35CrMo或40Cr，从动侧可采用45号锻钢制造。耳轴通常做成空心的，内通水冷却。表5-9为几种公称容量转炉耳轴直径。

表5-9 几种公称容量转炉耳轴直径

转炉容量/t	30	50	130	200	300
耳轴直径/mm	630~650	800~820	850~900	1000~1050	1100~1200

耳轴与托圈的连接主要有静配合连接、法兰螺栓连接、焊接连接三种方式。

（1）静配合连接。图5-22为耳轴与托圈的静配合连接。耳轴具有过盈尺寸，装配时可将耳轴用液氮冷缩或将轴孔加热膨胀，耳轴在常温下装入耳轴孔。但局部加热会引起托圈产生局部变形。为了防止耳轴与耳轴座孔产生转动或轴向移动，传动侧耳轴的配合面应拧入精制螺钉。由于游动侧传递力矩很小，故可采用带小台肩的耳轴就可限制轴向移动。

（2）法兰螺栓连接。图5-23为耳轴与托圈的法兰螺栓连接。为防止耳轴与孔发生转动和轴向移动，这种结构的耳轴以过渡配合装入托圈的铸造耳轴座中，再用螺栓和圆销连接。由于法兰螺栓连接形式工作安全可靠，国内使用比较广泛。但是这种结构的缺点是连接件较多，而且耳轴需带一个法兰，增加了耳轴制造困难。

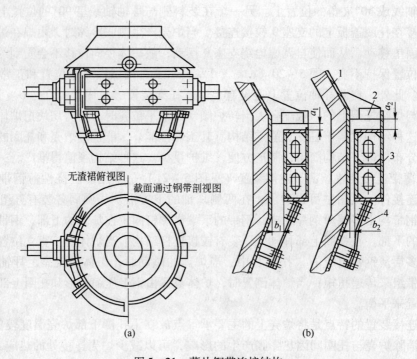

图 5 - 21   薄片钢带连接结构

（a）薄钢带连接图；（b）薄钢带与炉体和托圈连接结构适应炉体膨胀情况

$a_2 - a_1$：炉壳与托圈沿轴向膨胀差；$b_2 - b_1$：炉壳与托圈沿径向膨胀差；

1—炉壳；2—周向支承装置；3—托圈；4—钢带

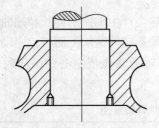

图 5 - 22   耳轴与托圈的静配合连接

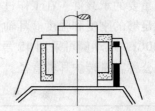

图 5 - 23   耳轴与托圈法兰螺栓连接

（3）焊接连接。图 5 - 24 为耳轴与托圈的焊接连接。这种结构采用耳轴与托圈直接焊接，省去了较重的耳轴座和连接件，因此，重量小、结构简单、机械加工量小。制造时先将耳轴与耳轴板用双面环形焊缝焊接起来，然后将耳轴板与托圈腹板用单面焊缝焊接。耳轴板可适应焊缝的收缩。为防止结构由于焊接的变形，制造时要特别注意保证两耳轴的平行度和同心度。耳轴最好与托圈进行整体同轴加工，以保证其加工精度。

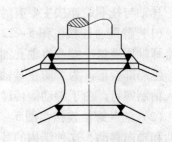

图 5 - 24   耳轴与托圈
的焊接连接

5.1.4.2 轴承

A 轴承的工作特点

(1) 负荷大。耳轴轴承要承受炉体、液体金属和托圈部件的全部重量，有时还要承受倾动机构部件部分或全部重量。

(2) 转速低。耳轴轴承转速在 1r/min 左右。

(3) 经常处于局部工作状态。

(4) 启动、制动频繁。

(5) 工作条件恶劣。耳轴轴承经常处于高温、多尘的环境中。

B 对轴承的要求

(1) 有足够的强度，能经受静载荷和动载荷。

(2) 有充裕的抗疲劳耐久性。

(3) 对中性好，并要求轴承外壳和支座有合理的结构。

(4) 安装、更换、维修容易。

(5) 经济性好。

C 轴承的选择计算

由于耳轴轴承转速低，所以不按寿命计算方法来选择轴承，而是根据计算静载荷来选择轴承。轴承静载荷的计算公式为：

$$P = KR$$

式中　P——计算静载荷；

　　　R——作用在耳轴上全部载荷引起的轴承径向力；

　　　K——考虑轴承实际载荷情况的系数（对传动侧轴承 $K = 2.2$；对游动侧轴承 $K = 1.9$）。

计算轴承的实际负荷时，应考虑以下情况：

(1) 转炉倾动时，倾动力矩在耳轴上引起的载荷。

(2) 转炉倾动时，启动、制动所产生的惯性力。

(3) 正常操作和不正常操作条件下的静载荷。不正常操作的载荷如兑铁水时包压在炉口上引起的附加载荷。

(4) 清炉时结渣（例如用废钢槽翘炉口渣）所引起的载荷等。

(5) 由于托圈温度变化引起耳轴轴向胀缩所产生的附加力。

D 轴承的类型

耳轴轴承有重型双列向心球面滚子轴承、铰链式轴承支座、复合式滚动轴承和液体静压轴承四种类型。

(1) 重型双列向心球面滚子轴承。这种轴承的特点是能承受重载，有自动调位的性能，在静负荷作用下，轴承的线极限偏斜度为 ±1.5°，基本上能满足耳轴倾斜的要求，而且还能保持良好的润滑效果，使得磨损相对减少，故在转炉耳轴轴承上得到了广泛使用。

转炉工作时，托圈在高温下产生热膨胀，引起两侧耳轴轴承中心距增大。一般转炉传动侧的耳轴轴承设计成轴向固定的，而非传动侧轴承设计成轴向可游动的。即非传动侧在轴承外圈与轴承座之间增加一导向套，当耳轴做轴向膨胀时，轴承可沿轴承座内的导向套做轴向移动,因此要求结构中留有轴向移动间隙。

传动侧的轴承装置结构基本上与非传动侧相同,只是结构上没有轴向位移的可能性。一般情况下两侧轴承选用相同型号。由于传动侧轴上固装着大齿轮,为了便于更换轴承,可把轴承做成剖分式的,即把内、外圈和保持架都做成两半。为了使轴承承受可能遇到的横向载荷,轴承座两侧由斜铁楔紧在支座的凹槽内。

由于重型双列向心球面滚子轴承能承受重载、自动调位和保持良好的润滑,所以这种类型比较常用。

(2) 铰链式轴承支座。图 5 - 25 所示为铰链式轴承支座。这种轴承支座用于非驱动侧轴承支座上,耳轴轴承也是采用重型双列向心球面滚子轴承,轴承固定在轴承座上,而轴承座通过其底部的两个铰链支承在基础上,两铰链的销子在同一轴线上,此轴线位于耳轴轴线垂直的方向上。支座的摆动可补偿耳轴轴线的胀缩。由于耳轴轴向移动量比支座的摆动半径小很多,所以耳轴高度上的微小变形不会妨碍轴承正常工作。

宝钢 300t 转炉采用了铰链式轴承支座,转炉两侧的耳轴轴承在轴承座内都可做成固定的形式,这样结构简单,而且不需要特别的维护就能正常工作,同时在生产中也不会有轴承卡死之虑。

(3) 复合式滚动轴承。如图 5 - 26 所示为复合式滚动轴承装置。这种轴承的功能和铰链式轴承基本相同。当托

图 5 - 25 我国某厂 300t 转炉
铰链式轴承支座示意图

圈受热膨胀时,轴承立刻沿导向套沿做轴向移动。其滑动摩擦会产生轴向力,从而增加了轴承座的轴向倾翻力矩。耳轴轴承也是采用重型双列向心球面滚子轴承以适应耳轴和托圈的挠曲变形。而在主轴承箱底部装入两列滚柱轴承,并倾斜 20° ~ 30° 支撑在轴承座的 V 形槽中。这样既能使耳轴轴承做轴向移动时产生的滑动摩擦变为滚动摩擦,而且 V 形槽结构又能抵抗轴承所承受的横向力。

(4) 液体静压轴承。液体静压轴承工作原理是:在轴与轴承间通入约 34MPa 的高压

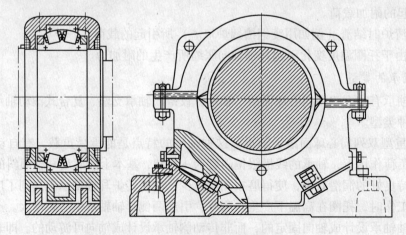

图 5 - 26 复合式滚动轴承装置

油，这样在低速、重载情况下仍可使耳轴与轴承衬间形成一层极薄的油膜。

液体静压轴承的特点是：无启动摩擦力，运转阻力很低；能抗热；油膜能吸收冲击，起减振作用；具有较宽的速度与负荷范围；但它需增加一套高压供油设备。液体静压轴承在国外转炉上已有应用。

E 耳轴轴承的润滑和水冷耳轴

耳轴轴承的工作环境恶劣，经常会在高温、多尘的条件下工作，因此，要求轴承有良好的密封性和润滑性能，并能使钻入的渣尘被润滑油带走。

轴承润滑有干油润滑和稀油润滑两种方式。干油润滑常用润滑脂，如我国 120t 转炉使用 3 号锂基脂与 2% ~3% 的二硫化钼的混合润滑脂。润滑脂用压延机从轴承下部注入，由于轴承工作时转动不到一圈，故需在轴承上部增加一辅助油孔，以保证轴承润滑。

轴承的密封装置一般在轴承座部端盖中嵌入带毛毡的密封盒，毛毡层间夹有铜环。这种密封装置性能不够理想。图 5 - 27 所示为某大型转炉采用的轴承密封结构形式。它采用矩形断面橡胶圈（或石棉环）密封，在密封圈外面套一条可调节松紧的弹簧钢带，把密封圈压紧，当密封圈磨损后，弹簧钢带可自动补偿，也可通过螺丝拧紧，从而提高了密封圈的防尘效果。国外某厂 150t 转炉使用这种装置后效果良好，轴承磨损量小。

稀油润滑采用稀油自动润滑系统来润滑耳轴轴承，润滑还可起冷却剂作用，并能把一部分渣尘带走。这也是延长轴承寿命的一种措施。

水冷耳轴装置由于通水能有效防止耳轴轴承过热，即从耳轴通入循环水进行冷却，其冷却水回路与水冷炉口相通。

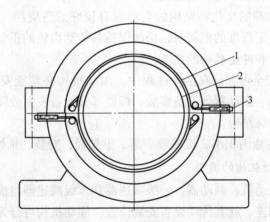

图 5 - 27 国外某厂 150t 转炉耳轴轴承可调密封装置
1—钢带；2—橡胶密封圈；3—调节螺丝

5.1.5 转炉倾动机构

转炉倾动机构的作用是转动炉体，以使转炉完成兑铁水、取样、出渣、修炉等操作。

5.1.5.1 倾动机构的工作特点

（1）倾动力矩大。转炉炉体的自重很大，再加散状料重量等，整个被倾转部分的重量达到上百吨或上千吨。如公称吨位为 350t 的转炉，其总重 1450 多吨；如公称吨位为 120t 的转炉，其总重达 715t，因此，要使转炉倾转，就需要足够大的倾动力矩。

（2）减速比大。转炉在倾动过程中，要求炉体能平稳地倾动和准确地停位。因此，炉子采取很低的倾动速度，一般为 0.1～1.5r/min。为此，倾动机构必须具有很高的减速比，通常为 700～1000，甚至数千。

（3）启、制动频繁，承受较大的动载荷。转炉的冶炼周期最长为 40min 左右，在整个冶炼周期中，要完成加废钢、兑铁水、取样、测温、出钢、出渣、补炉等一系列操作。这些都涉及转炉的启、制动，需要启、制动 24 次之多，如果加上慢速区点动 4～5 次，那么每炼一炉钢，倾动机械启、制动就要超过 30 次。可见倾动机械启、制动非常频繁，在过程中承受很大的载荷。

（4）倾动机构工作在高温、多渣尘的环境中，工作条件十分恶劣。

5.1.5.2 对倾动机构的要求

（1）根据吹炼工艺的要求，转炉应具有两种以上的倾动速度。转炉在出钢、倒渣、人工测温取样时，要平稳缓慢地倾动，以避免钢、渣猛烈晃动，甚至溅出炉口；当转炉空炉、从水平位置摇直或刚从垂直位置摇下时，均可用较高的倾动速度，以减少辅助时间。在接近预定位置时，采用低速倾动，以便停位准确，并使炉液平稳。一般小于 30t 的转炉可以不调速，倾动转速为 0.7r/min；50～100t 转炉可采用两级转速，低速为 0.2r/min，高速为 0.8r/min；大于 150t 的转炉可无级调速，转速在 0.15～1.5r/min。

（2）应能使炉体正反转动 360°，并能平稳而又准确地停在任一倾角位置上，以满足兑铁水、加废钢、取样、测温、出钢、倒渣、补炉等各项工艺操作的要求，并且要与氧枪、副枪、炉下钢包车、烟罩等设备联锁。

（3）倾动机构对载荷的变化和结构的变形应有较好的适应性。如托圈产生挠曲变形而引起耳轴轴线出现一定程度的偏斜时，仍能保持各传动齿轮的正常啮合。同时，倾动机构还应具有减缓动载荷和冲击载荷的性能。

（4）操作灵活、安全可靠。在生产过程中，倾动机构必须能安全可靠地运转，不应发生电动机、齿轮及轴、制动器等设备事故，即使部分设备发生故障，也应有备用能力继续工作，直到本炉钢冶炼结束。

（5）结构紧凑，占地面积小，机械效率高，重量轻，安装、维修方便。

5.1.5.3 转炉倾动机构的类型

倾动机构一般由电动机、制动器、一级减速器和末级减速器组成，末级减速器的大齿轮与转炉驱动端耳轴相连。就其传动设备安装位置，倾动机构可分为落地式、半悬挂式和全悬挂式等。

A 落地式倾动机构

落地式倾动机构（见图 5-28）是指转炉耳轴上装有大齿轮，而所有其他传动件都装在另外的基础上；或所有的传动件（包括大齿轮在内）都安装在另外的基础上。

这种倾动机构的优点是结构简单，便于加工制造和装配维修。其缺点是当耳轴轴承磨损后，大齿轮下沉或是托圈变形耳轴向上翘曲时，都会影响大、小齿轮的正常啮合传动（见图 5-29）。此外，大齿轮系开式齿轮，易落入灰砂，磨损严重，寿命短。

小型转炉的倾动机构多采用蜗轮蜗杆传动，其优点是，速比大、体积小、设备轻、有反向自锁作用，可以避免在倾动过程中因电动机失灵而发生转炉自动翻转的危险，同时可

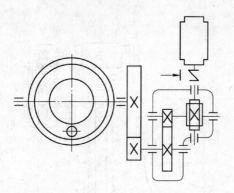

图 5-28 某厂 30t 转炉落地式倾动机构

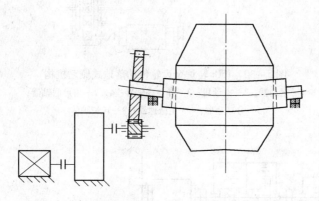

图 5-29 托圈挠曲变形，大小齿轮啮合情况示意图

以使用比较便宜的高速电动机；缺点是，功率损失大，效率低。大型转炉多采用全齿轮减速机，以减少功率损失。图 5-30 所示我国某厂 150t 转炉采用全齿轮传动的落地式倾动机构。为了克服低速级开式齿轮磨损较快的缺点，将开式齿轮放入箱体中，成为主减速器。该减速器安装在基础上。大齿轮轴与耳轴之间用齿形联轴器连接，因为齿形联轴器允许两轴之间有一定的角度偏差和位移偏差，因此可以部分克服因耳轴下沉和翘曲而引起的齿轮啮合不良。

为了使转炉获得多级转速，采用了直流电动机，此外考虑倾动力矩较大，采用了两台分减速器和两台电动机。

图 5-31 所示为多级行星齿轮落地式倾动机构。其特点是，传动速比大，结构尺寸小，传动效率较高。

B 半悬挂式倾动机构

半悬挂式倾动机构（见图 5-32）是在转炉耳轴上装有一个悬挂减速器，而其余的电动机、减速器等都安装在另外的基础上。悬挂减速器的小齿轮通过万向联轴器或齿形联轴器与落地减速器相连接。这种结构最大优点是消除了落地式倾动机构的弱点。当托圈和耳轴因受热、受载而变形翘曲时，悬挂减速器随之位移，其中的大小人字齿轮仍能正常啮合传动。

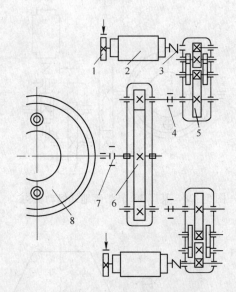

图 5 - 30　150t 转炉全齿轮传动落地式倾动机构

1—制动器；2—电动机；3—弹性联轴器；4, 7—齿形联轴器；

5—分减速器；6—主减速器；8—转炉炉体

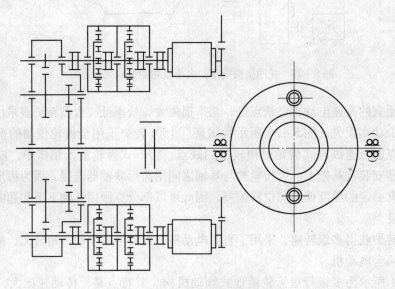

图 5 - 31　行星减速器的倾动机构

　　但是，半悬挂式倾动机构设备很重，占地面积较大，因此又出现了全悬挂式倾动机构。

　　C　全悬挂式倾动机构

　　全悬挂式倾动机构（见图 5 - 33）是把转炉传动的二次减速器的大齿轮悬挂在转炉耳轴上，而电动机、制动器、一级减速器都装在悬挂大齿轮的箱体上。这种机构一般都采用多电动机、多初级减速器的多点啮合传动，消除了以往倾动设备中齿轮位移啮合不良的现

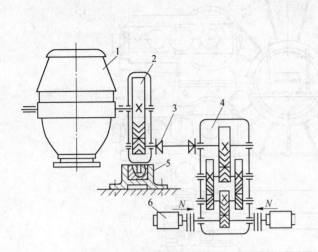

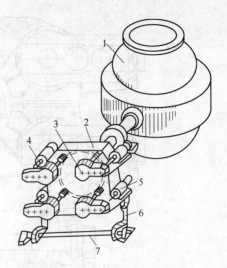

图 5-32 半悬挂式倾动机构
1—转炉；2—悬挂减速器；3—万向联轴器；
4—减速器；5—制动装置；6—电动机

图 5-33 全悬挂式倾动机构
1—转炉；2—齿轮箱；3—三级
减速器；4—联轴器；5—电动机；
6—连杆；7—缓振抗扭轴

象。此外它还装有防止箱体旋转并起缓振作用的抗扭装置，可使转炉平稳地启动、制动和变速，而且这种抗扭装置能够快速装卸以适应检修的需要。

全悬挂式倾动机构具有结构紧凑、重量轻、占地面积小、运转安全可靠、工作性能好的特点，但由于增加了啮合点，对加工、调整和轴承质量的要求都较高。这种倾动机构多为大型转炉所采用。我国上海宝钢的 300t、首钢的 210t 转炉均采用了全悬挂式倾动机构。

图 5-34 所示是我国某厂 300t 大型转炉倾动机构。它属于全悬挂四点啮合的配置形式。悬挂减速器 1 悬挂在耳轴外伸端上，与末级大齿轮同时啮合的四个小齿轮轴端的初级减速器 2、制动器 6 和直流电动机 7 连接。初级减速器 2 通过箱体上的法兰用螺钉固定在悬挂减速器箱体上。制动器和电动机则支承在悬挂箱体撑出的支架上。这样整套传动机构通过悬挂减速器箱体悬挂在耳轴上。为了防止悬挂在耳轴上的传动机构绕耳轴旋转，悬挂减速器箱体通过与之铰接的两根立杆与水平扭力杆柔性抗扭缓冲装置连接。当缓冲装置过载时，可将悬挂减速器箱体直接支承在地基或制动装置 3 上，这样可避免翻倒或逆转等事故，增加传动装置的安全可靠性。这种布置形式结构简单、安装、维护方便，可在大转炉上推广使用。

图 5-35 所示是国外某厂 350t 转炉倾动机构装置。它采用双边驱动，每边各有六个电动机驱动。抗扭采用弹簧-液压缓冲装置。它的末级悬挂减速器 7 悬挂在耳轴上，末级传动中的六个小齿轮轴端又悬挂着六个初级减速器 4。为了防止减速器 4 旋转，在其输入轴中心线上装有带缓冲器 6 的支臂 5，通过支臂把初级减速器 4 支承在悬挂减速器 7 的箱体上。电动机和制动器装在初级减速器 4 的支承板上。这样，整套机构通过悬挂减速器箱体都悬挂在耳轴上。带缓冲器的抗扭装置 2 一端通过球铰与固定在悬挂减速器 7 的底座下面的横梁 3 连接。另一端通过球铰与固定在基础上的支座 1

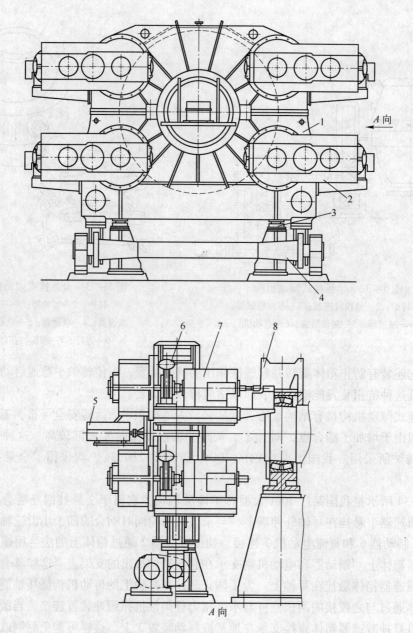

图 5－34　某厂 300t 转炉倾动机构示意图
1—悬挂减速器；2—初级减速器；3—紧急制动器装置；4—扭力杆装置；
5—极限开关；6—电磁制动器；7—直流电动机；8—耳轴轴承

相连。

全悬挂式倾动机构和半悬挂式结构一样，除了要考虑采用性能好的抗扭缓冲装置外，还要考虑加强悬挂减速器箱体的刚度，避免由于箱体刚性不足而影响机构的正常工作。此外全悬挂结构必然会增加转炉耳轴和耳轴轴承的负荷。通常半悬挂式转炉的耳轴轴承较同容量落地式耳轴轴承提高一级，而全悬挂式则要求提高两级。全悬挂式结构的缺点是由于啮合点增加结构较为复杂，加工和调整要求较高。

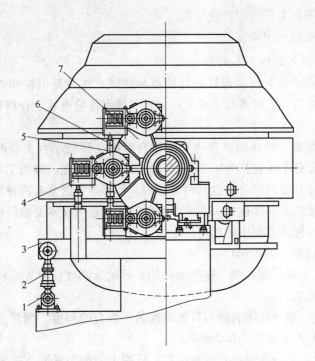

图 5－35　国外某厂 350t 转炉双边六驱动倾动机构

1—支座；2—抗扭缓冲装置；3—横梁；4—初级减速器；5—支臂；6—缓冲器；7—悬挂减速器

5.2　转炉炉体设备的点检与维护

5.2.1　炉壳的点检与维护

5.2.1.1　日常维护检查

（1）平时加强检查，炉壳不得被烧红、烧穿，不得有严重变形，不得窜动。炉壳发现烧穿，应立即停炉组织抢修。

（2）平时加强对炉壳水冷装置的检查，检查水冷炉口。要求连接紧固冷却水压为 0.5～0.6MPa，最低不低于 0.5MPa，进水温度不得高于 35℃，出水温度不得高于 55℃，不得有泄漏现象。

5.2.1.2　检修类型

转炉炉壳检修分两种形式，即炉役性检修和大修。炉役性检修的内容主要是处理常见的缺陷和故障。大修内容主要是整体更换。炉役性检修周期是根据炉龄而定的，每个炉役即为一个周期，大修周期据转炉主要设备寿命而制定的，一般为 5～8 年。

5.2.2　托圈的点检与维护

5.2.2.1　托圈日常点检与维护

（1）托圈冷却水压力为 0.54MPa，进水温度不得高于 35℃，出水温度不得高于 55℃。

（2）托圈不得有严重变形。

（3）托圈腹内不得有积物或严重结垢。

（4）托圈不得有漏水现象。

5.2.2.2　托圈组装检修工艺要求

（1）托圈组装前必须对每块组件进行检查和测试，并对其钢板和焊缝进行超声波探伤，在确认合乎条件后，方可进行下步工序。在整体组件检查鉴定合格后，应进行退火处理以消除内应力。

（2）托圈整体组装。整体组装是将托圈所有组件在预装平台上装配成整体。安装前应做好准备工作。准备工作包括专用工具、预装台、调整设施、检测工具的准备等。

一般托圈大组件分成四部分，也有两部分的。各部连接通常有两种形式：焊接连接法和键与螺栓组合连接法。焊接连接法必须将组件定位，各项技术要求经检测合格后，方可进行焊接。而组合连接法则利用键起连接定位作用。

（3）托圈组装过程中的检测内容。

1）圆度测量。测量托圈在同一横剖面内的实际轮廓圆度。首先应找出测量中心，然后再利用钢尺进行测量。

2）垂直度测量。测量托圈底面与耳轴端面的不垂直的程度。测量工具是直尺及框形水准仪。垂直度误差大型转炉为 0.2mm/m。

3）平行度测量。平行度测量有两项内容：托圈上表面与托圈下表面的不平行度和托圈下平面与耳轴下表面的不平行度测量。采用的测量方法有水平仪或自准直仪法和平面扫描仪法。

4）位置误差测量。主要位置点有两耳轴轴承中心位置点，托圈与炉壳连接装置位置点、卡板槽及承载力矩块位置点等，有些是加工表面。

5）同轴度误差的测量。托圈同轴度是托圈组装的重要安装精度，它表示耳轴与托圈装配孔径要求的同轴程度，即控制实际轴线与基准轴线的偏差程度。同轴度误差是指以基准轴线定位，包括被测实际轴线直径的圆柱内的最小区域。测量方法两种：电声法和仪表法。目前我国现场组装托圈，普遍采用电声法检查托圈同轴度。电声法也称拉钢丝法，是在安装现场检测同轴度误差的常见方法。它只能定性地测出孔与孔同轴度误差，测量精度不高，但简易可行、使用方便。

5.2.3　出钢口的点检与维护

出钢口应保持原有形状和大小，使钢水流股符合要求。

5.2.3.1　出钢口的维护

维护出钢口有两种方法：一是搪出钢口；二是调换出钢口。当出钢口稍大，不光滑，或有凹坑时一般可用搪的办法来维护。当出钢口损坏严重时，表现为出钢口直径太大、太短或出钢口位置不对等，必须及时调换出钢口。

A　搪出钢口

（1）准备工具及材料：撬棒、铁锹、碎块补炉砖、补炉砂等。

（2）清理出钢孔道，将孔道内的残钢残渣全部清除。

（3）用铁锹、撬棒将碎块补炉砖送到出钢孔道内的凹坑处，填入，压实。

（4）用铁锹将补炉砂抛入出钢孔道内，用撬棒将补炉砂搪到出钢孔的内壁上，压实。多次操作，将孔道搪小、搪光、搪圆整，使出钢孔保持新炉子原有形状。

B 调换出钢口

调换出钢口一般有以下 3 种方法：

（1）用砂成型方法。

1）准备工具及材料：补炉砂（细颗粒）、铁锹、铁钎（或铁棒）、电焊设备、出钢口模板。

2）制作好出钢口模板（见图 5 - 36），其中钢管的外径应等于出钢口的设计内径，钢管长度为出钢口长度。

3）清除出钢孔道内的残渣残钢。

4）将出钢口模板放入出钢口内，正确对准原出钢口设计位置后，用电焊将出钢口模板的钢板焊接在炉壳的出钢口钢板上进行定位。

5）摇下炉子，从大炉口用铁锹将补炉砂抛入损坏出钢口与出钢口模板的钢管之间的空隙之中，填满填实，并用铁钎在钢管周围捣打，使补炉砂分布均匀、严实。

6）有时炉内出钢口孔道深部的炉衬损坏严重，应先在损坏处贴上补炉砖后再填砂造出钢口。

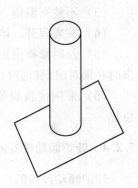

图 5 - 36 出钢口模板

7）锹入小块沥青，插入氧气管进行火焰烘烤，烘烤时间 $t \geqslant 30\text{min}$。

（2）使用单层成型出钢口砖。出钢口由多节出钢口袖砖连接而成，目前出钢口砖基本都采用镁碳砖。

1）工具及材料有出钢口袖砖数节、盐卤镁砂泥浆、撬棒等。

2）制作好出钢口模板。

3）清除出钢口孔道内的残钢残渣和残余袖砖，估准需要调入出钢口袖砖的节数。

4）把出钢口袖砖套在出钢口模板的钢管上，各节袖砖之间用盐卤镁砂泥浆涂抹，然后将出钢口模板的钢管连同袖砖放入出钢口内。

5）锹入小块沥青，插入氧气管进行火焰烘烤，烘烤时间 $t \geqslant 30\text{min}$。

（3）使用套筒成型出钢口砖。出钢口由外套筒和内套筒两层出钢口砖组成。外套筒为永久层，内套筒为工作层，损坏后可以调换。工具与材料有撬棒、内套筒出钢口袖砖数节。

1）清理出钢口，用撬棒清除掉残存的内套筒砖，但不可损坏外套筒砖。

2）在每节内套筒袖砖的外表面及止口处涂上适量的盐卤镁砂泥浆。

3）用撬棒将内套筒袖砖送入、每节到位并敲实，要求接缝处紧密，不渗钢水。

4）将炉子摇到水平位置，在内套筒袖砖周围的下陷处投掷补炉砂，填满填实。

5）投入少许沥青颗粒，插入氧气管进行火焰烘烤。

C 注意事项

（1）搪、调出钢口，要保证新出钢口位置正确。

（2）搪、调出钢口时所用补炉砂的粒子要小，填砂要满。

（3）保证必要的烘烤时间。调换出钢口后，都需按规定烘烤一定时间，原因与补炉相同；填砂、贴砖和喷补后，需要烘烤烧结；修补或调换出钢口后，也需要烘烤，以便提高出钢口的整体强度。

5.2.3.2　减少出钢口损坏的措施

维护好出钢口，使其保持原设计形状主要有两个方面：一方面是及时修补（如前述之搪或调），另一方面是减少损坏。下面介绍一些减少出钢口损坏的措施。

（1）减少前、后期出钢下渣量。出钢时，摇炉工掌握摇炉，使其快速通过前、后期下渣区域，减少下渣量。同时应采用各种挡渣工艺挡住出钢过程中的下渣。

（2）出钢后应采用前倒渣方法倒渣，减少炉渣对出钢口的侵蚀。

（3）不放高温钢，不造稀渣。

（4）按规程开、堵出钢口，做到炉炉堵出钢口。

（5）及时修补出钢口，保持出钢口正常的形状和大小。特别是出钢时间小于规程要求时必须对出钢口进行维护。

（6）采用优良材质。要求作为出钢口的材料应耐高温、耐侵蚀、耐冲刷、耐急冷急热。

5.2.4　转炉倾动设备的点检和维护

转炉倾动设备的点检和维护主要是对运动摩擦副、连接件、润滑系统进行检查和对设备的清扫等几方面。其方法概括地说，就是听、看、测、摸。

5.2.4.1　点检内容

（1）保证润滑管路畅通。

（2）检查密封部位是否漏油。

（3）检查制动器是否有效。

（4）检查钢滑块是否松动、跌落。

（5）抗扭装置连接螺丝、基础螺丝要检查其是否松动。

（6）检查托圈上制动块是否脱落松动，检查炉子在倾动中炉体与托圈是否有相对位移。

（7）检查大轴承连接螺丝和基础螺丝是否有松动。

（8）检查轴承运转是否有异声。

（9）检查耳轴与托圈的连接螺丝是否折断、松动。

（10）检查炉口是否有结渣，炉子倾动时会不会发生意外或碰撞烟罩。

（11）检查各种仪表、开关及联锁装置是否有效，如转炉"0"位（吹炼位）及其与氧枪升降的联锁，包括氧枪升降中自动停供氧点装置正常动作等。

（12）炉体倾动时检查电流表显示值是否在合适范围内。

注意事项：

（1）轴承如有异声，必须停炉检查并排除，否则会导致炉体转动不平稳，炉内钢水晃动，造成冶炼及安全上的不良后果。

（2）当倾动速度不正常、倾动电流显示过大、转速不平稳等时都需停炉检查，以消除设备、冶炼及安全上的隐患。

（3）炉子制动时如有叩头现象，会造成设备损坏、转速不平稳等不良后果，必须停炉检查，消除隐患。

（4）联锁装置、限位装置及各种仪表、开关必须灵敏、有效，如失灵会造成设备、生产等安全事故，危及生产及人身安全。

5.2.4.2 检修内容

这里以某厂50t转炉的半悬挂倾动机构的定期检修为例，说明倾动机械的检修过程。

A 检修前的准备工作

（1）根据检修计划，参加检修的每个人员要明确自己承担的任务，并了解与自己任务有关的其他人员的工作任务，以便工作中互相配合、协助，共同完成任务。为此，检修人员必须熟悉与检修有关的图纸、技术资料、检修的标准、进度安排。根据设备日常维护的记录和目前运转的情况，分析要检修部位的故障原因，做到心里有数。此部分检修的负责人（如班组长）应组织检修人员进行讨论，做到统一思想、明确施工方案。

（2）准备需用的备品、备件及有关材料、检修工具并运到现场。

（3）清理现场，安排布置好必要的设施。把与检修无关或阻碍施工的某些辅助设备及栏杆等设施暂时移开，需要用到的起重设备、加热设备、清洗设备等，则要安置在适当的位置。尤其要把使用汽油、煤油等易燃品位置的周围打扫干净，并防止与明火接触。在危险地区要用明显的标志表示。

（4）办理好与检修有关的手续。如在要害部位施工需动火（电焊、气焊、加热等）时，必须办好动火证。

B 拆卸和装配顺序

因为拆卸倾动设备前必须先拆除炉体及其支撑系统，所以现场一般安排倾动设备和炉体及支撑系统同时检修，其拆卸顺序为：

（1）先停止供给各种能源介质，如断电、断气、断水等。

（2）待转炉冷却：按规定的方法进行冷却。

（3）拆除炉体：可用专用的升降台车，先将炉体支撑起来，后拆除炉体与托圈的连接装置，再将炉体下降，运走。

（4）拆除托圈及悬挂大人字齿轮，同时将周围的辅助设施拆除。

（5）拆电动机：拆电动机与减速器连接的联轴器及卸电动机地脚螺栓螺帽后，吊走电动机。注意收好垫片并作记号，以保证重装时，垫片位置正确。

（6）拆卸制动器。

（7）拆除减速器上的稀油润滑管道。

（8）拆卸减速器盖与座的连接螺栓，吊去减速器盖。

（9）吊出减速器内的各传动轴。吊前应做好各对齿轮啮合间隙的测定工作并做记录，吊时从高速轴到低速轴逐一进行。

（10）拆卸齿接手及小人字齿轮，拆除附属的干油润滑系统的各润滑点的元件。

拆卸过程要和检查工作结合进行，如检查轴承和齿轮的磨损情况、间隙的测定等。

拆卸工作完成之后就要清洗和进一步检查，并根据磨损件的情况做出修复、更换或继续使用的决定。

（11）装配工作按照与拆卸顺序相反的步骤进行。

C　磨损件的更换标准

磨损件的磨损程度达到下述程度时就要更换：

（1）制动器闸轮表面磨损 3mm 或有大于 2mm 的沟槽。

（2）制动器闸皮（瓦）磨损量超过原厚度的 1/3。

（3）主减速器齿轮点蚀剥落面积超过齿面面积 30% 的或深度超过齿厚的 10%；齿面磨损量超过原齿厚的 15%；断齿；齿面、齿根产生裂纹。

（4）主减速器滚动轴承（不可调型）磨损，径向间隙大于 0.3mm。

（5）齿形联轴器齿厚磨损量超过原齿厚的 25%，或断齿、裂纹。

D　检修质量要求

a　悬挂减速器的检修质量要求

（1）悬挂大齿轮应与耳轴轴肩靠紧，只允许有局部间隙。

（2）固定耳轴和大齿轮的切向键应进行研磨，与键槽工作面是接触面积大于 70%，其配合的过盈量应符合设计要求。

（3）耳轴大齿轮安装后，其端面摆动量不得超过 2mm。

（4）悬挂减速器铜瓦与耳轴应研刮，顶间隙为 $2D/1000$（D 为耳轴直径）；单边侧间隙为顶间隙的 3/4；上瓦的接触角为 90°～110°，接触面长度为全长的 80%；在每 25mm × 25mm 面积上接触点数为 2～3 点。

（5）悬挂减速器铜瓦内外表面应同轴，外表面与减速器镗孔应严密接触，上瓦接触面积不得小于 70%，下瓦不小于 50%，铜瓦凸肩与镗孔端面轴向间隙不得大于 0.2mm。

（6）悬挂减速器齿轮座啮合良好，其接触面积和侧间隙应符合图纸要求。

（7）悬挂小齿轮与弧形齿轮联轴器的切向键连接应符合图纸规定，键与键槽工作面的接触面积应大于 70%，其配合的过盈量应符合图纸要求。

（8）悬挂减速器箱体的接合面应紧密接触，局部间隙不大于 0.05mm，稀油润滑不应有渗漏现象。

（9）悬挂减速器下部球铰支座安装牢固，其中心线应与耳轴中心线位于同一垂直面内，偏差不大于 0.5mm，水平度偏差不大于 0.15/1000。

（10）球形轴套与轴、球形轴套与球形钢瓦的配合均须符合图纸规定，前者不许松动，后者间隙为 0.15～0.26mm，接触面积不少于 70%。

b　减速器的检修质量要求

（1）减速器内部的传动部分如各轴的轴承间隙及齿轮啮合情况、润滑等的检修质量，应符合有关的标准。

（2）减速器安装的水平度极限偏差为 1/1000。

（3）减速器输出轴（低速轴）与悬挂小齿轮轴线径向位移、倾斜和端面间隙等均应符合图纸规定的要求。

（4）减速器输入轴（高速轴）与电动机轴的轴线的径向位移和倾斜应符合图纸规定的要求。

（5）减速器稀油站与倾动系统干油站的检修质量应符合图纸技术的参数的要求。

E 试车、调整、记录及验收

（1）认真执行操作牌制度，即设备检修时落实停机、停电工作，收取岗位操作牌。设备检修完毕后，试车前检修人员必须交出操作牌。试车操作必须由专人指挥。

（2）试车前检修人员应检查各部位零部件的连接情况，确认良好，才能由专人发出试车指令，由操作工启动设备。

（3）试车过程中，检修人员不得离开检修现场，并且必须有两人以上进行设备动作情况观察和安全监护，发现问题，立即发出指令。

（4）检修人员在处理或调整试车中有问题的部位时，应取回操作牌才能进行工作。

（5）检修和试车工作中，应由专人负责做好原始资料的记录和收集汇总。

（6）运转前的验收及各项检查工作应和操作工一起完成。

（7）凡在检修过程中改进设备方面的措施，须经设备管理部门的专业技术人员确认验收。

（8）检修后的设备，经单机试车、联动试车后，由操作人员和检修人员检查各部位情况、各项技术性能，确认符合技术规范，双方进行交接手续并签字后才能交付使用。

5.2.5 炉衬的维护

5.2.5.1 工作任务

（1）转炉每炼完一炉钢以后，炼钢工都要检查炉衬侵蚀情况，决定是否需要进行补炉操作。

（2）转炉进入中期炉，要隔一炉做一次溅渣护炉操作。进入后期炉，要每炉都进行溅渣护炉操作。

（3）对侵蚀严重而又难补的耳轴部位，视侵蚀程度还可进行喷补和人工贴补。

（4）对侵蚀严重的出钢口部位、装料侧部位可进行人工投补。

5.2.5.2 炉衬侵蚀情况的判断

冶炼操作过程中要随时观察和检查炉壳外表面情况，注意炉壳是否有发红发白；是否有冒火花，甚至漏渣、钢。这些都是炉衬已损坏、要漏钢的先兆。所以，出钢后应认真检查炉膛。

（1）检查炉衬表面是否有颜色较深、甚至发黑的部位。

（2）检查炉衬有否凹坑和硬洞，及该部位的损坏程度。

（3）检查炉衬有哪些部位已经见到保护砖。

（4）检查熔池前、后肚皮部位炉衬的凹陷深度。

（5）检查炉身和炉底接缝处是否有发黑和凹陷。

（6）检查炉口水箱内侧的炉衬砖是否已损坏。

（7）检查左右耳轴处炉衬损坏的情况。

（8）检查出钢口内外侧是否圆整。

（9）检查出钢孔长度是否符合规格要求。

（10）除了检查以上容易损坏的主要部位外，还要检查全部炉衬内的表面，以防遗漏。

5.2.5.3　补炉

A　补炉料材质

补炉一般使用沥青结合的镁质料。补炉材料按外形可分为散状补炉料、补炉用的贴砖和喷补用的喷补料等。

（1）散状补炉料由废弃的耐火材料砖破碎成 10～60mm 的颗粒而成，其内不得混入金属垃圾及杂物等。它主要用于补前后大面和炉底，其中补前后大面最好用热料。

（2）补炉用的贴砖主要原料为镁质白云石。散状补炉料和补炉用的贴砖材质表面都不准有风化现象，所以最好现制现用。

（3）喷补料主要用于对耳轴两侧的喷补和贴砖后喷补。

喷补有干法和湿法两种。散状补炉料和喷补料统称为不定型耐火材料。某厂转炉用喷补料组成见表 5－10。

表 5－10　补炉料的组成

名　称	补　炉　料	干法喷补料
材质	镁质、镁白云石	镁质
骨料	3～18mm，65%	<3mm，100%
细料	35%	
外加	焦油沥青 7.5%～8.5%	固体沥青粉 18%～20%

B　补炉操作

开始补炉的炉龄一般规定为 200～400 炉，这段时间也称为一次性炉龄。根据炉衬损坏情况补炉可以作相应的变动。补炉前的准备工作有：根据炉衬损坏情况拟定补炉方案；准备好补炉工具、材料，并组织好参加补炉操作的人员。

a　补大面

一般对前后大面（前后大面也称做前墙和后墙）交叉补。

（1）补大面的前一炉，终渣黏度适当偏大些，不能太稀。如果炉渣中（FeO）偏高，炉壁太光滑，补炉砂不易黏在炉壁上。

（2）补大面的前一炉出钢后，摇炉工摇炉使转炉大炉口向下，倒净炉内的残钢、残渣。

（3）摇炉至补炉所需的工作位置。

（4）倒砂。根据炉衬损坏情况向炉内倒入 1～3t 补炉砂（具体数量要看转炉吨位大小、炉衬损坏的面积和程度，另外前期炉子的补炉砂量可以适当少些），然后摇动炉子，使补炉砂均匀地铺展到需要填补的大面上。

（5）贴砖。选用补炉瓢（长瓢补炉身，短瓢补炉帽），由一人或数人握瓢，最后一人握瓢把掌舵，决定贴砖安放的位置。补炉瓢搁在炉口挡火水箱口的滚筒上，由其他操作人员在瓢板上放好贴补砖，然后送补炉瓢进炉口，到位后转动补炉瓢，使瓢板上的贴补砖贴到需要修补的部位。

贴补操作要求贴补砖排列整齐，砖缝交叉，避免漏砖、搁砖，做到两侧区和接缝贴满。

（6）喷补。在确认喷补机完好正常后，将喷补料装入喷补机容器内，接上喷枪待用。贴补好贴补砖后，将喷补枪从炉口伸入炉内，开机试喷。正常后将喷补枪口对准需要修补的部位，均匀地喷射喷补砂。

（7）烘烤。喷好喷补砂后让炉子保持静止不动，依靠炉内熔池温度对补炉料进行自然烘烤。要求烘烤40~100min。烘烤前期最好在炉口插入两支吹氧管进行吹氧助燃，有利于补炉料的烘烤烧结。

b 补炉底

（1）摇动炉子至加废钢位置。

（2）用废钢斗装补炉砂加入炉内，补炉砂量一般为1~2t。

（3）往复摇动炉子，一般不少于3次，转动角度在5°~60°或炉口摇出烟罩的角度。

（4）降枪。开氧吹开补炉砂。一般枪位在0.5~0.7m，氧压在0.6MPa左右，开氧时间10s左右。

（5）烘烤。要求烘烤40~60min。

若炉衬蚀损不严重，可以只进行倒砂或喷补的操作；若炉衬蚀损严重，则必须进行倒砂、贴补砖和喷补操作，且顺序不能颠倒。

C 注意事项

补炉时倒砂、贴砖、喷补的操作顺序不能颠倒。若按规程要求操作，可以使贴补砖与炉衬烧结良好，提高补炉后的炉衬寿命；若补炉操作的顺序颠倒，应先贴砖后倒砂：贴砖与炉壁很难烧结牢固，吹炼时一摇动炉子，贴补砖会由于松动移位而脱落，这样就失去了补炉的作用；如果先喷补后贴砖：一是由于先喷砂，其砂不容易把大面积的凹坑填平、填高；二是喷补后再贴砖，贴砖部位的补炉层因太厚而不容易烧结好，摇炉中容易脱落；三是由于是最后贴砖，其间极可能因漏砖、搁砖及接缝等产生多处空隙，不能做到贴满补实，降低补炉质量，影响使用效果。

【例5-1】下面以某厂120t转炉补炉说明补炉操作。

补炉时严格贯彻高温快补的制度，确保补炉质量，补炉料量不大于3.5t。

（1）补炉底。

1）用焦油白云石料。补炉料入炉后，转炉摇至大面+95°，再向小面摇至-60°，再摇至大面+95°，待补炉料无大块后，再将转炉摇至小面-30°，再摇到大面+20°，再将转炉摇直。

将氧气改为氮气，流量设定为$1.6 \times 10^4 m^3/h$，降枪，枪位控制在1.7m，吹30s起枪。

将氮气改为氧气，流量设定为$(0.5 \sim 0.8) \times 10^3 m^3/h$，降枪，枪位控制在1.3~1.5m，每次吹1min，间隙停5min共降枪3~5次，保证纯烧结时间不小于30min。

在正式兑铁前应向炉内先兑3~5t铁水，将炉子摇直进行烧结，待炉口无黑烟冒出后，再进行兑铁。

2）用自流式补炉料。将补炉料兑进转炉后，将转炉摇至小面-30°，再将转炉摇到大面+20°，再将转炉摇直，保证纯烧结时间不小于30min。

待补炉料已在炉底处黏结后，缓慢将炉子摇到大面位，继续用煤氧枪烧结10min。

在兑铁水前，先向炉内兑3~5t铁水，将炉子摇直进行烧结，待炉口无黑烟冒出后，再兑铁水。

（2）补大面。

1）用焦油白云石垫补料。转炉摇至大面 +95°，再向小面摇至 -60°，再摇至大面 +95°，待补炉料无大块后，再将转炉摇至小面 -60°，再摇到大面 +90°。

用煤氧枪进行烧结，保证纯烧结时间不小于30min。

在兑铁前先将转炉摇至大面 +100°，进行控油，待无油流出后，再进行兑铁操作。

2）用自流式补炉料。向炉内加入补炉料后，先将转炉摇至大面 +100°，再摇至小面 -60°，再将转炉摇至大面 +90°。

用煤氧枪进行烧结，保证纯烧结时间不小于30min。

在兑铁前先将转炉摇至大面 +100°，进行控油，待无油后再进行兑铁操作。

（3）补小面。

1）用焦油白云石。待补炉料装入炉子后，将转炉摇至小面 -60°，下进出钢口管，再将转炉摇至小面 -90°，再将转炉摇至大面 +90°，待补炉料无大块时，将转炉摇向小面 -90°。

用煤氧枪进行烧结，保证纯烧结时间不小于30min。

在兑铁水前先将转炉摇至小面 -100°进行控油，待无油后再进行兑铁水操作。

2）用外进补炉料。先下进出钢口管，再加入补炉料，然后将转炉摇至小面 -100°，再摇至小面 -60°，再将转炉摇至小面 -90°。

用煤氧枪进行烧结保证纯烧时间不小于30min。

在兑铁前，先将转炉摇至小面 -100°，进行控油，待无油后，再进行兑铁操作。

（4）喷补。喷补枪放置炉口附近，调节水料配比，以喷到炉口不流水为宜，在调料时，避免水喷入炉内。

调节好料流后立即将喷补枪放置在喷补位。喷补时，上下摆动喷头，使喷补部位平滑，无明显台阶。喷补完后经过 5~10min 烧结。

（5）注意事项。

1）检查补炉料的质量，确保符合要求。

2）炉役前期的补炉砂用量可以少一些，而炉役中、后期的补炉砂用量应该多一些。

3）补炉结束后必须烘烤一定时间，以保证烧结质量。

4）补炉后的前几炉（特别是第一炉），由于烧结还不够充分，所以炉前摇炉要特别小心，尽量减少倒炉次数。当需进行前或后倒炉时，操作工要注意安全，必须站在炉口两侧，以防突然塌炉而造成人身伤害。

5）补炉操作必须全面组织好，抓紧时间有条不紊地进行，否则历时太长，炉内温度降低太大而不利于补炉材料的烧结。

6）补炉后吹炼的第 1~2 炉必须在炉前操作平台的醒目处放置补炉警告牌，警告操作人员尽量避免与炉子距离太近（特别是炉口正向）。

7）误操作的不良后果。若补炉不认真，在严重损坏处仅是喷补补炉砂而不进行贴补砖处理，则会因补炉料疏松、耐蚀性差而降低补炉效果；在补炉时若将倒砂、贴砖、喷补的正常操作顺序颠倒，或者贴砖后不喷砂，也会在冶炼过程中使钢水钻入砖缝，造成贴砖容易浮起并增加侵蚀面，影响补炉质量。

5.3 转炉炉体设备的使用

5.3.1 炉体倾动设备的使用

转炉倾动的操作装置是主令开关（见图 5 – 37）。它有两套：一套安置在炉前操作室内，一般在操作台的中间位置；还有一套在炉旁摇炉房内，由炉倾地点选择开关（见图 5 – 38）进行选择使用。炉倾地点选择开关安置在操作室的操作台上。主令开关向正、反两方向的旋转操作各有五挡速度，第五挡达到正、反两方向的设计倾动速度。为减小启动电流，从一挡到五挡分别串联了启动电阻，第一挡最大，以下几挡逐挡减小。

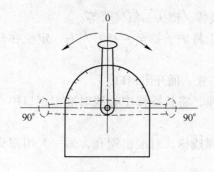

图 5 – 37　主令开关示意图

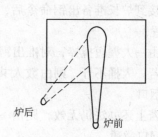

图 5 – 38　炉倾选择开关示意图

5.3.1.1　炉前炉倾操作

（1）将炉倾地点选择开关的手柄旋转到"炉前"位置（此时炉倾主令开关的手柄应处于"0"位）。

（2）按工艺要求将炉倾主令开关的手柄由"0"位旋转到 +90°（前摇炉）或 –90°（后摇炉），使炉体倾动。

（3）当炉体倾动至工艺所要求的倾角时，立即将主令开关的手柄恢复到"0"位，炉倾马达停电，刹车工作，使炉子固定在这个角度上。

5.3.1.2　炉后炉倾操作

（1）将炉倾地点选择开关的手柄旋转到"炉后"位置。

（2）进入炉后操作房，用炉后主令开关进行摇炉如同在炉前操作一样。

（3）在测温、取样和出钢倾动区内要求用低速或多次倾炉来逐步达到要求炉倾角度，操作上可采用将主令开关手柄推到 1、2 挡后，快速回"0"；再推到 1、2 挡，快速回"0"；如此反复数次来达到倾动角度。

5.3.1.3　注意事项

（1）炉倾位置选择开关如果选择"炉前"后，摇炉房主令开关就失效而不能操作炉倾；同样，选择开关如果选择了"炉后"位置，则操作室内的主令开关就失效，不能操作炉倾。这由联锁装置来保证。

（2）倾动动作前，必须检查烟罩是否在上限，转炉与烟罩的距离，防止转炉刮烟罩。

（3）倾动动作时，电动机、减速机及制动器旋转部位，禁止人员触及，防止出现损伤。

（4）转炉装铁或者加废钢时，操作人员必须服从现场监护人员指挥，防止转炉与废钢槽、铁包发生碰撞事故。

（5）当采用转炉与氧枪联锁解锁模式时，必须确认到位后，方可操作，防止将氧枪、烟罩等设备刮坏。

5.3.2　开堵出钢口操作

开出钢口的目的是及时打开出钢口，保证出钢时间合适和下渣量较少。堵塞出钢口的目的是保证冶炼的正常进行。

5.3.2.1　开出钢口

（1）开出钢口需准备的工具有撬棒、短撬棒、榔头、氧气管等。

（2）接到炉长准备出钢命令后，由摇炉工将炉子摇至 -75℃左右，定位在开出钢口的操作位置。

（3）由一人握短撬棒，对准出钢口中心位置，捅开出钢口。

（4）若一人捅不开，则由数人共握长撬棒，将长撬棒中心线对准出钢口中心线，合力捅开出钢口。

（5）若上述办法仍无效，则由一个人手握撬棒，对准出钢孔，另一人用榔头敲打短撬棒将出钢口凿通。

（6）若仍不见效，可使用氧气管烧开出钢口。

一般情况下一人即可开好出钢孔，后几种情况较少使用。

5.3.2.2　堵出钢口

堵出钢口的工具材料有顶棒（见图5-39）、火泥和铁锹。顶棒是头上有一小圆板的长棒。火泥事先用水拌和均匀，不能太硬、拌不均匀，也不能太软，堵不住出钢口。

（1）出钢完毕，将炉子摇起至 -75℃左右，定位在出钢口位置。

（2）取一团拌好的火泥并根据出钢口大小确定火泥的用量，捏成圆锥状。

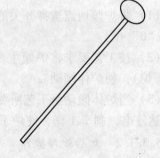

图5-39　顶棒

（3）将火泥放于右手掌中，使锥底平面放在掌上，瞄准出钢口的位置，用推铅球的姿势，把火泥团投到出钢口上。

（4）用顶棒将出钢口上的火泥推进孔口，封死出钢口。

（5）对较大的出钢口，所用的火泥团较大，可将它置于铁锹上，由一人执锹送至出钢口处，另一个用顶棒将火泥推进孔口内，完成堵出钢口操作。

（6）检查出钢口是否封严。

5.3.2.3　注意事项

A　开出钢口

（1）开孔位置要找准。

（2）孔道要开得圆整，且孔径大小要合适。

（3）开出钢口动作要快。

·B 堵出钢口

（1）新炉子出钢口长，火泥必须封在出钢口里面，并必须用顶棒将火泥推进出钢口深部，而且不能封得太长，这样既防止冶炼时渣子、钢水喷溅堵塞出钢口，又可以在出钢时打得开。

（2）老炉子出钢口短，可将火泥堵在出钢口外面，将出钢口封死。老炉子出钢口不能封得太松，以防止冶炼过程中受炉气冲击、炉子振动等使火泥脱落。

（3）堵出钢口的动作要熟练，投火泥团要正确到位、一次成功才能不延长冶炼周期；堵出钢口不仅要堵好，还要保证打开时顺利。

（4）投火泥团时，操作工不要站立在出钢口的正中位置，而应稍偏些，以避免投火泥团时从出钢口里溅出渣子击中伤人；投火泥团时用力不可过猛，以免使身体重心前倾而掉落炉下，造成安全事故。

5.4 转炉炉体设备常见故障

5.4.1 炉壳的常见故障及其排除

（1）炉壳裂纹。炉壳裂纹是转炉炉壳的常见故障。其产生原因一般有三种情况：第一是制造过程中存在的内应力没有消除，在使用中高温形成的热应力与原有内应力叠加，从而造成钢板裂纹；第二是在使用中炉壳各部位温度变化不均，在局部温度梯度较大部位热应力急剧增加促使钢板产生裂纹；第三是在设计过程中所选用的钢板材质不适应转炉炉壳的需要，抗蠕变性能小或易于碎裂等，在使用中造成钢板裂纹。

前两种原因造成的裂纹均表现为局部裂纹，这种裂纹应当尽快处理不能任其发展。如果一时不能处理裂纹且裂纹又不太长时，也可暂时在裂纹两端钻孔将裂纹截止，但必须对其进行监护，定期观察，防止裂纹进一步扩展。

第三种情况造成的裂纹，一般均表现为较大面积、多处裂纹。这种缺陷不易处理，应当更换整块钢板，否则修复后寿命也不会太长，对生产和安全将造成不利影响。

（2）炉壳变形。炉壳由于在生产使用中承受热负荷是不均匀的，承载外部负荷也是不均匀的，所以炉壳产生不均匀变形是常见现象，只要不超过限定标准，继续使用是没有什么危险的。但一旦超过标准，必须尽快采取有效措施进行处理，以防止发生事故。

在炉壳锥部段，一般变形极限都是以能否砌砖为界限，变形达到无法砌砖时必须更换上锥段。

炉壳中部段的变形极限，一般以热变形后不受托圈阻碍和炉壳与托圈之间有足够的间隙为准，以防止托圈受炉壳热传导和辐射影响。一般100t以上转炉最小间隙不得小于80mm；50t以下转炉最小间隙不得小于60mm。

炉壳下部段及炉底变形较小，一般不进行检修。个别炉子炉底变形不能砌砖时，要更换整体炉底。

（3）炉壳局部过热和烧穿。发生炉壳局部过热和烧穿的主要原因是炉衬侵蚀过量和掉砖。在处理炉壳局部烧损时，补焊用钢板的材质与性能要求均须与原来相同。修补后，炉壳的形状应符合图纸和砌砖要求。炉壳局部检修办法一般均采用部分更换钢板的办法。将损坏处用电弧气刨切割成形，按要求开好坡口。再将钢板割成梯形状，按要求焊好。在有条件情况下，应用热处理法或锤击法消除应力。

5.4.2　托圈的常见故障及其排除

（1）托圈变形。这种变形主要是由于在生产过程中温度变化大，托圈四周温度相差悬殊，因而形成温度差，造成热应力分布不均，迫使托圈产生变形。微量的变形并不影响托圈的使用，但托圈内圆局部变形致使炉壳与托圈间隙消除时，则会使托圈热应力急剧增加，寿命大为下降。因此变形后应有计划地进行检修或更换。

（2）托圈断裂。托圈断裂是我国目前托圈故障的最普遍现象。其断裂的基本原因是内腹板内、外侧温度差大，温度变化急剧，因而热应力增加幅度大。由于热应力而引起的热疲劳现象，促使托圈内腹板产生裂纹，微裂纹不断发展和扩大，最终造成整体托圈的断裂。托圈断裂一般是可以修复的，但修复中必须采取可靠措施，防止托圈的变形。修复后的托圈焊缝和冷变形加工件应进行退火处理。

5.4.3　连接装置的故障及其检修

（1）连接装置磨损后松动。这种故障是各种连接装置都有的普遍现象，特别是卡板夹持装置尤为严重。松动后炉体倾动时动载荷急剧增加，严重时促成倾动机械部件的损坏，而发生重大设备事故。因此对于松动的部件必须及时检修和调整，保持炉体稳定倾翻。对于卡板夹持装置，松动后应将滑板向内移动，达到安装前的接触面积后用挡块焊死。对于螺栓连接形式，松动后应调整螺栓达到规定间隙要求。

（2）局部零件损坏。连接装置有时承受很大的突然性的冲击载荷，因此局部零件损坏也是一种常见的现象。发现连接装置零件损坏时，必须立即检修更换或加工损坏零件，不能强制使用，否则会造成重大设备事故。

（3）连接装置带有球铰设施的，其衬套和球体表面应吻合，衬套和球体的接触面积不小于球体接触面积的一半。应用涂色法检查接触面的贴合质量。在 $25mm \times 25mm$ 面积上不少于 4 点。安装时应将衬套加热到 $80 \sim 90℃$，球表面上涂以二硫化钼润滑脂保持工作中的润滑作用。

5.4.4　轴承与支座的故障及其检修

轴承一般是不轻易坏的，但是如果耳轴与轴承座密封不当，轴承内进入钢渣和杂物时就很容易损坏。轴承破坏后必须及时更换，以防止其他设备遭到破坏。目前我国更换轴承时均采用将炉体和托圈顶起的办法，但主动端如果装有齿轮或接手时，则必须拆下后再拆装轴承。为了便于更换主动端轴承，我国现已生产出大型剖分轴承，提高了转炉利用率，缩短了检修时间。

轴承座平时要保证：

（1）油量充足，转动灵活，无杂音；

（2）轴承座各部位螺丝连接牢固，无松动；

（3）耳轴密封良好无损；

（4）耳轴挡渣圈结构完好无损。

5.4.5 炉衬塌炉故障征兆及其预防

5.4.5.1 塌炉的征兆

（1）倒炉时，炉内补炉砂及贴砖处有黑烟冒出，说明该处可能塌炉。

（2）倒炉时，熔池液面有不正常的翻动，翻动处可能会塌炉。

（3）补炉后在铁水进炉时有大量的浓厚黑烟从炉口冲出，则说明已发生塌炉。即使在进炉时没有发生塌炉，但由于补炉料的烧结不良，也有可能在冶炼过程中塌炉。所以在冶炼中仍应仔细地观察火焰，以掌握炉内是否发生塌炉事故。

（4）新开炉冶炼时，如果发现炉气特"冲"并冒浓黑，意味着已经发生塌炉，操作更要特别小心。

5.4.5.2 塌炉的预防

（1）补炉前一炉出钢后要将残渣倒干净，采用大炉口倒渣，且炉子倾倒180°。

（2）每次补炉用的补炉砂数量不应过多，特别是开始补炉的第一、二次，一定要执行"均匀薄补"的原则。这样一方面可以使第一、二炉补上去的少量补炉砂烧结牢固，不易塌落；另一方面可以使原本比较平滑的炉衬受损失表面经补上少量补炉砂后变得粗糙不平，有助于以后炉次补上去的补炉砂黏结补牢。以后炉次的补炉也需采用薄补方法，宜少量多次。这样有利于提高烧结质量，防止和减少塌炉。

（3）补炉后的烧结时间要充分，这是预防塌炉发生的一个关键所在。实践证明，补炉后若烧结时间充分，能提高烧结质量，可以避免塌炉事故。所以各厂对烧结时间都有明确规定。烧结时间从喷补结束开始计算，一般为40min以上；如一次喷补不合格而需要再次喷补时，由第二次喷补结束时计算，烧结时间在 20～25min，特殊情况下还应适当延长。

（4）补炉后的第一炉，一般采用纯铁水吹炼，不加冷料，要求吹炼过程平稳，全程化渣，氧压及供氧强度适中，尽量避免吹炼过程的冲击波现象，操作要规范、正常，特别要控制炼钢温度，适当地控制在上限以保证补炉料的更好烧结。如有可能的话，适当增加渣料中的生白云石用量，以提高渣中的 MgO 含量，有利于补牢炉子。

（5）严格控制好补炉衬质量，如喷补料不能有粉化现象，填料与贴砖要有足够的沥青含量且不能有粉化现象。有条件的情况下要根据炉衬的材质来选择补炉料材质。

5.4.6 炉体穿炉故障及其处理

5.4.6.1 穿炉发生的征兆

（1）从炉壳外面检查，如发现炉壳钢板的表面颜色由黑变灰白，随后又逐渐变红（由暗红到红），变色面积也由小到大，说明炉衬砖在逐渐变薄，向外传递的热量在逐渐增加。炉壳钢板表面的颜色变红，往往是穿炉漏钢的先兆，应先补炉后再冶炼。

（2）从炉内检查，如发现炉衬侵蚀严重，已达到可见保护砖的程度，说明穿炉为期不远了，应该重点补炉。对于后期炉子，其炉衬本来已经较薄，如果发现凹坑（一般凹坑处发黑），则说明该处的炉衬更薄，极易发生穿炉事故。

5.4.6.2　发生穿炉事故的应急处理

穿炉事故一般发生的部位有：炉底、炉底与炉身接缝处、炉身。炉身又分前墙（倒渣侧）、后墙（出钢侧）、耳轴侧或出钢口周围。当遇到穿炉事故时不要惊慌，要立即判断出穿炉的部位，并尽快倾动炉子，使钢水液面离开穿漏区。如炉底与炉身接缝处穿漏且发生在出钢侧，应迅速将炉子向倒渣侧倾动，反之，则炉子应向出钢侧倾动；如耳轴处渣线在吹炼时发现渗漏现象时，由于渣线位置一般高于熔池，故应立即提枪，将炉内钢水倒出炉子后，再进行炉衬处理；对于炉底穿漏，一般较难处理，这种情况往往会造成整炉钢漏在炉下，除非在穿漏时炉下正好有钢包，且穿漏部位又在中心，则可迅速用钢包去盛漏出的钢水，减轻穿炉造成的后果。

5.4.6.3　发生穿炉事故后炉衬的处理方法

发生穿炉事故后，对炉衬情况必须进行全面的检查及分析，特别是高炉龄的炉子。如穿漏部位大片炉衬砖已侵蚀得较薄了，此时应拆除并进行砌炉作业；对一些中期炉子或新炉子因个别部位砌炉质量问题，或个别砖的质量问题，而整个炉子的砖衬厚度仍较厚，仅是局部出现一个深坑或空洞引起的穿炉事故，则可以采用补炉的方法来修补炉衬，但此后该穿漏的地方就应列入重点检查的护炉区域。一般用干法补炉，这是目前常规的补炉方法：先用破碎的补炉砖填入穿钢的洞口，如果穿钢后造成炉壳处的熔洞较大，一般应先在炉壳外侧用钢板贴补后焊牢，然后再填充补炉料，并用喷补砂喷补。如穿炉部位在耳轴两侧，则可用半干喷补方法先将穿炉部位填满，然后吹 1~2 炉再用补侧墙的方法用干法补炉将穿炉区域补好。

穿炉后采用换炉（重新砌炉）还是采用补炉法补救，这是一个重要的决策，应由有经验的师傅商讨决定，特别是补炉后继续冶炼，更要认真对待，避免出现再次穿炉事故。

5.4.7　出钢口堵塞故障原因及其处理

5.4.7.1　出钢口堵塞的常见原因

（1）上一炉出钢后没有堵出钢口，在冶炼过程中钢水、炉渣飞溅而进入出钢孔，使出钢口堵塞。

（2）上一炉出钢、倒渣后，出钢口内残留钢渣未全部凿清就堵出钢口，致使下一炉出钢口堵塞。

（3）新出钢口一般口小孔长，堵塞未到位，在冶炼过程中钢水、炉渣溅进或灌进孔道致使堵塞。

（4）在出钢过程中，熔池内脱落的炉衬砖、结块的渣料进入出钢孔道，也可能会造成出钢口堵塞。

（5）采用挡渣球挡渣出钢，在下一炉出钢前，没有将上一炉的挡渣球捅开，造成出钢口堵塞。

5.4.7.2　出钢口堵塞的处理方法

采用什么方法来排除出钢口堵塞应视出钢口堵塞的程度来决定。通常出钢时，转炉向后摇到开出钢口位置，由一人用短钢钎捅几下出钢口即可捅开。如发生捅不开的出钢口堵塞事故，则可以根据其程度不同采取不同的排除方法：

(1) 如一般性堵塞，可由数人共握钢钎合力冲撞出钢口，强行捅开出钢口。

(2) 如堵塞比较严重，操作工人可用一短钢钎对准出钢口，另一人用榔头敲打短钢钎冲击出钢口，一般也能捅开出钢口保证顺利出钢。

(3) 如堵塞更严重时则应使用氧气来烧开出钢口。

(4) 如出钢过程中有堵塞物，如散落的炉衬砖或结块的渣料等堵塞出钢口，则必须将转炉从出钢位置摇回到开出钢口位置，使用长钢钎凿开堵塞物使孔道畅通，再将转炉摇到出钢位置继续出钢。这在生产上称为二次出钢，会增加下渣量，增加回磷量，并使合金元素的回收率很难估计，对钢质造成不良后果。

5.4.8 转炉倾动机械常见故障及其排除

转炉倾动设备常见故障及其排除方法见表 5-11。

表 5-11 转炉倾动设备常见故障及其排除方法

故 障 现 象	故 障 原 因	排 除 方 法
炉体点头振动	传动部件磨损，造成累计间隙过大	更换调整磨损部件
	支撑装置松动	处理松动部件
	止动装置或缓冲装置失灵	检修或更换损坏部件
炉体滑动	装置制动器失灵	调整或检修制动器
	齿轮掉齿	更换或修补齿轮
炉体喘动	倾动机构局部齿轮掉齿	补修或更换
	传动机构轴承损坏	更换新轴承
倾动机构失灵	局部轴断	更换新轴
	键松动	检修处理

思考与练习

5-1 简述转炉炉体设备的组成。

5-2 简述转炉炉体倾动设备的类型、构造及特点。

5-3 如何操作转炉的倾动设备？

5-4 转炉炉体倾动设备的日常点检与维护的内容有哪些？

5-5 炉壳的日常点检与维护的内容有哪些？

5-6 托圈的日常点检与维护的内容有哪些？

5-7 简述开堵出钢口的操作步骤。

5-8 分析转炉倾动设备的常见故障及排除方法。

5-9 炉壳的常见故障有哪些？分析其产生的原因。

5-10 托圈常见故障都有哪些？分析其产生的原因。

顶底复吹转炉底部供气元件

学习目标

(1) 了解复吹转炉底部供气元件的类型、布置、砌筑内容。

(2) 掌握复吹转炉底部供气元件的使用、点检与维护内容。

(3) 掌握复吹转炉底部供气元件的常见故障及排除方法。

底部供气元件是复合吹炼技术的关键之一。我国最初采用的是管式结构喷嘴,1982年采用双层套管,1983年改为环缝。虽然双层套管与环缝相比,除了使用氮气、CO_2、氩气外,还可以吹入粉料等,但是从结构上看还是环缝最简单。环缝比套管的流量调节范围大,控制稳定,不会倒灌钢水,套管的材质多为镁白云石砖或镁炭砖。太钢、马钢、上钢一厂、上钢五厂和南京钢厂的转炉等,都采用了这种底部供氧元件。1984年唐钢转炉开始使用狭缝式透气砖。武钢的80t转炉以镁炭砖作为透气砖的基体。鞍钢180t转炉开始是用管式喷嘴进行复吹的,于1984年开始采用微孔透气砖。目前我国已开发了各种形式的透气砖和喷嘴,为复合吹炼工艺合理有效的发展与进步创造了有利的条件。

复合吹炼是在顶吹氧的同时,通过底部供气元件向熔池吹入适当数量的气体,强化熔池搅拌,促进平衡。底部吹入气体种类很多,我国一般采用前期吹 N_2,后期用 Ar 切换或者是用 CO_2 切换工艺。鞍钢、上钢一厂、首钢等厂采用前期吹 N_2,后期切换 CO_2 工艺。马钢等厂采用柴油保护的喷嘴从炉底吹入少量的 CO,无需用 Ar 或 CO_2 切换的工艺,[N]、[H] 均能达到钢种要求。武钢全程吹氩和终点停氧吹氩的"后搅拌工艺"均能达到满意的效果。

6.1 底部供气元件的类型

常用的底部供气元件有喷嘴型、砖型和细金属管多孔塞式。

(1) 喷嘴型供气元件。早期使用的是单管式喷嘴型供气元件。因其易造成钢水黏结喷嘴和灌钢等,因而出现了双层套管喷嘴。双层套管喷嘴外层不是引入冷却介质,而是吹入速度较高的气流,以防止内管的黏结堵塞。实践表明,采用双层套管喷嘴,可有效地防止内管黏结。图 6-1 所示为双层套管的结构。图 6-2 所示为采用双层套管喷嘴的复吹法。

(2) 砖型供气元件。最早的砖型供气元件是由法国和卢森堡联合研制成功的弥散型透气砖,即砖内由许多呈弥散分布的微孔(150μm 左右)组成。由于其气孔率高、致密性差、气体绕行阻力大、寿命低等缺点,因而又出现砖缝组合型供气元件。砖缝组合型供气元件是由多块耐火砖以不同形式拼凑成各种砖缝并外包不锈钢板而组成的(见图 6-3),气体经下部气室通过砖缝进入炉内。由于砖较致密,其寿命比弥散型长,但存在着钢

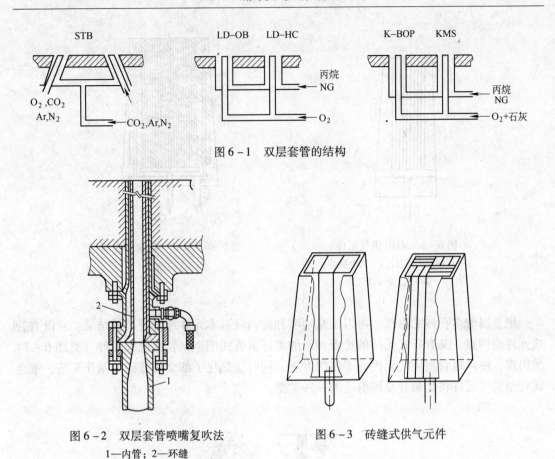

图 6-1 双层套管的结构

图 6-2 双层套管喷嘴复吹法
1—内管；2—环缝

图 6-3 砖缝式供气元件

壳开裂漏气、砖与钢壳间缝隙不匀等缺陷，造成供气不均匀和不稳定。与砖缝组合型供气元件同时出现的还有直孔型透气砖（见图 6-4）。该砖砖内分布很多贯通的直孔道。该孔道是在制砖时埋入许多细的易熔金属丝，在焙烧过程中被熔出而形成的。这种砖致密度比弥散型好，同时气流阻力小。

砖型供气元件，可调气量大，具有能允许气流间断的优点，故对吹炼操作有较大的适应性，在生产中得到应用。

（3）细金属管多孔塞式供气元件。最早的细金属管多孔塞式供气元件是由日本钢管公司研制成功的多孔塞型供气元件（Mutiple Hole Plug，简称 MHP）。它是由埋设在母体耐火材料中的许多不锈钢管组成的（见图 6-5），所埋设的金属管内径一般

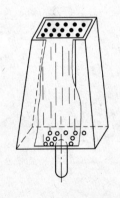

图 6-4 直孔型透气砖

为 0.1~3.0mm（多为 $\phi 1.5$mm 左右）。每块供气元件中埋设的细金属管数通常为 10~140 根，各金属管焊装在一个集气箱内。此种供气元件调节气量幅度比较大，在供气的均匀性、稳定性和寿命上都比较好。经反复实践并不断改进，研制出的新型细金属管砖式供气元件如图 6-6 所示。由图可以看出，在砖体外层细金属管处，增设一个专门供气箱，因而使一块元件可分别通入两路气体。在用 CO_2 气源供气时，可在外侧通以少量氩气，以减轻多孔砖与炉底接缝处由于 CO_2 气体造成的腐蚀。

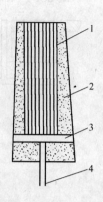

图 6 - 5　MHP 供气元件

1—母体耐火材料；2—细金属管；
3—集气箱；4—进气箱

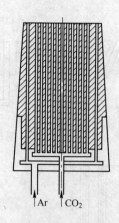

图 6 - 6　MHP - D 型细金属
管砖式供气元件

细金属管多孔砖的出现，可以说是喷嘴和砖两种基本元件综合发展的结果。它既有管式元件的特点，又有砖式元件的特点。新的类环缝管式细金属管型供气元件（见图 6 - 7）的出现，使环缝管型供气元件有了新的发展，同时也简化了细金属管砖的制作工艺。细金属管型供气元件将是最有发展前途的一种类型。

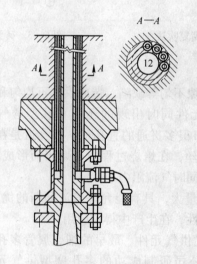

图 6 - 7　新的类环缝管式细金属管型供气元件

6.2　底部供气元件的布置

底部供气元件的布置应根据转炉装入量、炉型、氧枪结构、冶炼钢种及溅渣要求采用不同的方案，主要应获得如下效果：

（1）保证吹炼过程平稳，获得良好的冶金效果；

（2）底吹气体辅助溅渣以获得较好的溅渣效果，同时保持底部供气元件较高的寿命。

　　底部供气元件的布置对吹炼工艺的影响很大，它可以使气泡从炉底喷嘴喷出上浮，抽引钢液随之向上流动，从而使熔池得到搅拌。喷嘴的位置不同，其与顶吹氧射流引起的综合搅拌效果也有差异。因此，底部供气喷嘴布置的位置和数量不同，得到冶金效果也不同。从搅拌效果来看，底部气体从搅拌较弱的部位对称地吹入熔池效果较好。在最佳冶金效果的条件下，使用喷嘴的数目最少为最经济合理。若从冶金效果来看，要考虑到非吹炼期如在倒炉测温、取样等成分化验结果时，供气喷嘴最好露出炉液面，为此供气元件一般都排列于耳轴连接线上，或在此线附近。

　　有的研究试验认为，底部供入的气体，集中布置在炉底的几个部位，钢液在熔池内能加速循环运动，可强化搅拌，比用大量分散的微弱循环搅拌要好得多。试验证明，总的气体流量分布在几个相互挨得很近的喷嘴内，对熔池搅拌效果最好。如图6-8（c）和（f）所示的布置形式为最佳。试验还发现，使用8支 ϕ8mm 小管供气，布置在炉底的同一个圆周线上，可获得很好的工艺效果。

　　宝钢的水力学模型试验认为，在顶吹火点区内或边缘布置底部供气喷嘴较好。对300t转炉而言，若采用集管式元件，以不超过两个为宜，间距应接近或大于 $0.14D$。实际两个喷嘴布置在炉底耳轴方向中心线上，位于火点区，间距1m，相当于 $0.143D$（$D>7m$），实践证明，这样冶金效果良好。图6-9是鞍钢喷嘴水力学模型试验图，图中a、b的相关数据见表6-1。在模拟6t转炉上试验，认为两个喷嘴效果较好，而其中以b形为更好些。

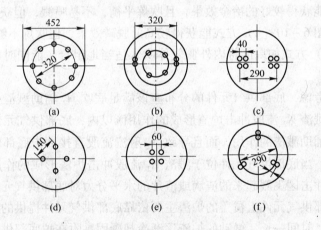

图6-8　底部供气元件布置模拟试验图

（a）形式之一；（b）形式之二；（c）形式之三；（d）形式之四；（e）形式之五；（f）形式之六

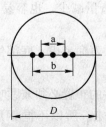

图6-9　鞍钢用喷嘴水力学模型试验图

表 6 - 1　a、b 位置的相关数据

位　置	距　离	均匀混合时间指数
a	0.4D	0.44
b	0.6D	0.40

此外，其他几种较常见的典型的分布方式如图 6 - 10 所示。

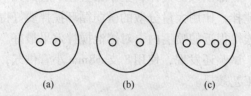

图 6 - 10　供气元件在底部分布

（a）底部供气元件所在圆周位于氧气射流火点以内；（b）底部供气元件所在圆周位于氧气射流
火点以外；（c）底部供气元件既有位于氧气射流火点以内的，也有位于氧气射流火点以外的

　　从吹炼角度考虑，采用图 6 - 10（a）方式，渣和钢水的搅拌特性更好，而且由于火点以内钢水搅拌作用强化，这部分钢水优先进行脱碳，能够控制［Mn］和［Fe］的氧化，因此此方式能获得较好的冶金效果，且吹炼平衡，不易喷溅，但获得较高的脱磷效率比较困难。采用图 6 - 10（b）方式能获得较高的脱磷效果，但吹炼不够平稳，容易喷溅。采用图 6 - 10（c）方式如果能将内外侧气体吹入适当地组合，能同时获得前两种方式的优点。

　　从溅渣角度考虑，底部供气元件的分布应该满足底吹 N_2 辅助溅渣工艺的要求。当底部供气元件位于溅渣 N_2 流股冲击炉渣形成的作用区以内，底部供气元件体产生的搅拌能被浪费，起不到辅助溅渣的作用，而且导致 N_2 射流流股直接冲击底部供气元件，从而会降低其使用寿命。当底部供气元件位于溅渣 N_2 流股冲击炉渣形成的作用区以外时，如采用低枪位操作，冲击区飞溅起来的渣滴或渣片的水平分力对底部供气元件上方的炉渣几乎不产生影响。底部供气元件上覆盖的炉渣主要依靠底部供气元件提供的搅拌能在垂直方向上处于微动状态，时间一长，微动的炉渣逐渐冷却凝固黏附在炉底部供气元件上，覆盖渣层厚度增加，甚至堵塞底部供气元件。而如果采用高枪位操作，冲击区飞溅起来的渣滴或渣片的水平分力很大，其水平分力给予底部供气元件上方的炉渣很大的水平推力，两者之间的合力指向渣线上下部位，使溅渣量减少，也容易使底部供气元件上覆盖渣层厚度增加，甚至堵塞底部供气元件。

　　因此从溅渣效果及底部供气元件寿命考虑，底部供气元件位于合理枪位下 N_2 流股冲击炉渣形成的作用区外侧附近。

　　从上面分析可知，底部供气元件的布置必须兼顾吹炼和溅渣效果。在确定布置方案之前，应结合水模试验进一步加以认定。所以不同钢厂有不同的布置方案，如图 6 - 11 所示。

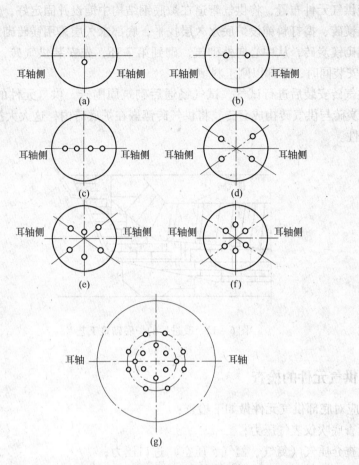

图 6 - 11 底部供气元件布置图例

(a) 本钢 120t 转炉；(b) 鞍钢 180t 转炉；(c) 日本加古川 250t 转炉；(d) 武钢二炼钢 90t 转炉；
(e) 日本京滨制铁所 250t 转炉；(f) 武钢一炼钢 100t 转炉；(g) 武钢三炼钢 250t 转炉

6.3 底部供气元件的砌筑

底部供气元件在安装及砌筑过程中很容易遭受异物侵入，这样会导致底部供气元件在使用之前或使用之后就发生部分堵塞，从而影响其使用寿命。因此，必须规范底部供气元件的安装和砌筑。如武钢二炼钢要求：

(1) 供气管道使用前必须经酸洗并干燥，防止锈蚀，并要进行试气吹扫。

(2) 底部供气元件在安装之前必须保持干净、干燥；入厂时其端部、气室、尾管均应包扎或覆盖。

(3) 砌前、砌后均要试气；试气正常方可使用。砌后供气元件端部也应覆盖，气室、尾管用布塞紧或盖上专用盖幔。

(4) 砌筑时保证供气元件位置正确，填料严实，不准形成空洞。

(5) 管道焊接时应采用专门的连接件，同时要保证焊接质量，无虚焊、脱焊、漏焊，防止漏气或异物进入。

图 6 - 12 为改进后的砌筑工艺。其砌筑程序为：

（1）接供气元件布置，将供气管道在炉底钢结构中铺设并固定好，然后封口。

（2）以镁砖、捣打料铺设炉底永久层找平，底部永久层采用镁砖砌筑。

（3）侧砌镁炭砖，从中心向外砌筑，砌到第7环，先安装供气砖，沿供气砖两侧环砌，供气砖安装同时，下部以刚玉料填实。

（4）供气砖安装后进行试气，试气畅通后砌筑周围砖。供气元件的连接方式是：炉底砌筑的镁炭砖与供气砖构成套砖，将供气砖镶嵌在炉底砖内，这大大提高了供气砖抗渣性和抗热振性。

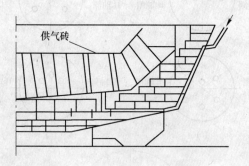

图6-12　改进后的炉底砌筑工艺

6.4　底部供气元件的检查

操作前应对底部供气元件做如下检查：

（1）检查底吹仪表气压力；

（2）检查介质气（氮气、氩气、压空）进口压力；

（3）检查总管及各个支管上快切阀、调节阀状态；

（4）检查底吹方式选择（模式一、模式二低碳、模式三中碳、模式四高碳）；

（5）检查操作模式（开炉、停炉、正常切换、全程氩气、全程氮气）；

（6）检查流量设定（新炉、烘炉、溅渣）；

（7）检查总管及各个支管的流量设定；

（8）检查系统有无报警；

（9）检查管路有无大量气体泄漏情况；

（10）检查各个支路流量、压力对比情况，检查透气砖是否有阻塞现象。

6.5　底部供气元件的使用与维护

6.5.1　底部供气元件的使用

这里主要介绍开新炉底吹调试、炉役期复吹操作、停炉操作3种情况。

6.5.1.1　开新炉底吹调试

（1）设备维护人员确认管道、阀门、接头是否漏气，弹簧表、切断阀是否正常。

（2）仪表维护人员确认计算机、各调节阀、电磁阀是否正常。

（3）转炉兑铁或烘炉前相关单位人员进入炉内进行底吹供气砖通空气试气，要求砖号和仪表号一致。

（4）岗位操作人员负责室内复吹开关的确认。

6.5.1.2 炉役期复吹操作

（1）每炉钢出钢完毕，按"复位"按钮。

（2）根据钢种标准，需全程供氩钢种，兑铁前，操作室内复吹按钮选择供 Ar。

（3）根据钢种标准要求后搅钢种，转炉处于"0"位按"后搅"按钮，达到时间要求后方可出钢。

（4）每炉钢下枪吹炼过程中，能进行 N_2-Ar 自动切换。

（5）复吹操作由操枪工负责，非操作人员不得擅自操作。

6.5.1.3 停炉操作

（1）停炉时煤气工到底部供气元件阀门室关闭氮－氩阀。

（2）炉前工将操作台总切断阀打到关闭位置，并将南耳轴各阀门关闭。

6.5.1.4 安全注意事项

（1）随时观察各个支管及总管的压力、流量对比，发现异常或者阻塞情况及时汇报处理。

（2）随时观察管路是否有大量气体泄漏情况，发现后及时报修处理。

（3）人员进入底吹阀门站，必须开启阀门站内通风机，佩戴氧气检测仪器；测试氧气含量合格后，方可进入。

（4）为了防止由于突发情况导致介质气停送，透气砖阻塞，在底吹系统工作时，可通过手动开启旁路手动阀门的方式，为各个支路提供小流量介质，来保证透气砖不停气。

6.5.2 底部供气元件的维护

为了实现底部供气元件的一次性寿命与炉龄同步，必须减少底部供气元件的熔蚀，进而使后期供气元件达到零侵蚀。传统的"金属蘑菇头"以金属铁为主，熔点低，不抗氧化，在炼钢末期的高温、高氧化的气氛"金属蘑菇头"很容易熔蚀，不能显著提高底部供气元件的寿命。因此必须在底部供气元件的表面形成一种新型的"蘑菇头"，以实现以下目标：

（1）可显著减轻钢流、气流对底部供气元件的冲刷，减轻对底部供气元件的熔蚀；

（2）严格避免形成冲击凹坑；

（3）应具有较高的熔点和抗氧化性能，不易在吹炼末期熔蚀；

（4）应具有良好的透气性能，可满足炼钢过程底部供气量灵活调整的需要，从而对熔池具有良好的搅拌作用；

（5）应具备良好的防堵塞功能，不易发生堵塞。

针对"金属蘑菇头"的特点，结合溅渣工艺，某厂研究开发出利用"炉渣－金属蘑菇头"保护底部供气元件的工艺技术。这种"炉渣－金属蘑菇头"在整个炉役运行期间都能保证底部供气元件始终处于良好的通气状态，可以根据冶炼工艺要求在线调节底部供气强度。

6.5.2.1 "炉渣－金属蘑菇头"的快速形成

在炉役前期，由于底部供气元件不锈钢中的铬及耐火材料中的碳被氧化，底部供气元件的侵蚀速度很快，底部供气元件很快形成凹坑。通过黏渣涂敷使炉底挂渣，再结合溅渣工艺，能快速形成"炉渣－金属蘑菇头"，吹炼操作时，化好过程渣，终点避免过氧化，使终渣化透并具有一定的黏度。终渣成分要求：碱度 3.0 ~ 3.5，$w(MgO)$ 控制在 7% ~ 9%，$w(TFeO)$ 控制在 20% 以内。在倒炉测温、取样及出钢过程中，这种炉渣能较好地挂在炉壁上，再结合采用溅渣技术，可促进"炉渣－金属蘑菇头"的快速形成，因为：

（1）溅渣时，炉内无过热金属，炉温低，有利于气流冷却形成"炉渣－金属蘑菇头"；

（2）溅渣过程中顶吹 N_2 射流迅速冷却液态炉渣，降低了炉液的过热度；

（3）溅渣过程中大幅度提高底吹供气强度，有利于形成放射性气泡带发达的"炉渣－金属蘑菇头"。这种"炉渣－金属蘑菇头"具有较高的熔点，能抵抗侵蚀。

6.5.2.2　"炉渣－金属蘑菇头"生长控制

采用溅渣工艺往往造成炉底上涨，容易堵塞底部供气元件，因此必须控制"炉渣－金属蘑菇头"的生长高度，并保证"炉渣－金属蘑菇头"的透气性。其关键技术是：第一控制"炉渣－金属蘑菇头"的生成结构，要具有发达的放射性气泡带；第二控制"炉渣－金属蘑菇头"的生长高度，其关键是控制炉底上涨高度，通常采用如下办法：

（1）控制终渣的黏度。终渣过黏，炉渣容易黏附在炉底，引起炉底上涨。终渣过稀，又必须调渣才能溅渣，这种炉渣容易沉积在炉底，也将引起炉底上涨。因此必须合理控制终渣黏度。

（2）终渣必须化透。终渣化不透，终渣中必然会有大颗粒未化透的炉渣，溅渣时 N_2 射流的冲击力不足以使这些未化透的炉渣溅起。这样，这种炉渣必然沉积在炉底，引起炉底上涨。

（3）调整溅渣频率。当炉底出现上涨趋势时，应及时调整溅渣频率，减缓炉底上涨的趋势。

（4）减少每次溅渣的时间。每次溅渣时，随着溅渣的进行，炉渣不断变黏，到了后期，溅渣时 N_2 的冲击力不足以使这些黏度变大的炉渣溅起。如果继续溅渣，这些炉渣将冷凝吸附在炉底，引起炉底上涨。

（5）及时倒掉剩余炉渣。

（6）调整冶炼钢种，尽可能冶炼超低碳钢种。

（7）当炉底上涨严重时，可采用顶吹氧洗炉工艺，但要严格控制，避免损伤底部供气元件。

（8）优化溅渣工艺、选择合适的枪位、提高 N_2 压力，均有利于控制炉底上涨。

6.5.2.3　"炉渣－金属蘑菇头"供气强度控制

"炉渣－金属蘑菇头"通气能力的控制和调节是保证复吹转炉冶金效果的核心。因此要求：

（1）控制"炉渣－金属蘑菇头"的生成结构，保证形成放射性气泡带发达的蘑菇头结构，保证良好的透气性；

（2）控制"炉渣－金属蘑菇头"的生长高度，避免气体流动阻力过大；

（3）根据冶炼工艺的要求，可方便灵活地调节底吹供气强度。

要获得良好的复吹效果，必须保证从底部供气元件喷嘴出口流出的气体的压力大于熔池的静压力，这样才能使底部供气元件喷嘴出口流出的气体成为喷射气流状态。因此，在气包压力一定的情况下，控制"炉渣－金属蘑菇头"的生成结构与生长高度均有利于减少气流阻力损失，从而方便灵活地调节底吹供气强度，保证获得良好的复吹效果。另外，当"炉液－金属蘑菇头"上覆盖渣层已有一定厚度时，底部供气元件的流量特性发生变化，此时除了采取措施降低炉底上涨高度以外，可提高底吹供气系统气包的压力，以提高从底部供气元件喷嘴出口流出气体的压力，从而保证其压力大于熔池的静压力，以获得良好的复吹效果。如提高底吹气包的压力，底吹供气强度仍然达不到要求，则说明底部供气元件的流量特性变坏，底部供气元件可能已部分堵塞，此时就必须采取复通技术。

6.6 底部供气元件的更换

炉底供气元件一般比炉底整体蚀损速度要快。为了提高转炉整体寿命和复吹比，可以在热状态下更换供气元件或炉底整体，以使全炉役能保持复吹工艺。

6.6.1 单个供气元件的更换

单个供气元件的更换比更换整个炉底要省时、省料，方法也简单，但也需要使用快速更换专用设备。更换时，首先用钻孔机打孔钻眼，将旧供气元件取出；然后用元件插入机，将新供气元件快速置入。上海宝钢公司就是采用这种方法。其步骤如下：
(1) 拆除供气元件保护罩；
(2) 拆除供气元件连接接头与导线；
(3) 割除元件尾部的金属件；
(4) 钻透和捣碎元件砖，但不能破坏套砖和座砖；
(5) 将新元件插入原元件位置；
(6) 连接管路和导线；
(7) 元件罩的复位安装。
整个更换过程只有 (4) 和 (5) 完全是靠机械来完成的。

6.6.2 炉底的整体更换

转炉的炉底如果是可拆卸小炉底，可以整体更换。更换炉底需使用专用设备。更换时，通过炉下的升降台车，将旧炉底拆下，再装上新炉底后顶紧。鞍钢公司就是采用此法。其工序是：
(1) 停炉后将炉底的沉积残渣、耐火材料吹扫干净；
(2) 拆除旧炉底，在其接口部位清除残留的耐火泥料；
(3) 安装新炉底；
(4) 新炉底与原炉底固定部分之间的沟缝要填充密实；
(5) 加热烘炉至使用。

6.7 底部供气元件常见故障及其排除

复吹转炉采用溅渣护炉技术后，普遍出现炉底上涨并堵塞底吹元件的问题，不仅影响转炉冶金效果，对品种钢冶炼也带来不利影响。

6.7.1　底部供气元件堵塞

6.7.1.1　底部供气元件堵塞的原因

（1）供气压力出现脉动使钢液被吸入细管。

（2）炉底上涨严重后造成供气元件细管上部被熔渣堵塞或导致复吹效果下降。

（3）管道内异物或管道内壁锈蚀产生异物堵塞细管。

针对不同的堵塞原因，采取不同方式及措施进行。为了防止炉底上涨导致复吹效果下降，应按相应的配套技术控制好炉型，使转炉零位控制在合适范围内。为了防止供气压力出现脉动，要在各供气环节保持供气压力与气量的稳定，气量的调节应遵循供气强度与炉役状况相适应的原则，调节气量时防止出现瞬时较大起伏，同时也要保证气量自动调节设备及仪表的精度，为防止管内异物或管道内壁锈蚀产生的异物，应在砌筑过程中采取试气、防尘等措施，管道需定时更换，管道间焊接必须保证严密，要求采取特殊的连接件的焊接方式。

6.7.1.2　底部供气元件堵塞故障的排除

（1）适当提高底吹强度。

（2）如炉底"炉渣－金属蘑菇头"生长高度过高，即其上的覆盖渣层过高，要采用顶吹氧气吹洗炉底。有的钢厂采用出钢后留渣进行渣洗炉底，或采用倒完渣后再兑少量铁水洗炉底，还有的钢厂采用加硅铁吹氧洗炉底。

（3）底吹氧化性气体，如压缩空气、氧气、CO_2 等气体。如武钢第二炼钢厂采用底吹压缩空气的方法。当发现哪块底部供气出现堵塞迹象时，即将此块底部供气元件的底部供气切换成压缩空气，倒炉过程中注意观察炉底情况，一旦发现底部供气元件附近有亮点即说明堵塞部分已熔通。而国外某钢厂采用的方法是底吹氧，如图 6 – 13 所示。

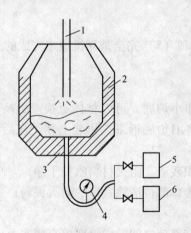

图 6 – 13　国外某钢厂底吹复通示意图

1—氧枪；2—炉体；3—底部供气元件；4—压力检测装置；
5—底吹惰性气体管路；6—底吹氧气管路

底吹氧气的具体操作是：检测供给底部供气元件气体的压力，当压力上升到预先设定的压力范围的上限值时，认为底部供气元件出现堵塞迹象，此时把供给底部供气元件的气体切换成氧气；当压力下降到预先设定的压力范围的下限值时，认为底部供气元件已疏通，此时再把氧气切换成惰性气体。通过氧化性气体和惰性气体的交替变换，可以控制底部供气元件的堵塞和熔损。

6.7.2 底部元件烧坏与结瘤

潜吹喷管烧坏与结瘤的情形有如下几种：

(1) 冷却介质流量不足。冷却介质的流量应有一最小下限，此下限随喷管结构和尺寸、冷却介质种类、熔池成分和温度以及氧气流量的不同而不同。冷却介质的最小下限至今还不能由计算确定，只能凭经验确定。应经常观察喷管头部情况，如果喷管头部的结瘤全部消失，甚至喷管头部迅速烧损，缩进炉衬，就应立即加大冷却介质的流量，使喷管工作恢复正常。

(2) 喷管倒灌和堵塞。当介质出口压力过低、管路系统漏失、喷管头部严重结瘤、回火爆炸、脏物堵塞通路时，都会造成喷管倒灌和堵塞，导致烧坏喷管。

(3) 潜吹气体射流"后坐"。当潜吹气体射流从喷管喷出时，由于气流膨胀以及熔池钢液的反作用力，喷出口处射流周围的气体沿喷管逆流，以很高的频率冲击靠近喷管的耐火材料（见图 6-14），其频率在水模型中为 2~4 次/s，在热态钢水模型中为 10 次/s。它使耐火材料迅速蚀损，喷管前端裸露在钢水中时被烧断。

(4) 潜吹喷管严重结瘤。生产实践表明，潜吹喷管头部伸出炉衬 40~80mm，周围有适当的不影响气流畅通的金属瘤，有良好的保护喷管、延长喷管及周围耐火材料寿命的作用。但结瘤过多，会堵塞喷管头部出口，使出口截面缩小，而且形状不规则，使喷出的气流不稳定，方向改变，甚至反射冲刷炉衬。当结瘤严重时，气体流量很小，甚至完全堵塞，喷管得不到应有的冷却，喷管头部成段烧坏。

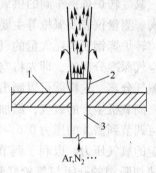

图 6-14 潜吹气体射流后坐
1—炉底；2—后坐气流；3—底吹喷管

喷管的严重结瘤是由于冷却过度造成的。在设计喷管断面尺寸时，必须使气流对喷管的冷却与钢水对喷管的加热，在结瘤厚度适当的情况下处于平衡状态。

思考与练习

6-1　复吹转炉底部供气元件的类型有哪些？

6-2　复吹转炉底部供气元件的检查内容有哪些？

6-3　说明如何使用复吹转炉底部供气元件。

6-4　分析从哪些方面来维护复吹转炉的底部供气元件。

6-5　说明如何更换复吹转炉底部供气元件。

6-6　分析复吹转炉底部供气元件的故障有哪些，如何排除。

7 顶吹氧气系统设备

学习目标

学习目标

(1) 能简述供氧系统工艺流程及设备构成。

(2) 掌握氧枪系统设备的构造、使用、点检与维护、常见故障及排除内容。

(3) 掌握副枪系统设备的构造、使用、点检与维护、常见故障及排除内容。

氧气转炉炼钢车间的供氧系统一般是由制氧机、加压机、中间储气罐、输氧管、控制闸阀、测量仪表及氧枪等主要设备组成。我国某钢厂供氧系统流程如图 1-4 所示。

转炉炼钢要消耗大量的氧，因此现代钢铁厂都有相当大规模的制氧设备。工业制氧采取空气深冷分离法，即先将空气液化，然后利用氮气与氧气的沸点不同，将空气中的氮气和氧气分离，这样就可以制出纯度为 98% 以上的工业纯氧。

制氧机生产的氧气，经加压后送至中间储气罐，其压力一般为 2.5~3.0MPa，经减压阀可调节到需要的压力 0.6~1.5MPa，减压阀的作用是使氧气进入调节阀前得到较低和较稳定的氧气压力，以利于调节阀的工作。吹炼时所需的工作氧压是通过调节阀得到的。快速切断阀的开闭与氧枪联锁，当氧枪进入炉口一定距离时，即到达开氧点时切断阀自动打开，反之，则自动切断。手动切断阀的作用是当管道和阀门发生故障时快速切断氧气。

7.1 氧枪

吹氧装置是转炉主体设备之一。它是由氧枪、氧枪升降机构和换枪机构三部分组成。

氧枪的主要功用是将氧气喷入转炉内液态铁水中，以实现金属熔池的冶炼反应。在反应区内温度在 2000℃ 以上，氧枪必须经受来自熔池的高温影响。又由于熔池内钢液和炉渣的剧烈搅动和喷溅，促使氧枪发生强烈的机械振动。所以氧枪的工作环境是十分恶劣的，必须精心维修才能保证氧枪的正常工作。

7.1.1 氧枪的类型

(1) 按喷头孔数分。

1) 单孔氧枪。通常为拉瓦尔型喷孔，大多应用于小型转炉，在多孔氧枪未发明之前，中型转炉也应用单孔氧枪。

2) 多孔氧枪。多孔氧枪的孔数从 3~12 孔皆有应用，但最具代表性的是 3 孔氧枪，3 孔氧枪的喷头又可分为：

① 单三式喷头。这是我国特有的一种喷头结构形式，它具有一个共同的喉口，3 个

氧孔为直筒形。该喷头结构简单，加工方便。

② 近三喉式喷头。喷头的 3 个氧孔具有各自的喉口和扩张段，便于加工，对氧枪的性能也没有太大的影响。

③ 三喉式喷头。喷头的每个氧孔都有收缩段、喉口和扩张段，是 3 孔氧枪中喷头的代表性结构。该喷头加工较为复杂，性能较好。

（2）按喷头孔型结构分。

1）拉瓦尔型喷头。优点是压力能有效地转变为动能，氧气出口速度快，穿透能力强，能形成稳定的超声速射流，氧枪性能好。

2）直筒形喷头。优点是结构简单，加工方便，适用于平炉氧枪和电炉氧枪，但氧气出口速度慢，衰减快，射流不稳定。

3）螺旋形喷头。优点是氧气出口呈旋转气流、搅拌好、化渣快、喷溅小，但结构复杂、加工困难、寿命短。

（3）按氧枪喷头的制造方法分。

1）铸造喷头。特点是结构合理、制作成本较低，但喷头的纯度、密度、导热性能等指标不高，氧枪寿命较短。

2）锻压组装式喷头。特点是材质致密，纯度高，导热性能好，喷头寿命较长，但生产成本高，焊缝较多，存在安全隐患。

3）锻铸结合喷头。特点是结构合理，材质的纯度高、密度高，氧枪寿命较长，但加工精度要求较高，制造工艺复杂。

（4）按氧枪性能分。

1）普通氧枪。

2）双流氧枪（二次燃烧氧枪）。双流氧枪是当代氧枪的最新技术，它又可以分为下列 4 种结构形式：

① 双流道氧枪。氧枪为四层管结构，主氧流和副氧流可以单独控制。

② 双流道双层氧枪。主氧流和副氧流分布于两层平面，而且可以单独控制。

③ 分流氧枪。主氧流和副氧流虽然不能单独控制，但因结构简单，具有双流氧枪二次燃烧的优点，而易于推广，目前在全国应用的大多数双流氧枪，都是这种结构形式。

④ 分流双层氧枪。主氧流和副氧流分布于两层平面，但不能单独控制。

7.1.2 转炉氧枪的构造

转炉氧枪主要由喷头、枪体和枪尾三部分组成，如图 7-1 所示。

7.1.2.1 喷头

喷头是氧枪最重要的组成部分，是氧枪基本结构的核心。喷头工作在炉内高温区域，为延长其寿命，应采用热传导性能好的紫铜做成。

A 单孔氧枪喷头

首钢、上钢一厂、鞍钢三炼钢厂等，投产时应用的都是单孔氧枪喷头。欧、美国家氧气顶吹转炉创建初期，应用的也都是单孔氧枪喷头。单孔氧枪喷头的喷孔孔形都是拉瓦尔喷管，如图 7-2 所示。拉瓦尔型喷嘴能够把压力能（势能）最大限度地转换成速度能（动能），获得最大流速的氧射流，因而被广泛使用。

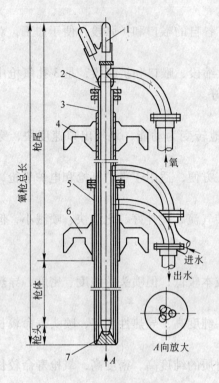

图 7-1　氧枪基本结构简图
1—吊环；2—中心管；3—中层管；4—上托座；
5—外层管；6—下托座；7—喷头

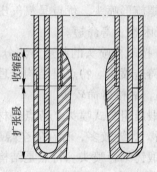

图 7-2　单孔拉瓦尔喷头

拉瓦尔喷管由三部分组成：

（1）收缩段。收缩段的作用在于将氧气流从低马赫数，如 $Ma = 0.2$，加速到 $Ma = 1$ 左右。从图 7-3 可以看出，收缩段的初始部分气流速度比较低。因此，从横截面的氧枪内管到收缩段的过渡，并不特别关键，收缩段的尺寸要求并不严格。从理论上讲，从横截

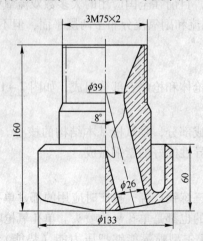

图 7-3　$\phi 39mm - 3 \times \phi 26mm$ 单三式 3 孔喷头

面氧枪内管到圆锥形状收缩段，应当渐渐过渡（即无棱角）。但圆锥段与喉道之间的连接必须圆滑。

（2）喷管喉道。在给定的氧气设计压力条件下，喉道的截面积决定了喷头供氧量。因此，喷管喉道的尺寸十分重要，要求具有较高的加工精度。从理论上讲，如果喉道上游和下游的截面积变化足够徐缓，喉口长度应该等于零，相当于一道线。但在实际生产中，具有零长度喉道的喷头难以制作。必须给喉道一定的长度，能使收缩段和扩张段的机械加工要求不必过严。横截面喉道的长度最好不超过一个喉道直径，因为附面层的厚度会随喉道长度的增加而增加，这样就减少了喉道的有效截面积，使设计供氧量减少。

（3）扩张段。氧气在扩张段内体积膨胀，形成超声速流。因此，喷管的扩张段，决定喷头的氧气喷出速度和对熔池的穿透能力。在实际生产中，简单的圆锥形扩张段能获得相当均匀的超声速流，这使计算和机械加工变得比较容易。在合理的限度内，扩张段的半顶角，一般没有严格的规定。角度太大，在喷管出口处容易产生严重的激波，气流的扩张太快。扩张段的半顶角太小，则超声速的通道很长，产生过厚的附面层和压力损失。半顶角的使用范围为 2.5° ~ 10°，5° 左右应用较多，主要根据喷头的结构做出选择。从喉道到扩张圆锥段的过渡，应尽量光滑和缓慢。

单孔氧枪特点是气流集中，动能大，穿透深，形成"硬吹"。但单孔氧枪搅拌直径较小，化渣能力较差，炉渣容易"返干"，容易造成由于局部温度和反应物质浓度的变化而引起爆炸性喷溅。因此，容积较大的转炉已不应用单孔氧枪喷头，只在 6t 以下的小转炉或试验炉上还有应用。

单孔氧枪是多孔氧枪的基础，所以氧枪的研究，要从单孔氧枪开始。

B　多孔氧枪喷头

（1）单三式 3 孔喷头。单三式 3 孔喷头是具有 1 个喉口和 3 个喷出口的喷头，如图 7-3 所示，是首钢炼钢厂最先采用的。

首钢炼钢厂的 30t 氧气顶吹转炉，是我国投产最早的工业化生产的氧气顶吹转炉。投产之初，采用的是喉口直径为 $\phi35.6mm$ 的单孔拉瓦尔氧枪。单孔氧枪由于固有的一些缺点，逐渐被 3 孔氧枪所取代。

（2）三喉式 3 孔喷头。三喉式 3 孔喷头每个氧孔有独立的收缩段、喉口和扩张段，如图 7-4 所示。因为没有特殊的性能，所以又称之为普通 3 孔喷头。普通 3 孔喷头是氧

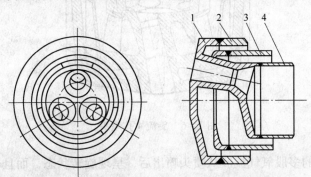

图 7-4　三喉式 3 孔喷头

1—喷头；2—外管；3—中管；4—内管

枪喷头中最具代表性的喷头，是转炉氧枪技术从单孔喷头向多孔喷头发展的里程碑式的进步。

　　普通3孔喷头比单三式喷头性能优越，吹炼效果好，但加工制作比较复杂，因为要考虑孔间部位的水冷。

　　（3）旋流多孔喷头。旋流3孔喷头（见图7-5）和旋流4孔喷头（见图7-6）就是性能独特的一种新型氧枪喷头。

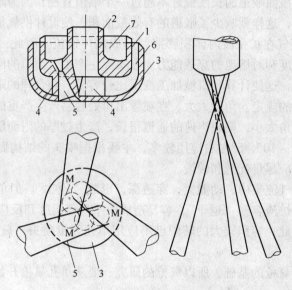

图7-5　旋流3孔喷头

1—氧管；2—进水管；3—外管；4—氧柱；5—氧孔；
6—回水通道；7—进氧通道；M—氧气流股

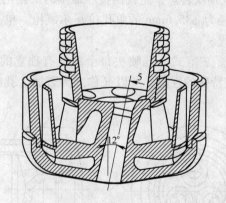

图7-6　旋流4孔喷头

　　旋流多孔喷头的多股氧气流股从喷头喷出后，呈现旋转状态，而且覆盖了喷头的下端面，因此，具有化渣快、搅拌能力强、喷头寿命长等优点。在一些钢厂应用了较长时间。但是由于它的性能不是十分突出，而且喷头的制作难度较大，因此性能更加优越的其他种类的氧枪喷头的出现，使旋流多孔氧枪喷头没有得到进一步的推广。

（4）4孔曲线壁氧枪喷头。我国应用于氧气顶吹转炉炼钢的氧枪喷头，其超声速扩张段均是直线壁结构。直线壁影响氧枪喷管的出口射流品质，使其在喷管出口处产生激波，导致射流的扩散紊乱，也易于产生过厚的附面层，加速超声速流股的衰减，减弱氧气流股对熔池的穿透能力，直接影响吹炼效果。

1983年，氧枪专家刘志昌先生等人研制出铸造中心水冷4孔曲线壁氧枪喷头，即标准拉瓦尔管喷头，如图7-7所示。随后进行试验，并相继投入生产应用。经过两年多的生产实践证明，应用铸造中心水冷4孔曲线壁喷头，吹炼平稳，缩短了纯供氧时间及过程返干期，加速了初期成渣速度，降低了氧气和萤石的单位消耗，提高石灰的熔化率，同时也大大减少了枪身的黏钢现象，减轻了工人的劳动强度，深受操作工人欢迎。

但曲线壁喷头的标准拉瓦尔喷管的曲线尺寸要求比较严格，加工难度较大，限制了它的推广应用。

（5）没有收缩段的氧枪喷头。多孔氧枪喷头的每个氧孔，通常都由收缩段、喉口和扩张段三部分组成。喉口和扩张段是必不可少的，而收缩段则没有那么重要。在喷头生产过程中，收缩段的加工比较费事，虽然加工尺寸不是很严格，但必须有加工胎具，加工速度也比较慢。

上海宝钢从日本引进的300t转炉氧枪喷头，氧孔没有收缩段，如图7-8所示。鞍钢180t转炉也用过这种喷头。这种喷头的好处是加工比较方便。严格来说，这种喷头并不是没有收缩段，只是每个氧孔没有收缩段而已。它是所有的氧孔共用一个半球形的收缩段，这个半球形对于车床加工比较容易。

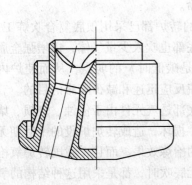

图7-7 喷头扩张段采用曲线壁（标准拉瓦尔喷头）结构的喷头

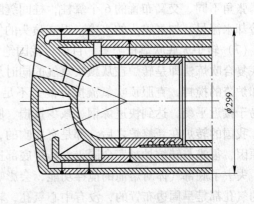

图7-8 鞍钢180t转炉氧枪喷头

（6）双角度双流量6孔氧枪喷头。这种氧枪喷头适用于200t以上的大转炉，性能比较优越。6个氧孔分成两组，其中一组的3个氧孔，张角较小，为10°～14°，氧气流量较大，约占总流量的55%。另一组3个氧孔，张角较大，为16°～20°，氧气流量较小，约占总流量的45%。两组氧孔交错布置，双角度双流量6孔氧枪喷头如图7-9所示。

流量大、张角小的一组氧气流股组成一个反应区，主要的作用是升温降碳。流量小、张角大的一组氧气流股组成另一个反应区，除升温降碳外，还有减少第一组氧气流股吹炼过程中引起的喷溅，并具有一定的CO二次燃烧作用。两组反应区的吹炼面积很大，化渣

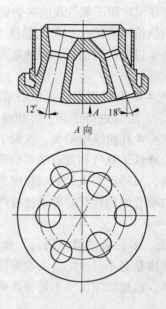

图 7 - 9　双角度双流量 6 孔氧枪喷头

效果良好。

张角不同、交叉布置的 6 股氧气流股，在炉内汇合的可能性大大减小，成为相对独立的氧气流股，喷吹液面，提高了氧气流股的吹炼性能。

张角不同、交叉布置的 6 个氧柱，柱间缝隙增大，有利于减少冷却水的阻力损失，增加冷却水流量，加强喷头的水冷，提高喷头的使用寿命。

（7）转炉无底吹氧枪喷头。目前，我国绝大多数的转炉都已采用顶底复合吹炼工艺。顶底复合吹炼法即是转炉在从顶吹氧气的同时从转炉底部也吹入少量气体，以增强金属熔池和炉渣的搅拌，克服顶吹氧流搅拌能力不足（特别是碳低时）的弱点，从而使炉内反应易于接近平衡，达到快速炼钢、减少铁损、脱磷脱硫反应迅速和减少喷溅的目的。

我国的转炉在新修炉之后，都是有底吹的，转炉底部透气元件由于侵蚀、烧损、堵塞等原因，很难与转炉炉衬寿命同步。转炉底部透气元件损坏，造成转炉炉役的中后期无底吹，失去了底部气体对熔池的搅拌功能，会影响转炉的冶炼效果。而且，我国转炉氧枪喷头的氧孔都是呈周边布置的，没有中心氧孔，转炉有无底吹时，都是采用这种结构的氧枪喷头。这种喷头对熔池的穿透能力较差，造成熔池搅拌不足。在无底吹时，更影响到炼钢效果。

转炉无底吹用氧枪喷头即采用较大中心氧孔和较小周边氧孔相结合的氧枪喷头，如图7 - 10 所示。较大中心氧孔具有大流量、高穿透能力，主要作用是加强对熔池的搅拌。较小周边氧孔具有快速化渣和减少喷溅的能力，主要作用是快速升温和降碳。

中心较大氧孔，氧气流量较高，占喷头氧气总流量的 30% ~ 50%；周边布置氧孔较小，每个氧孔的氧气流量较少，孔数较多，孔数为 3 ~ 6 孔。

无底吹氧枪喷头的优点是中心氧孔的氧气流量大，穿透能力强，对熔池的搅拌充分，在转炉无底吹的情况下，炼钢效果好；周边布置的氧孔数多，化渣好，吹炼平稳，对中心氧孔吹炼引起的喷溅有压喷作用。这种氧枪喷头，既有单孔氧枪喷头的优点，又有多孔氧枪喷头的优点。

（8）清理炉口氧枪喷头。转炉在吹炼的过程中，难免产生喷溅。这些从炉内产生的钢渣喷溅物，随同气体从炉内排出，在经过转炉炉口的时候，由于温度下降，部分钢渣就凝结在炉口上，由于钢渣的长时间凝结，炉口就变得越来越小，需要进行清理。

清除黏结在转炉炉口上的钢渣，国内通常采用机械清理，比如采用扒炉机进行清除，还有用废钢槽进行清除。机械清理的缺点是时间长，影响转炉作业率，而且容易损坏炉口的钢结构。

清理炉口氧枪喷头如图 7－11 和图 7－12 所示。根据转炉的大小，孔数为 10～30 孔；氧孔与水平方向呈 0°～20°夹角；氧孔出口处加工有 10～20mm 长的螺旋纹。

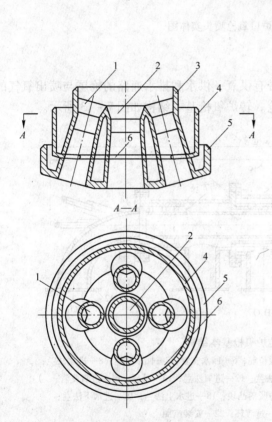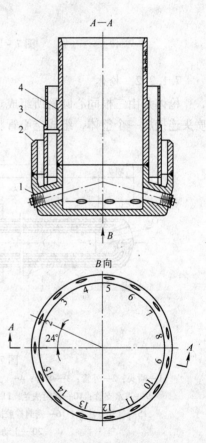

图 7－10　转炉无底吹用氧枪喷头结构
1—周边布置氧孔；2—中心氧孔；3—喷头内管；
4—喷头中管；5—喷头外管；6—导水板

图 7－11　清理炉口氧枪喷头
1—喷头；2—外管；3—中管；4—内管

清理炉口时将清理炉口氧枪喷头安装在转炉氧枪上，把清理炉口氧枪下降至转炉炉口处，打开氧气，多股呈螺旋流的氧气流股，喷向炉口所凝结的钢渣。由于炉口温度较高，凝结的钢渣呈红色的半熔融状态，氧气与钢渣迅速燃烧而熔化并流入炉内，或者变成蒸汽进入烟道，转炉炉口被清理干净。

采用清理炉口氧枪喷头清理转炉炉口优点是速度快，而且不易损坏炉口。

图 7 - 12　清理炉口氧枪喷头实体图

7.1.2.2　枪体

　　枪体是由三根同心圆管所组成。它将带有供氧、供水和排水通路的枪尾与喷出氧气的喷头连接成一个整体，组成空心管状的氧枪。转炉氧枪基本结构如图 7 - 13 所示。

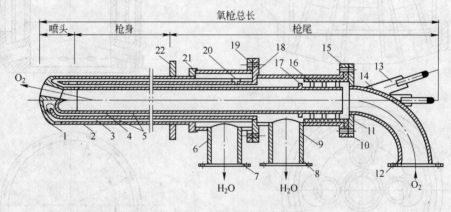

图 7 - 13　转炉氧枪基本结构

1—喷头；2—外管；3—中管；4—内管；5—限位筋；6—回水支管；7—回水法兰；8—进水法兰；
9—进水支管；10—密封法兰；11—氧气上法兰；12—进氧法兰；13—吊环；14—进氧支管；
15—氧气下法兰；16—密封橡胶圈；17—防脱落凸块；18—进水上法兰；19—进水下法兰；
20—止动凸块；21—过渡环；22—安装座圈

　　三根同心圆管通常为热轧无缝钢管，材质为 20 号钢或锅炉钢管。对于转炉氧枪而言，内管是氧气的通路，氧气从枪尾的供氧管流经内管由喷头喷吹入金属熔池。内管与枪尾的连接有两种方式：一种是采用法兰固定连接，一种是采用 O 形橡胶圈滑动连接。内管与喷头的连接相应地采取 O 形圈滑动连接及焊接固定连接。外管与枪尾的连接采用焊接或法兰螺栓固定连接，与喷头的连接采用焊接。中层管是分隔氧枪的进、出冷却水之间的隔管，中层管与枪尾的连接是采用法兰或焊接固定连接，与喷头的连接是采用套管式滑动连接，氧枪冷却水由枪尾进水管通过内管与中层管之间的环形通路进入枪体，下降至喷头后，充分冷却，快速流过喷头内表面，转向 180°，经中层管与外管之间的环状通路上升至枪尾，经回水管流出。

氧枪枪体的设计必须坚持两个原则：

一是组成氧枪的三层同心套管在氧枪组装过程中，必须伸缩自如。这是因为氧枪的喷头需要经常更换，喷头与枪体切割或焊接都要一层一层进行，只有伸缩自如才能保证氧枪方便地组装和拆卸。

二是设计出的氧枪在使用过程中要能消除外层管因热胀冷缩对里面两层钢管所产生的内应力。氧枪在吹炼过程中由于氧气对钢中杂质的氧化并放出大量热量，致使它的工作环境温度高达 2500℃ 以上，所以尽管枪体内有高压水在冷却，但氧枪外层管的表面温度仍然达到 500℃ 以上，使其受热伸长。但里面的两层管由于受到高压水的充分冷却，其温度变化甚微，因而不能伸长。这样，如不采取措施，枪体就要产生一个很大的压应力。反之，提枪时由于外管冷却收缩，枪体又要产生一个很大的拉应力。如果氧枪的三层钢管被焊死或固定死，那么由于枪体内应力不断作用，在氧枪的薄弱环节（通常是枪体与喷头连接的铜钢焊缝处）就要产生裂纹，造成疲劳破坏。因此，设计出的氧枪枪体必须保证氧枪在外层管伸长或收缩时，枪体内的两层钢管也能伸缩自如，而且还必须保证高压水和高压氧气不在三层钢管及其连接处相互串通和渗漏。

根据炉子大小和吹炼需要，氧枪的三层钢管从喷头到枪尾要有足够的长度。

为了保证氧枪在圆周方向上具有均匀的进、出水的环形通路，氧枪的三层钢管必须有良好的同心度。这就要在内管和中层管的外壁上焊上限位筋，限位筋沿管体长度方向，按一定距离布置，通常每 1.2m 左右放置一组，每组三根，按圆周方向呈 120° 均布，如图7-14所示。

限位筋在氧枪设备中是一个很重要的部件。首先是限位筋的尺寸，设计过紧，氧枪的装配和检修，拆卸困难；设计过松，氧枪三层管的同心度不好，影响水冷。其次是限位筋的形状（见图7-15），矩形的不好，要设计成两头呈楔形，这样装配方便，使用安全。

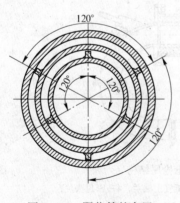

图7-14 限位筋的布置

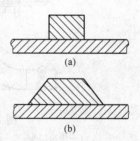

图7-15 限位筋的形状
（a）方形限位筋；（b）梯形限位筋

为了保证氧枪的使用安全，在氧枪组装之前，要对氧气流通的钢管，即转炉氧枪内管外表面与中层管的内表面，用四氯化碳进行脱脂（去除油污）处理，以防氧气与油脂燃烧，发生烧枪事故。使用氧枪时安全第一，万万不可忽视。

双流道氧枪因多了一组供氧通路，其枪身是由四根同心圆管所组成，如图7-16所示。

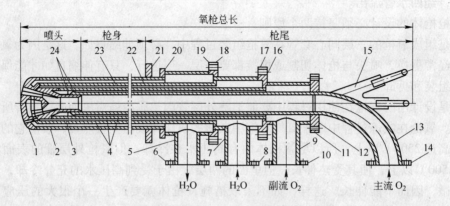

图 7 – 16　转炉双流道氧枪的基本结构

1—喷头；2—外管；3—中管；4—限位筋；5—回水支管；6—回水法兰；7—进水支管；8—进水法兰；9—副流氧气
支管；10—副流氧气法兰；11—主氧下法兰；12—主氧上法兰；13—主氧支管；14—主氧支管法兰；15—吊环；
16—进水上法兰；17—进水下法兰；18—回水上法兰；19—回水下法兰；20—过渡环；21—安装座圈；
22—副流氧管；23—主流氧管；24—密封橡胶圈

7.1.2.3　枪尾

枪尾的结构比较复杂，是氧枪研究、设计和制造的重点部位。枪尾的结构形式主要有焊接的和铸造的两种。

（1）焊接式氧枪枪尾。焊接结构的氧枪枪尾在我国被广泛应用。这种枪尾基本是由法兰、圆管和 O 形密封橡胶圈组成的组合体，如图 7 – 17 所示。

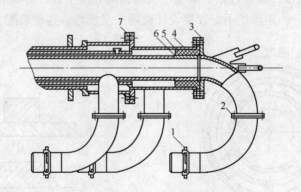

图 7 – 17　焊接式氧枪枪尾结构

1—快速接头；2—氧气支管法兰；3—氧气上法兰；4—密封法兰；
5—密封橡胶圈；6—密封套；7—水冷法兰

以转炉氧枪为例，其内管为氧管，进氧部位为一段 180° 的大弯管，便于检修。通过一组法兰把大弯管分为两部分，氧枪检修时把其拆下。氧气中如果有杂质，高速流经大弯管时，与管壁相撞击，容易产生火花而燃烧，发生氧枪爆炸事故。因此，大型转炉氧枪，为确保其使用安全，这一段大弯管都采用紫铜管，例如宝钢 300t 转炉氧枪。内管与中层管通过第二组法兰进行连接，法兰的功能除连接外，还要起到使三层钢管保持同心度的作用。第二组法兰有两种设计：一种设计是内管与中层管固定死，内管与中层管之间的热应力位移，通过内管与喷头内管之间设置的 O 形橡胶圈来实现；另一种设计是法兰之中与内管连接之处有 O 形橡胶圈实现热应力位移。中层管与外管之间通过第三组法兰进行连接，中层管与外管之间的位移通过中层管与喷头的中层管之间的滑动来实现。这种滑动连接不会像 O 形橡胶圈那样密封得很好，但中层管只是作为进水与回水之间的隔板，有一点渗漏也无关紧要。第三组法兰也可以取消，中层管和外管通过连接环焊死。

氧枪的进水管焊接在第二组法兰和第三组法兰之间的圆管上，为了减少水的阻力损失，这一段圆管要比枪身部位的中层管直径粗 20mm 以上。同样的道理，第三组法兰的下面也要焊一段比氧枪外管粗 20mm 以上的圆管，这一段圆管与外管都焊接在一过渡连接圆环上，氧枪的回水管焊接在第三组法兰下面的加粗圆环上。

焊接枪尾的特点是结构简单，组装方便，成本低廉，但是枪尾的长度较长。

（2）铸造式氧枪枪尾。铸造结构的氧枪枪尾在国外被广泛应用，基本结构如图 7－18 所示。

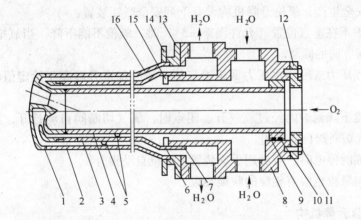

图 7－18　铸造氧枪枪尾结构

1—喷头；2—外管；3—中管；4—内管；5—限位筋；6—回水密封管；7,10—密封胶圈；8—枪尾主体；
9—密封管；11—螺栓；12—上法兰；13—下法兰；14—安装座圈；15—止脱凸块；16—过渡管

铸造枪尾用的材料是青铜或黄铜。氧枪的氧气内管及其不锈钢的延长管，通过镶嵌密封环连接在枪尾中心部位，并与进水室相密封。进水室与回水室之间铸有间隙，并使压降为最小，氧枪中层管与镶嵌在间隙上的 O 形密封环相连接。氧枪外管通过卡箍式接头与枪尾相连接。氧枪的进氧管、进水管和回水管通过快速连接装置与枪尾相连接，氧气、进水、回水软管可以垂直安置，也可以水平安置，取决于氧枪的安装结构及运输条件。

铸造枪尾的优点是可以尽可能地缩短枪尾的高度，进水管和回水管可以布置在同一水平面上，这对于氧枪上部空间十分紧张的钢厂来说，非常重要。例如老式平炉钢厂改建为顶吹平炉，就要求枪尾的设计尽可能地短。铸造枪尾的缺点是结构复杂，采用铜料制作，成本高，不经济。

除了喷头、枪体和枪尾三部分最基本的结构外，氧枪附属部件还有将氧枪固定在移动小车上的连接板、吊装氧枪的吊环、进氧和进回水的橡胶软管（或金属软管）以及快速接头（或连接法兰）等。

7.2　氧枪升降和更换机构

7.2.1　对氧枪升降和更换机构的要求

为了适应转炉吹炼工艺的要求，在吹炼过程中，氧枪需要多次升降以调整枪位。转炉对氧枪的升降机构和更换装置的要求是：

（1）应具有合适的升降速度并可以变速。冶炼过程中，氧枪在炉口以上应快速升降，以缩短冶炼周期。当氧枪进入炉口以下时，则应慢速升降，以便控制熔池反应和保证氧枪安全。目前国内大、中型转炉氧枪升降速度，快速高达 50m/min，慢速为 5 ~ 10m/min；小型转炉一般为 8 ~ 15m/min。

（2）应保证氧枪升降平稳、控制灵活、操作安全、结构简单、便于维护。

（3）应具有安全联锁装置。

（4）能快速更换氧枪。

为了保证安全生产，氧枪升降机构设有下列安全联锁装置：

（1）当转炉不在垂直位置（允许误差 ±3°）时，氧枪不能下降。当氧枪进入炉口后，转炉不能做任何方向的倾动。

（2）当氧气压力或冷却水压力低于给定值，或冷却水升温高于给定值时，氧枪能自动提升并报警。

（3）当氧枪下降到炉内经过氧气开、闭点时，氧气切断阀自动打开，当氧枪提升通过此点时，氧气切断阀自动关闭。

（4）车间临时停电时，可利用手动装置使氧枪自动提升。

（5）副枪与氧枪也应有相应的联锁装置。

7.2.2　氧枪垂直升降机构

在炼钢过程中，氧枪要多次升降，这个升降运动由氧枪升降机构来实现。氧枪在升降行程中经过的几个特定位置称作操作点，如图 7 - 19 所示。

氧枪各操作点标高的确定原则为：

（1）最低点。最低点是氧枪下降的极限位置，其位置取决于转炉的容量，对于大型转炉，氧枪最低点距熔池钢液面应大于 400mm，而对于中、小型转炉应大于 250mm。

（2）吹氧点。此点是氧枪开始进入正常吹炼的位置，又称吹炼点。这个位置与转炉的容量、喷头类型、供氧压力等因素有关，一般根据生产实践经验确定。

（3）变速点。在氧枪上升或下降到此点时就自动变速。此点位置的确定主要是保证安全生产，又能缩短氧枪上升和下降所占用的辅助时间。

（4）开、闭氧点。氧枪下降至此点应自动开氧，氧枪上升至此点应自动停氧。开、闭氧点位置应适当，过早地开氧或过迟地停氧都会造成氧气的浪费，若氧气进入烟罩也会引起不良影响；过迟地开氧或过早地停氧也不好，易造成氧枪黏钢和喷头堵塞。一般开、闭氧点可与变速点在同一位置。

（5）等候点。等候点位于炉口以上。此点位置的确定应以氧枪不影响转炉的倾动为准，过高会增加氧枪上升和下降所占用的辅助时间。

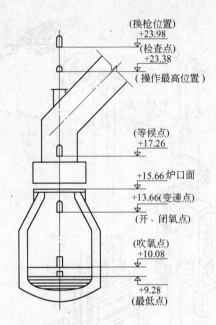

（换枪位置）
+23.98

（检查点）
+23.38

（操作最高位置）

（等候点）
+17.26

+15.66炉口面

+13.66（变速点）

（开、闭氧点）

（吹氧点）
+10.08

+9.28
（最低点）

图7-19　氧枪升降行程中几个特定位置

（6）最高点。最高点是氧枪在操作时的最高极限位置，它应高于烟罩上氧枪插入孔的上缘。检修烟罩和处理氧枪黏钢时，需将氧枪提升到最高位置。

（7）换枪点。更换氧枪时，需将氧枪提升到换枪点。换枪点高于氧枪操作的最高点。

当前，国内外氧枪升降装置的基本形式都相同，即采用起重卷扬机来升降氧枪。从国内的使用情况看，它有两种类型，一种是垂直布置的氧枪升降装置，适用于大、中型转炉；另一种是旁立柱式（旋转塔型）升降装置，只适用于小型转炉。

7.2.2.1　垂直布置的氧枪升降装置

垂直布置的升降装置是把所有的传动及更换装置都布置在转炉的上方，如图5-1所示。这种方式的优点是，结构简单、运行可靠、换枪迅速。但由于枪身长，上下行程大，为布置上部升降机构及换枪设备，要求厂房要高（一般氧气转炉主厂房炉子跨的标高，主要是考虑氧枪布置所提出的要求）。因此垂直布置的方式只适用于大、中型氧气转炉车间。在该车间内均设有单独的炉子跨，国内15t以上的转炉都采用这类方式。

垂直布置的升降装置有单卷扬型氧枪升降机构和双卷扬型氧枪升降机构两种类型。

A　单卷扬型氧枪升降机构

单卷扬型氧枪升降机构如图7-20所示。这种机构是采用间接升降方式，即借助平衡重锤来升降氧枪，工作氧枪和备用氧枪共用一套卷扬装置。它由氧枪、氧枪升降小车、导轨、平衡重锤、卷扬机、横移装置、钢丝绳滑轮系统、氧枪高度指示标尺等几部分组成。

这种机构借助平衡重锤来升降氧枪。氧枪1装卡在升降小车2上，2沿固定导轨3升降。其工作过程为：当卷筒8提升平衡重锤12时，氧枪1及氧枪小车2因自重而下降；当放下平衡重锤时，平衡重锤的重量将氧枪及氧枪小车提升。

为了保证工作可靠，氧枪升降小车采用了两根钢绳，当一条钢绳损坏，另一条钢绳仍能承担全部负荷，使氧枪不至于坠落损坏。

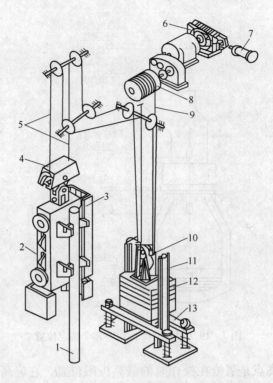

图 7－20　单卷扬型氧枪升降机构

1—氧枪；2—升降小车；3—固定导轨；4—吊具；5—平衡钢绳；6—制动器；7—气缸；8—卷筒；
9—升降钢绳；10—平衡杆；11—平衡重锤导轨；12—平衡重锤；13—弹簧缓冲器

平衡重锤 12 的作用一方面是通过平衡钢绳 5 与升降小车连接，另外还通过升降钢绳 9 与卷筒 8 联系；另一方面是当发生断电事故时，靠气缸 7 顶开制动器 6，借助平衡重锤提升起吹氧管小车，为保证平衡重锤顺利提起吹氧管小车，其重量应比吹氧管等被平衡件重量大 20% ~30% ，即过平衡系数取 1.2 ~1.3。为缓冲平衡重锤下落时的冲击，设有缓冲弹簧 13。当卷扬钢绳 9 发生断裂时，平衡重锤也能将升降小车提起。

采用单卷扬型氧枪升降机构的主要优点是设备利用率高；可以采用平衡重锤，减轻电动机负荷，当发生停电事故时可借助平衡重锤自动提枪，因此设备费用较低。但它需要一套吊挂氧枪的吊具。生产中，曾发生过由于吊具失灵将氧枪掉入炉内的事故。所以，单卷扬型氧枪升降机构不如双卷扬型氧枪升降机构安全可靠。

B　双卷扬型氧枪升降机构

这种升降机构设置两套升降卷扬机，一套工作，另一套备用。这两套卷扬机均安装在横移小车上，在传动中不用平衡重锤，采用直接升降的方式，即由卷扬机直接升降氧枪。当该机构出现断电事故时，用风动马达将氧枪提出炉口。

图 7－21 为某厂 300t 转炉双卷扬型氧枪升降传动示意图。双卷扬型氧枪升降机构与单卷扬型氧枪升降机构相比，备用能力大，在一台卷扬设备损坏，离开工作位置检修时，另一台可以立即投入工作，保证正常生产。但多一套设备，并且两套升降机构都需装设在横移小车上，引起横移驱动机构负荷加大。同时，在传动中不适宜采用平衡重锤，这样，

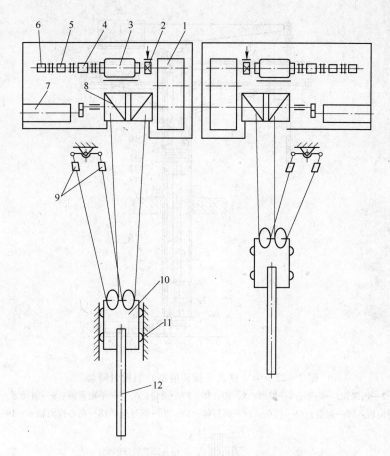

图 7-21 某厂 300t 转炉双卷扬型吹氧装置升降机构示意图

1—圆柱齿轮减速器；2—制动器；3—直流电动机；4—测速发电机；5—过速保护装置；6—脉冲发生器；
7—行程开关；8—卷筒；9—测力传感器；10—升降小车；11—固定导轨；12—氧枪

传动电动机的工作负荷增大。在事故断电时，必须用风动马达将氧枪提出炉外，因而又增加了一套压气机设备。

7.2.2.2 旁立柱式（旋转塔型）氧枪升降装置

图 7-22 为旁立柱式升降装置。它的传动机构布置在转炉旁的旋转台上，采用旁立柱固定、升降氧枪，旋转立柱可移开氧枪至专门的平台进行检修和更换氧枪。

旁立柱式升降装置适用于厂房较矮的小型转炉车间，它不需要另设专门的炉子跨，占地面积小，结构紧凑。其缺点是不能装设备用氧枪，换枪时间长，吹氧时氧枪振动较大，氧枪中心与转炉中心不易对准。这种装置基本能满足小型转炉炼钢车间生产上的要求。

7.2.3 氧枪横移更换装置

氧枪横移更换装置的作用是在氧枪损坏时，能在最短的时间里将备用氧枪换上投入工作。它基本上都是由横移换枪小车、小车座架和小车驱动机构三部分组成。

如图 7-23 所示，在横移小车上并排安装有两套氧枪升降小车，其中一套对准工作位置，处于工作状态，另一套备用。如果氧枪烧坏或发生其他故障，可以迅速开动横移小车，

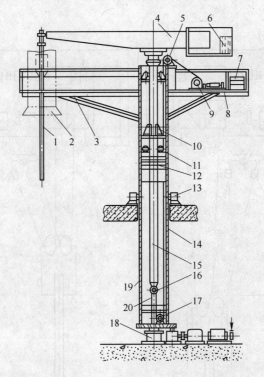

图 7-22　旁立柱式（旋转塔型）氧枪升降装置

1—氧枪；2—烟罩；3—桁架；4—横梁；5, 10, 16, 17—滑轮；6, 7—平衡重锤；8—制动器；9—卷筒；
11—导向辊；12—配重；13—挡轮；14—回转体；15, 20—钢丝绳；18—向心推力轴承；19—立柱

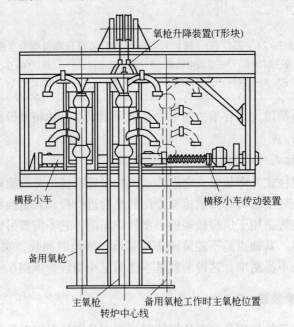

图 7-23　某厂 50t 转炉单卷扬型换枪装置

使备用氧枪小车对准工作位置，即可投入生产。整个换枪时间约为 1.5min。由于升降装置的提升卷扬不在横移小车上，所以横移小车的车体结构比较简单。

但由于采用的升降装置形式不同，小车座架的结构和功用也明显不同，氧枪升降装置相对于横移小车的位置也截然不同。单卷扬型氧枪升降机构的提升卷扬与换枪装置的横移小车是分离配置的；而双卷扬型氧枪升降机构的提升卷扬则装设在横移小车上，与横移小车同时移动。

双卷扬型氧枪升降机构的两套提升卷扬都装设在横移小车上。如我国 300t 转炉，每座有两台升降装置，分别装设在两台横移换枪小车上。一台横移小车携带氧枪升降装置处于转炉中心的操作位置时，另一台处于等待备用位置。每台横移小车都有各自独立的驱动装置。当需要换枪时，损坏的氧枪与其升降装置脱离工作位置，备用氧枪与其升降装置进入工作位置。换枪所需时间为 4min。

7.2.4　刮渣器

氧枪在吹炼和溅渣护炉过程中不可避免地会在氧枪外层钢管上黏附钢渣。如果不能及时将其清除，随着冶炼炉数的增加，每溅一次渣便会使已经黏渣的氧枪上的渣层厚度增加 30 ~ 50mm。如同"滚雪球"一样，氧枪黏渣愈来愈厚，从而导致氧枪的使用寿命大为降低，有时仅能吹炼几炉钢就因为黏渣太厚而不得不更换氧枪，由此直接带来的问题是氧枪消耗成本迅速增加。据统计，在采用溅渣护炉技术后，氧枪消耗成本增加 3 ~ 4 倍。然而影响最大的还不是氧枪消耗的增加，而是由于需要频繁更换氧枪，使得炼钢生产的连续性被破坏，打乱了正常的生产节奏。

由于前述原因，研究开发氧枪刮渣器的课题被自然地提到议事日程上来。国内一些钢厂和设计单位早期推出的刮渣器，根据结构形状分类大致可分为两类，即：固定式氧枪刮渣器和活动式氧枪刮渣器。固定式氧枪刮渣器由于容易将氧枪卡住，存在无法克服的缺点，所以不被采用。活动式氧枪刮渣器虽然也被有些钢厂采用过，但刮渣器效果并不理想，因此也没有取得实质性的效果。实际上在氧枪刮渣器领域还是一片空白。新式的氧枪刮渣器以其结构合理，刮渣效果优良，检修维护简便的特点，被多家钢厂所采用，占领了国内氧枪刮渣器领域的一席之地。新式刮渣器结构如图 7 - 24 所示。

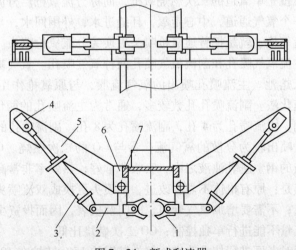

图 7 - 24　新式刮渣器

1—刮渣刀；2—转臂；3—汽缸；4—汽缸座；5—底板；6—转臂座；7—氧枪升降小车滑道

新式刮渣器的创新点为：

（1）刮渣装置的刮渣动力完全利用了氧枪升降系统固有的升降运动，不另增加刮渣动力系统。

（2）刮渣装置的刮渣过程实现了完全自动化，即刮渣过程在氧枪提升过程中自动完成，不需要单独的刮渣时间。

（3）刮渣装置具有过载保护功能，即在刮渣过程中氧枪提升系统发生过载时自动断电并报警，以提示操作者中断作业进行适当的处置。

（4）刮渣装置结构简明，全部零部件采用销轴连接，便于更换零部件，维修简单。

因此，新式刮渣器极具推广价值，已经成为溅渣护炉技术的重要配套技术之一。

7.3　转炉二次燃烧氧枪

转炉二次燃烧技术出现在 1978 年，首先由卢森堡 ARBED 公司开发成功，并申请了专利。由于经济效益显著，这一技术分别被美国、日本、意大利、瑞典等国家所购买。

转炉在吹炼过程中，氧枪喷出的氧气，与铁水中的碳发生激烈反应，碳被氧化，生成 CO_2 和 CO。在低温状态下，碳会被完成燃烧，大部分生成 CO_2，只有少部分会生成 CO。但在高温状态下，碳不能被完全燃烧，因此，大部分生成 CO，只有少部分生成 CO_2。在转炉炉内，氧气与铁水中的 C、Si、Mn、P、S 及 Fe 等元素发生猛烈燃烧，放出大量的热，反应区的温度高达 2500℃ 以上，炉气的温度也有 2000℃ 以上。因此，在转炉炉内，碳氧反应，CO 的生成比例约为 75%，CO_2 的生成比例约为 25%。

转炉二次燃烧氧枪分为两大类，即分流氧枪和双流道氧枪（也称双氧道氧枪），下面分别进行论述。

7.3.1　分流氧枪

分流氧枪又分为普通分流氧枪和分流双层氧枪两种。

7.3.1.1　普通分流氧枪

普通分流氧枪也就是单氧道的二次燃烧氧枪，简称分流氧枪。分流氧枪的枪体仍为三层钢管结构，只有一个氧气通道，中心走氧，环缝进水，外围回水，与原有的转炉氧枪相同。所以，采用分流氧枪，就是把普通氧枪喷头更换为分流氧枪喷头。

分流喷头具有主流氧气喷孔和副流氧气喷孔两种氧气喷孔。氧气被分流，分别从主流喷孔和副流喷孔喷入熔池。主流喷孔喷出的氧气流股，与原氧枪作用相同，进行升温降温，搅拌熔池，加速化渣。副流喷孔孔数较多，通常为主流喷孔的两倍。即主流喷孔为 3 孔，副流喷孔为 6 孔。主流喷孔为 4 孔，副流喷孔为 8 孔。副流喷孔的张角较大，所以副流喷孔的作用，就是喷出较为分散的氧气流，参与 CO 的二次燃烧。CO 燃烧产生的化学热产生于转炉泡沫渣的钢、渣乳浊液之中，吸收非常好，热效率非常高。

分流氧枪的优点是：原有枪体不需要改进，把喷头更换成双流喷头即可；氧枪滑道及配重系统不需要改造；不需要增加氧气管道、阀门及仪表，因而投资少，见效快。分流氧枪的缺点是：副氧流量不能进行单独控制；CO 二次燃烧比低。

分流氧枪适用于对老厂进行技术改进。例如鞍钢的 150t 转炉在 1985 年 8 月就进行了工业试验，效果很好，并于 1986 年在两座 150t 转炉上推广应用这种技术。

图 7-25 所示为鞍钢 150t 转炉氧枪分流喷头。主流喷孔布置在喷头前端，为 4 孔拉瓦尔喷管，中心对称布置，张角 14°，有利于扩大熔池反应面积。副流喷孔布置在喷头侧壁，为 8 孔直筒形声速喷管，中心对称布置，张角 30°。副流喷孔的布置，使主副流互不干扰，有利于提高喷头的综合性能。副流喷孔采用直筒形，易于加工，理论马赫数为 1。氧气出口速度为声速，使副氧流进行软吹，是提高氧枪的综合性能的措施之一。副流氧孔角度的确定，应考虑 CO 的燃烧效果和尽量不影响炉衬的寿命，本设计定为 30°是较为合理的。副流氧孔数目多，有利于增加副流氧气在炉内的分散度，增加氧气与 CO 的接触几率，提高燃烧比。但氧孔数越多，喷头的冷却条件就越差，本设计采用 8 孔亦是合理的。

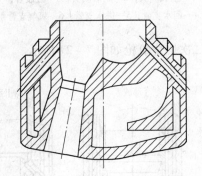

图 7-25　鞍钢 150t 转炉氧枪分流喷头

为了提高喷头的使用寿命，分流喷头采用铸造全水冷结构，并对水冷通道进行了精心设计。氧枪冷却水压 1.27~1.47MPa，冷却水流量为 130~160t/h。分流喷头水冷通道的设计可以保证上述水冷参数的实施，因而有利于氧枪寿命的提高。

相继首钢、攀钢、南京钢厂、唐山钢厂等钢厂，对分流氧枪也进行了广泛研究，并已达到工业应用水平。

7.3.1.2　分流双层氧枪

转炉分流双层氧枪结构如图 7-26 所示。分流双层氧枪的主氧流和副氧流两种氧气喷孔，分别布置在主氧喷头和副氧喷头上。副氧流喷头安装在氧枪枪身上，距离主氧喷头通常 1m 左右。分流双层氧枪仍为三层钢管结构，只有一个氧气通道，中心走氧，环缝进水，外围回水，副流氧气不能单独控制。副流氧可单独控制的双流道二次燃烧氧枪，具有优良的性能。

应用双流道氧枪，老企业要对现有供氧系统（管路、阀门、仪表等）做一系列大的改造，一次性投资较大，而且受厂房等条件的限制，有些改造工作难以完成。应用分流双层氧枪，只需改造氧枪枪体，投资少、效果好、使用方便。正是上述原因，氧枪专家刘志昌先生等人为鞍钢第三炼钢厂设计制造了分流双层氧枪。

转炉分流双层氧枪主、副喷头均由纯铜铸造而成，并经严格的水压检验。副喷头的下方焊接一段长 150mm 左右的紫铜管，实践证明，这对提高氧枪寿命至关重要。主、副喷头与钢管、紫铜管与副喷头及钢管的焊缝质量是影响氧枪寿命的重要因素之一，这些焊缝都是在预热温度下，采用直流反极性电弧焊或氩弧焊焊成的。为保证副氧射流均匀、稳定，氧孔出口断面与其轴线相垂直，这样，副氧喷头上、下方的钢管就由多种不同规格直

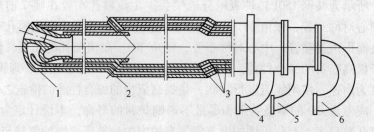

图 7 - 26　转炉分流双层氧枪
1—主氧喷头；2—副氧喷头；3—过渡管；
4—回水支管；5—进水支管；6—氧气支管

径的钢管组成。分流式双层二次燃烧氧枪如图 7 - 27 所示。

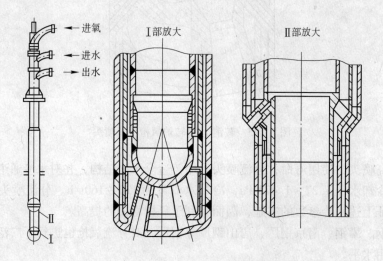

图 7 - 27　分流式双层二次燃烧氧枪

7.3.2　双流道氧枪

当前，由于普遍采用铁水预处理和顶底复合吹炼工艺，出现了入炉铁水温度下降及铁水中放热元素减少等问题，废钢比减少。尤其是用中、高磷铁水经预处理后冶炼低磷钢种，即使全部使用铁水，也需另外补充热源。此外使用废钢可以降低炼钢能耗。这就要求能有一种经济、合理的能源作为转炉的补充热源。目前热补偿技术主要有：预热废钢；向炉内加入发热元素；炉内 CO 的二次燃烧。显然 CO 二次燃烧是改善冶炼热平衡、提高废钢比最经济的方法。为此近年来，国内外出现了一种新型的氧枪——双流道氧枪。其目的在于提高炉气中 CO 的燃烧比例，增加炉内热量，加大转炉装入量的废钢比。

双流道氧枪又分为普通双流道氧枪和双流道双层氧枪两种。

7.3.2.1　普通双流道氧枪

图 7 - 28 所示为美国双流氧枪结构。主、副氧出口位于同一平面，枪体由四层钢管组成，最内层为主氧流道，次内层为副氧流道，第三层为冷却水进水流道，最外层为回水流道。

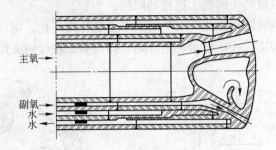

图 7 - 28 美国双流氧枪结构

双流道氧枪枪体的设计必须坚持两个原则：

（1）组成氧枪的四层同心套管在氧枪组装过程中，必须伸缩自如。这是因为氧枪的喷头需要经常更换，喷头与枪体的切割和焊接都要一层一层地进行，只有伸缩自如才能保证氧枪方便地组装和拆卸。

（2）设计出的氧枪在使用过程中要能消除外层钢管因热胀冷缩对里面三层钢管所产生的内应力。

氧枪在转炉内吹炼，由于氧化放出大量的热，其工作环境温度高达 2500℃ 以上，尽管枪体内有高压水冷却，但氧枪外层管的表面温度仍然达到 500℃ 以上，使其受热伸长。因此，如不采取措施，枪体内就要产生一个很大的拉应力。如果氧枪的四层钢管被焊死或固定死，那么由于枪体内应力不断作用的结果，则在氧枪的薄弱环节（通常是枪体与喷头连接的铜钢焊缝处），就要产生裂纹，造成疲劳破坏，使氧枪漏水。因此，设计出的氧枪枪体必须保证氧枪在外层管伸长或收缩时，枪体内的三层钢管也能伸缩自如，而且还必须保证高压水和高压氧气不在四层钢管之间相互串通和渗漏。

喷头与枪体的连接只是外层管采用焊接方式，主氧管滑动连接，副氧采用三道 O 形橡胶圈密封连接（这一道密封至关重要，万万不能渗漏），隔水管滑动连接。这种结构不但更换喷头十分方便，同时可消除氧枪使用过程中热应力对氧枪焊缝等处的影响，提高氧枪使用寿命。

双流氧枪具有如下优点：

（1）双流氧枪由 4 层钢管组成，具有双氧道，因此，可以根据冶炼时间的长短、加入废钢的多少及出钢温度的高低等熔炼需要，对主、副氧气流量分别进行控制和调节。

（2）二次燃烧率较高。由于副氧流可根据不同冶炼时期 CO 的生成量来灵活调节，可充分利用副氧流进行二次燃烧。

这种氧枪的缺点是：

（1）枪体和喷头结构复杂，制作困难；不能应用原有氧枪，氧枪枪体需要重新设计制作；枪体需要加粗；氧枪升降系统需要改造。

（2）需要增加一条副氧流氧气管道，以及与其相配合的减压阀、流量调节阀、流量孔板、切断阀、压力表和流量表等。

攀枝花钢铁公司拥有非常可贵的钒钛共生铁矿。攀钢 120t 转炉采用铁水提钒后的"半钢"冶炼，铁水温度低，Si、Mn 已被氧化，发热元素少，硫含量高，导致造渣脱硫难度大，冶炼时间长。特别是冶炼占总产量 30% 以上的中、高碳钢时，更感热量明显不足，攀钢用双流道氧枪和双流喷头解决了这样的问题。

攀钢双流喷头的整体结构如图7-29所示。主氧孔为4孔，副氧孔为8孔，在4个主氧孔外围对称布置，如图7-30所示。主、副氧孔与喷头轴线的夹角分别为11°和30°。

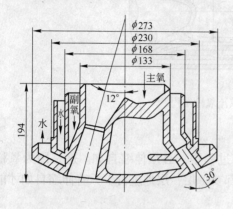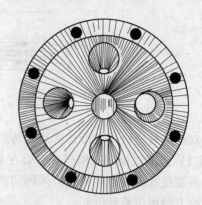

图7-29　攀钢双流氧枪喷头　　　　　　　图7-30　主氧孔与副氧孔位置

7.3.2.2　双流道双层氧枪

双流道双层氧枪是转炉二次燃烧氧枪喷头中结构最为复杂、吹炼性能最好的一种。其结构如图7-31所示。主氧流喷头与普通的转炉喷头类似，孔数从3~6孔皆可；副氧流喷头喷孔张角较大，孔数是主氧流喷孔的两倍或更多。孔数越多，CO二次燃烧效果越好。但孔数越多，氧枪冷却水的进、回水通道越狭窄，水冷效果越差，氧枪的寿命越低。综合考虑，大型氧枪10孔，小型氧枪8孔比较合适。

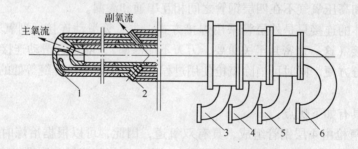

图7-31　转炉双流道双层氧枪
1—主氧流喷头；2—副氧流喷头；3—回水支管；4—进水支管；5—副氧流支管；6—主氧流支管

副氧喷头以上的氧枪枪体由4层钢管组成，从里往外分别为主氧管、副氧管、进水管和回水管。副氧喷头至主氧喷头之间的氧枪枪体由3层钢管组成，从里往外分别为主氧管、进水管和回水管。氧枪枪尾通过3组法兰进行连接。外管法兰进行焊接，其余3层钢管与法兰之间通过O形橡胶圈进行密封。拆开3组法兰，氧枪的4层钢管要伸缩自如，这样，副氧喷头上方与枪体4层钢管的焊接，才能一层层地进行。上方焊好，副氧喷头下方的3层钢管也要一层层地焊好。最后安装主氧喷头。主氧喷头的中心氧管与枪体通过3组O形橡胶圈进行密封，进水管采用滑动连接，只有最外层钢管进行焊接。副氧喷头和主氧喷头的组装和更换，都要按这个顺序，一层一层地进行。双流道双层氧枪的结构虽然复杂, 但它既可以保证氧枪的密封性能, 也可以消除氧枪使用过程中产生的热应力, 氧枪的组装和拆卸也很方便。

为了焊接方便, 图7-31中的副氧喷头和主氧喷头与枪体连接的部位, 都要焊上一段钢管, 这样与枪体的焊接都是钢管对钢管之间的焊接。副氧喷头下方的最外管还要焊上一段较长的铜管。

双流道双层氧枪吹炼效果如图7-32所示。

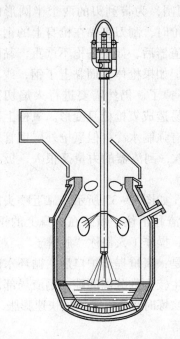

图7-32 双流道双层氧枪吹炼

双流道双层氧枪性能良好。主氧流和副氧流的氧气流量、氧气压力可以在不同的冶炼时期, 分别进行控制。

(1) 转炉吹炼初期, Si、Mn进行氧化, CO的生成数量较少, 副氧流量要开小。

(2) 吹炼中期, CO大量生成, 副氧流量要开大。

(3) 吹炼后期, 钢水中C含量降低, 生成的CO减少, 副氧流量又要逐渐减少。

另外, 可以根据转炉的吨位、炉型、枪位、废钢装入量、铁水成分等参数, 来设计副氧喷头与主氧喷头的距离以及副氧喷头的孔数、张角等氧枪参数, 以获得最佳的CO的二次燃烧率和二次燃烧热效率。

7.4 锥体氧枪

7.4.1 锥体氧枪产生的背景

氧枪在吹炼和溅渣护炉时, 枪身部位经常黏满钢渣, 在一般情况下, 钢渣黏得较薄, 提枪时钢渣会自行脱落。但是, 转炉一旦化渣不好, 枪身上的钢渣就会黏得很厚, 提枪时不会脱落, 这种现象称为"黏枪"。

为了达到良好的溅渣护炉效果, 对炉渣进行调质处理。由于炉渣较黏, 在吹炼过程中，氧枪外层钢管就不可避免地黏附钢渣。如果不能及时将其清除，氧枪上的黏渣会越来越厚，致使氧枪因为黏渣太厚而不得不更换。甚至因氧枪黏渣过厚而提不出氧枪氮封口，这时需用火焰切割枪割断氧枪黏枪部位，将断氧枪提出炉外，更换新氧枪。氧枪的更换，使得炼钢生产的连续性被破坏，打乱了正常的生产节奏。

　　处理黏枪采用较多的方法是安置刮渣器。首钢第二钢厂从比利时引进的 210t 转炉氧枪，带来了刮渣器，这是我国氧枪上应用最早的刮渣器。刮渣器形如刨闸，为带利刃的两个半圆形的刮刀，将氧枪枪身紧紧刨住，提枪时，刮刀将黏在枪身上的钢渣刮掉。经调查发现，采用氧枪刮渣器后，如果黏枪不严重，黏的是炉渣，刮渣器是行之有效的；但如果枪体表面黏上了钢，或者黏成了一个大坨，刮渣器就刮不掉了，仍然需要进行火焰切割处理。刮渣器的另一个缺点是容易造成氧枪枪身变形。氧枪上黏的钢渣温度很高，氧枪里面虽然有强制水冷，但氧枪外层钢管表面温度也在 600℃ 以上，有些变软，刮渣器的力量又很大，极易造成枪身变形。

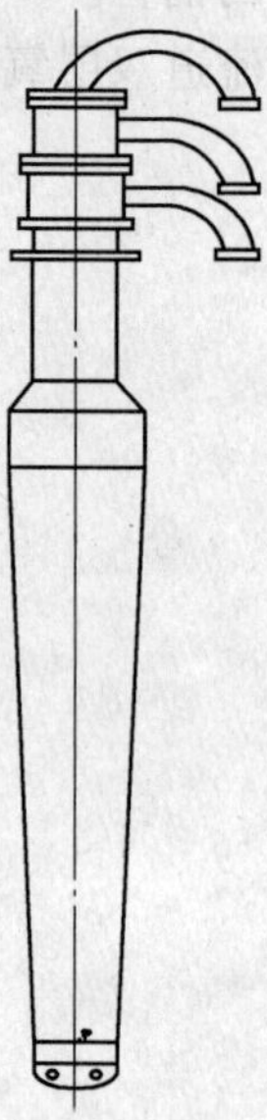

　　锥体氧枪能解决黏枪问题。如图 7-33 所示，靠近喷头的下部枪身呈锥形，上粗下细，钢渣黏不住，喷溅在枪身上的钢渣，顺着锥形枪身，自行滑入炉中，操作工人俗称"脱裤子"。

　　锥体氧枪自动脱渣的原理是：氧枪提出炉口后，循环水冷却的锥形氧枪外管与钢渣之间产生较大的分离间隙，钢渣局部温差

图 7-33　转炉锥体氧枪

大会有裂纹出现，当氧枪再次吹炼时钢渣升温剧烈快速膨胀，加之液态钢渣冲刷，钢渣与枪体分离，形成局部或全部脱落。

　　通常情况下，提枪后，枪身上溜光。生产实践证明，采用锥体氧枪后，避免了由于黏枪而造成的生产延误和给工人造成的繁重体力劳动，也避免了由于担心黏枪进行吊吹而给生产造成的不利影响。

7.4.2　锥体氧枪的结构

　　锥体部分的长度根据氧枪的黏枪高度来确定。锥形管（见图 7-34）的长度通常要大于黏枪的高度。大型转炉钢渣的喷溅高度通常为 5m 左右，锥体部分的长度可以设计成 6m；小型转炉钢、渣的喷溅高度通常为 3m 左右，锥体部分的长度可以设计成 4m。总之锥体部分的长度是根据各厂的实际情况来定的。锥体管的最大外径取决于氮封口的内径尺寸及锥体管的加工能力。

　　锥体管的大头通过变径管与枪身相连接。为了避免个别情况下，钢渣喷溅过高而到达变径管部位，造成钢渣不能脱落，在锥体管的大头与变径管之间，又设计了 1m 长的粗直管，这样就使钢渣的脱落更加顺利。

　　为了保证锥体氧枪的水冷强度，锥体部分的中层管也设计成锥形的。这样，虽然进水通道的断面积变大了，水的流速变慢，但回水通道的缝隙仍与原直形枪相同，回水的流速没有多大变化。进水变慢，水流的阻力减小，在水泵能力有富余的情况下，冷却水流量会增加，水冷强度得到了保证。中层锥体管的最大外径取决于外层锥体管的锥度和氧枪枪体

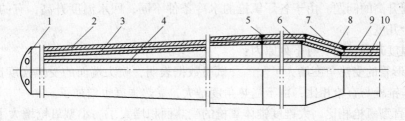

图 7-34 锥形管

1—喷头；2—外层锥形管；3—中层锥形管；4—氧枪内管；5—粗外管；6—粗中管；

7—外层变径管；8—中层变径管；9—氧枪外管；10—氧枪中管

的水冷需要。与外层锥体管相对应，中层锥体管也设计了一段粗直管。外层锥形管和粗直管通过变径管与氧枪外管相连接。中层锥形管和粗直管通过变径管与氧枪中层管相连接。

外层管的平均锥度为 $47' \sim 1°6'$，最大锥度为 $1°48'$，足以保证钢渣顺利脱落。锥体氧枪的锥度越大，脱渣效果越好。但锥度越大，锥形管的加工难度也越大。

7.4.3 锥体氧枪管的加工

锥形管的加工有冷加工和热加工两种加工工艺。

冷加工是采用厚壁钢管进行车削。厚壁管的内、外表面都要进行加工，车削工作量很大，很浪费，成本很高。由于受钢管厚度的限制，锥形管的锥度不能很大，难以使锥体氧枪达到理想的应用效果。冷加工也可以采用专用模具进行推压加工。

热加工有好几种加工工艺。热加工可以保证锥形管的加工锥度，设计多大，就能加工到多大，从而保证了锥体氧枪的使用效果。这一点是冷加工所做不到的。热加工的成本较低，但加工工艺的难度很大，工装胎模具较多，费用很高，又需要有特制的专用设备，所以适用于批量生产。如果生产数量较少，成本反而更高。

锥体氧枪的锥体部分，要求平、直、光滑。这是必须要保证的。

7.4.4 锥体氧枪的使用效果

(1) 能够"脱渣"。大锥度锥体氧枪所黏钢渣能够自行脱落，彻底解决了氧枪黏枪问题，免除工人清理氧枪之苦，特别受到工人的欢迎。每座转炉可以减少工人 $2 \sim 3$ 名。

(2) 提高转炉生产效率。不用清理氧枪，有效缩短了生产辅助时间，转炉作业率提高了 $6\% \sim 10\%$，提高了钢的产量。

(3) 提高枪龄。过去黏枪经常用氧气进行切割黏渣，极容易将枪身烧穿漏水被迫换枪。锥体氧枪解决了黏枪问题，枪龄提高了 $20\% \sim 30\%$，降低了炼钢成本。

(4) 提高金属回收率。过去清理氧枪时，枪身上所黏的钢渣都掉出炉外，现在锥体枪上的钢渣自行脱落，钢渣都掉入炉内，降低了金属损失。钢铁料消耗降低了 $0.5 \sim 1 kg/t$。

7.4.5 锥体氧枪存在的问题

(1) 转炉锥体氧枪回水温度升高。直型氧枪改为大锥度锥体氧枪之后，普遍存在氧枪回水温度升高的问题。由于各厂氧枪的水冷条件不同，回水温度升高，有的为十几度，有的为二十几度。

回水温度升高，主要有下列原因：

1）锥形管的受热角度增大了。国外试验数据表明，喷头端面的受热强度比枪身钢管大6倍多。锥枪与直枪相比，由于受热角度增大，受热强度也增加了。

2）与直型氧枪相比，大锥度锥体氧枪的受热面积增大了。小型氧枪增大了42%，大型氧枪增大了28%。

3）在受热强度增大的情况下，冷却水流量无法增加，只能任由回水温度升高。钢厂的水冷泵房无法改造，水泵的能力无法提高，主要是冷却水的管道不能停产改造。

4）直型枪吹炼时，枪身上黏满了厚厚的钢渣而不脱落，氧枪的受热强度降低；而锥形枪在吹炼时，枪身上黏的钢渣经常脱落，氧枪的受热强度增加。

回水温度升高了，但大锥度锥体氧枪的生产安全没问题。这可从氧枪的水冷原理进行解释。喷头是氧枪最薄弱的环节，其次是距喷头1m左右长的氧枪外管，这些地方需要有充分的水冷。氧枪的进水，从枪尾一直流到喷头，水是凉的，冷却从喷头开始。冷却喷头之后，往上折返，从下往上冷却枪身，水温逐渐升高，水从枪尾回水支管流出，经金属软管，流回回水管道，再流回水泵房，氧枪回水温度的测温点在回水管道上。所以，对于直枪和锥枪，在喷头部位和距喷头1m左右长的枪身部位，水冷强度是一样的。所以，从水冷原理上讲，大锥度锥体氧枪的水冷是安全的。锥形管越往上，回水温度越高，但受热强度也逐渐降低。

关于锥体枪回水温度高的问题，从原理上讲，氧枪在炉内工作状态中枪身有黏满钢渣和没黏钢渣两种状态，普通直枪表面黏渣的几率高，而锥度枪黏渣的几率小，没有黏渣时，枪身的受热强度大，造成回水温度升高。

锥体枪回水温度升高，采取的应对措施有：氧枪回水温度的报警点，适当往上调，以避免锥体枪在吹炼过程中自动提枪；在条件允许时，改造泵房，增加水量。

（2）外层锥形管老化。锥体氧枪上的外层锥形管并不能永久使用，具有良好脱落效果的使用周期大约为2000炉。为保证锥体氧枪的脱渣效果，到期应该更换外层锥形管。锥体氧枪上的其他各件，寿命较长。外层锥形管的老化现象并不均匀，上部老化得慢，下部老化得快。为了降低生产成本，通常在外层锥形管的下半段更换1~2次后，再将整根外层锥形管更换，这样可延长锥形管的使用寿命。

（3）锥体氧枪焊铁。如果转炉氧枪上黏的是炉渣或钢渣混合物，采用锥体氧枪，能够解决氧枪黏枪问题。钢渣黏得多了，由于自身的重量，顺着锥形管就脱落了。但是，如果锥体氧枪上黏的不是炉渣或钢渣混合物，而且黏上了铁，则锥体氧枪上黏的物质就不能脱落了，此时锥体氧枪还需要进行人工清理，影响转炉生产。避免锥体枪焊铁，要注意氧枪操作。当转炉内初期渣还没有形成时，要高枪位吹炼1~2min，以便炉渣生成。要避免氧气流吹炼铁水，造成喷溅焊枪。组成锥体氧枪的锥形管是用无缝钢管制成的，与转炉中的钢水容易黏结或焊接在一起。为避免锥体氧枪由于操作不当而焊铁，可以采用"转炉锥体氧枪锥形管表面处理技术"，将钢质的锥形管与钢水隔开，避免了锥形管与钢、炉渣或钢渣混合物黏结或焊接在一起，使黏附在锥形管上的钢、炉渣或钢渣混合物能够自行脱落。

7.5 氧枪系统设备的点检

进行氧枪系统检查前，要关掉电源，并挂上禁止合闸牌。进入氧枪卷扬系统检修地点时，要检测煤气浓度，确认安全后再进入现场。

7.5.1 点检内容

（1）氧枪。

1）枪头是否有黏钢、漏水。

2）喷头孔是否变形，从而性能恶化。

3）枪身是否黏钢、漏水。

4）枪身是否平直，枪身弯曲率不大于 1.5%。

5）检查开氧、关氧位置是否正确。

6）在氧枪切断氧气时用听声音来判断是否漏气。

7）检查各种仪表（包括氧气压力及流量，氧枪冷却水流量、压力、温度）是否显示读数且确认正确，以及各种联锁是否完好。

（2）升降小车。

1）零部件是否完整齐全。

2）车轮、导向轮是否转动灵活、无明显磨损。

3）检查氧枪升降用钢丝绳是否完好。

4）对氧枪进行上升、下降、刹车等动作试车，检查氧枪提升设备是否完好。

5）检查氧枪上升、下降的速度是否符合设计要求。

6）氧枪下降至机械限位位置，检查标尺上枪位指示是否与新炉子所测量的氧枪零位相符（新炉子需测量和校正氧枪零位）。

7）检查上、下电气限位是否失灵、限位位置是否正确。

（3）升降轨道。

1）轨道表面有无黏钢。

2）轨道是否有明显的变形和移位，导轨误差应不大于 5mm。

（4）滑轮。

1）转动是否灵活，轮缘有无破损。

2）润滑是否良好。

3）绳槽是否有明显磨损。

（5）弹性联轴器。

1）半联轴器连接是否牢固、可靠，有无轴向窜动。

2）胶圈是否完整，磨损是否超标。

3）螺栓是否齐全，无松动。

4）两半轴器之间的距离应为 2~3mm，周围间隙均匀一致，其偏差不大于 0.2mm。

（6）轴承座。

1）卷筒支撑轴承座连接螺丝是否紧固可靠。

2）润滑油量是否充足。

（7）车轮轴承。

1）行走大车轮轴承油量是否充足。

2）配合牢固，间隙合理，无严重磨损。

（8）减速机。

1）各部连接螺丝是否齐全、牢固。

2）外壳是否完整无裂纹。

3）油量是否充足、无泄漏现象。

4）齿轮啮合是否正常，无胶合、点蚀。

5）当环境温度低于25℃时，轴承温度不应超过70℃。

（9）卷筒。

1）卷筒表面是否有裂纹。

2）表面磨损不得超过壁厚的1/5。

3）卷筒轴不得断裂。

（10）制动器。

1）制动轮装配牢固，表面光滑，表面磨损不超过制动轮厚的30%。

2）制动器结构完整，零部件齐全，各零件无严重磨损，制动闸皮磨损不超过原厚30%，闸皮铆钉擦伤深度大于2mm时应更换并磨光。

3）抱闸电气线路无故障及破损。

（11）电动机。

1）电动机表面清洁，密封良好，不得有杂物进入。

2）各部件连接螺丝齐全、紧固。

3）接线盒完好无损，引入线绝缘无损坏及脱落现象。

4）轴承油量充足，轴承运转良好，工作温度应低于70℃。

5）集电环表面要平整光滑，无凹纹、黑斑，炭刷压力均匀，导电接触吻合良好，运行时无放电打火现象。

6）电刷磨损不得超过原长的2/3，电刷工作面压力为0.015～0.025MPa。

7）电动机运行正常，无转速降低，无激烈振动，运行电流不超过额定电流，发热不超过额定温升。

（12）横移车。

1）轮缘与轨道之间不得有严重啃轨现象。

2）轨道表面不得有油污。

（13）极限开关。

1）结构完整，零部件齐全。

2）连接可靠，接点架无严重磨损触点，各系统闭合顺序正常。

3）电气接线正确、牢固，绝缘良好。

（14）氧枪操作控制器。

1）结构完整，焊接牢固。

2）操作灵活，位置准确。

（15）高压水切断阀。

1）结构完整，转动灵活，连接可靠，无泄漏现象。

2）电气联锁准确可靠。

（16）氧气切断阀。

1）结构完整，转动灵活，无泄漏现象。

2）电气接线正确，无脱落现象。

3）电气联锁准确可靠。

（17）氧气调节阀。

1）结构完整连接可靠。

2）电气导线接线正确，无脱落现象。

7.5.2 注意事项

（1）每班接班时检查供氧器具及设备，以确保班中安全生产。

（2）氧枪本体要求炉炉观察、检查，确保氧枪炉炉正常。班中任一炉次由于未检查而在供氧吹炼中发生氧枪漏气、漏水，都会对正常生产带来不良后果，也可能造成设备损坏或人身安全事故。

（3）发现供氧器具及设备故障，应立即进行处理。班中来不及修好的应交班继续修理，另作好交班记录。

7.6 氧枪系统设备安全操作

7.6.1 氧枪升、降操作

氧枪升降开关（见图7-35）控制氧枪的升、降。它一般安置在右手操作方便的位置处，是一种万能开关。手柄在中间为零位，两边分别为升和降氧枪的位置。平时手柄处于零位。

（1）升枪操作：将手柄由零位推向左边"升"的方向，氧枪升降装置马达、卷扬动作，氧枪提升。当氧枪升高到需要的高度时立即将手柄扳回零位，因卷扬马达止动而使氧枪停留在该高度位置上。操作时要眼观氧枪枪位标尺指示。

（2）降枪操作：将手柄由零位推向右边"降"的方向，氧枪升降装置马达、卷扬动作，氧枪下降。当氧枪下降到需要的枪位时，立即将手柄扳回零位，因卷扬马达止动而使氧枪停留在该高度位置上。操作时要眼观氧枪枪位标尺指示。

7.6.2 氧压升、降操作

在操作室的操作台屏板上装有工作氧压显示仪表和氧压操作按钮（见图7-36）。

图7-35　氧枪升降开关　　　　图7-36　氧压及控制显示示意图

（1）升压操作：当需要提高工作氧压时，按下"增压"按钮使工作氧压逐渐提高，并眼观氧压仪表的显示读数；当氧压提高到所需数值时，立即松开按钮，氧压保持为此数值。

（2）降压操作：当需要降低工作氧压时，按下"降压"按钮使工作氧压逐渐降低，并眼观氧压仪表的显示读数；当氧压降低到所需数值时，立即松开按钮，氧压保持为此数值。

一般情况下氧压的升、降操作都是在供氧情况下进行的。静态下调节的数值在供氧时会有变动。

7.6.3　氧枪系统设备安全操作注意事项

（1）转炉的氧枪升降手柄方向和氧压增减按钮位置绝对不能搞错，否则操作效果与操作意愿正好相反，会给生产带来严重后果。

（2）当转炉在进行氧枪枪位调节时，一定要同时眼观氧枪枪位标尺指示；当进行氧压调节时一定要同时眼观氧压仪表显示读数，以确保操作正确，避免发生操作事故。

（3）手不能握在接缝处，以防回火烧伤。如发生回火，应立即关闭阀门，停止供氧，待查明原因并纠正后再吹氧。

（4）若漏气严重又来不及关阀门，可将供氧橡皮管对折并压紧为应急措施，切断氧气，然后再关闭供氧阀门。

（5）操作过程中，注意升降小车运动状态，是否按工艺要求可靠到位。

（6）操作人员在操作过程中，要随时观察设备运行情况，一旦设备发生故障或者异常情况，要立即按下急停按钮，停止设备运行。

（7）主电动机设备故障时，运行事故提枪装置，把氧枪提到等待位。

（8）当氧枪行走到上下极限时，基于安全保护，传动装置会分闸。此时确认并短接超极限后，可以重新给变频器合闸，提升氧枪或下降氧枪。严禁无上下极限时，转换开关转在短接位置。

（9）发现氧枪出现漏水情况时，执行氧枪漏水事故应急预案。

7.7　氧枪系统设备及使用常见故障及其处理

7.7.1　氧枪系统设备常见故障及其处理

表7-1为氧枪系统设备常见故障及其处理方法。

表7-1　氧枪系统设备常见故障及其处理方法

部　位	故障现象	故障原因	处理方法
枪体	喷头损坏	操作不当	换枪
		达到寿命	
	焊口漏水	焊接质量差	补焊
		冷却效果差	调整冷却水流量
	挂渣、挂钢	钢液喷溅	打渣、处理挂钢
		操作不当	改善操作
	法兰泄漏	密封损坏	更换密封垫
		螺栓松动	紧固螺栓
		法兰变形	更换法兰

部 位	故障现象	故障原因	处理方法
枪体	氧枪与枪孔不准确	枪体本身移位	重新调整
		枪体变形	更换新枪
升降机构	接手螺栓松动	螺栓损坏	更换螺栓
		缺少防松装置	增加防松装置
	枪体下滑	制动器失灵	调整制动器
		挂渣、挂钢过重	处理钢渣
	定位不准	极限错位	调整极限
	钢丝绳损坏快	润滑不良	改善润滑
		滑轮轴承损坏	更换新轴承
		钢丝绳平衡器失灵	调整平衡器系统
	氧枪升降缓慢	电动机有接地现象	找电工检查处理
		电气接点接触不实	找电工检查处理
		升降系统制动器过紧	调整制动器
		升降小车，车轮卡轨	设备处理工处理
		枪身黏渣、刮刀损坏	清渣、检查刮刀
横移机构	定位不准	定位装置失灵	重新调整
	车轮啃轨	车轮不正，对角线超差	找正，调整对角线
		有的车轮与轨面未接触	调整车轮
		有的车轮转动不灵活	清洗检查轴承
供氧系统	漏 氧	连接法兰螺栓松动	紧固连接螺栓
		法兰垫损坏	更换新垫
		截止阀门旋杆密封不严	更换填料
		氧气软管破损	立即更换
		氧气焊口撞裂	焊接处理
供水压力	降 低	供水泵压力不足	检查处理
		管路有漏水现象	检查补焊
		喷头漏水（开焊、烧穿）	补焊或更换新枪
		给水阀门、阀芯掉	及时更换新阀门
		喷头烧漏、枪漏	立即更换新枪
仪表反应	不准确	仪表本身发生问题	仪表维修人员处理
		仪表管路发生问题	仪表维修人员处理

7.7.2　氧枪系统设备使用常见故障及其处理

7.7.2.1　氧枪点不着火

原料进炉后炉子摇正，降枪至吹炼枪位进行供氧，炉内即开始发生氧化反应并产生大量的棕红色火焰，称之为氧枪点火。如果降枪吹氧后，由于某种原因没有进行大量氧化反应，也没有大量的棕红色火焰产生，则称之为氧枪点不着火。氧枪点不着火将不能进行正常吹炼。

A　氧枪点不着火的原因

（1）炉料配比中刨花以及压块等轻薄废钢太多，加入后在炉内堆积过高，致使氧流冲不到液面，造成氧枪点不着火。

（2）操作不当，在开吹前已经加入了过多的石灰、白云石等熔剂，大量的熔剂在熔池液面上造成结块，氧气流冲不开结块层，也可能使氧枪点不着火，或吹炼过程中发生返干造成炉渣结成大团，当大团浮动到熔池中心位置时造成熄火。

（3）发生某种事故后使熔池表层冻结，造成氧枪点不着火。

（4）补炉料在进炉后大片塌落，或者溅渣护炉后有黏稠炉渣浮起，存在于熔池表面，使氧枪点不着火。

B　处理

（1）配料时，中、轻、重废钢的比例要适宜，即轻、薄料废钢不宜过多。

（2）进炉后正式冶炼时，必须遵守操作规程，先降枪吹氧，再加第一批渣料，这样就不会发生氧枪点不着火的情况。

（3）如果是冷料层过厚、结块等原因使氧枪点不着火，一般可以用下列方法来处理：

1）摇动炉子，使炉料做相对运动，打散冷料结块，同时让液体冲开冷料层并部分残留在冷料表面，促使氧枪点火。

2）稍微增加氧气压力，枪位上下多次移动，使氧流冲开结块与液面接触，促成点火。

3）对熔池表面冻结的炉子，可以摇动炉子使凝固的表层破裂。此法仅适于薄层冻结。

4）补加部分铁水点火吹炼。

7.7.2.2　氧枪黏钢

A　原因

氧枪黏钢的主要原因是由于吹炼过程中炉渣化得不好或枪位过低等，炉渣发生返干现象，金属喷溅严重并黏结在氧枪上。另外，喷嘴结构不合理、工作氧压高等对氧枪黏钢也有一定的影响。

（1）吹炼过程中炉渣没有化好化透，炉渣流动性差。化渣原则是初渣早化，过程化透，终渣溅渣护炉。但在生产实际中，由于操作人员没有精心操作或者操作不熟练、操作经验不足，往往会使冶炼前期炉渣化得太迟，或者过程炉渣未化透，甚至在冶炼中期发生炉渣严重返干现象，这时继续吹炼会造成严重的金属喷溅，使氧枪产生黏钢。

（2）由于种种原因使氧枪喷头至熔池液面的距离不合适，即所谓枪位不准，主要是距离太近所致。造成距离太近的主要原因有以下几点：

1）转炉入炉铁水和废钢装入量不准，并且是严重超装，而摇炉工未察觉，还是按常规枪位操作。

2）由于转炉炉衬的补炉产生过补现象，炉膛体积缩小，造成熔池液面上升，而摇炉工亦没有意识到，未及时调整枪位。

3）由于溅渣护炉操作不当造成转炉炉底上涨，从而使熔池液面上升。

氧枪喷嘴与液面距离近容易产生黏枪事故。硬吹导致渣中氧化物相返干，而枪位过低实际上就形成了硬吹现象,于是渣中的氧化铁被富 CO 的炉气或(渣内)金属滴中的碳所还原,渣的液态部分消失。金属就失去了渣的保护,其副作用就是增加了喷溅和红色烟尘,这种喷溅主要是金属喷溅。喷溅物容易黏结在枪体上,形成氧枪黏钢。

B 处理

(1) 以黏渣为主的氧枪黏钢处理。对于一些以黏渣为主的氧枪黏钢,特别是溅渣护炉后,看似有黏钢,实质主要是黏渣,可用头上焊有撞块的长钢管,从活动烟罩和炉口之间的间隙处,对着氧枪黏钢处用人工进行撞击,以渣为主的黏钢块被击碎跌落,氧枪即可恢复正常工作。

(2) 以黏钢为主的氧枪黏钢处理。对于金属喷溅引起的氧枪黏钢,黏钢物是钢渣夹层混合所致,用撞击的办法无法清除,用火焰割炬也不易清除,一般是用氧气管吹氧清除。

操作方法:操作者准备好氧气管,氧枪先在炉内吹炼,然后提枪,让纺锤形黏钢的上端处于炉口及烟罩的空隙间,由于刚提枪时黏钢还处于红热状态,用氧气管供氧点燃黏钢,然后不断地用氧气流冲刷,使黏钢熔化而清除,同时慢慢提枪,最终将黏钢清除。

7.8 副枪系统设备

转炉副枪是相对于主枪(氧枪)而言的,它是设置在氧枪旁的另一根水冷枪管,如图 7-37 所示。

转炉副枪有操作副枪和测试副枪两种。操作副枪用以向炉内喷吹石灰粉、附加燃料或精炼用的气体,以达到去磷、提高废钢比及其改善和提高钢的性能和质量。测试副枪又称传感枪,它能在不倒炉的情况下检测转炉熔池温度、碳含量、氧含量及液面高度,它还被用于获取熔池钢样和渣样。采用测试副枪可有效地提高吹炼终点命中率。所以它不但提高了转炉产量、质量、炉龄,降低了消耗,而且也改善了劳动条件。测试副枪已被广泛用于转炉吹炼计算机动态控制系统。这里主要介绍测试副枪。

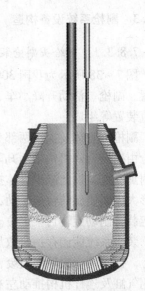

7.8.1 副枪的功能与要求

副枪必须具有在吹炼过程和终点均能进行测温、取样、定碳定氧和检测液面高度等功能,并留有开发其他功能的余地。

转炉所用测试副枪必须满足以下要求:

(1) 当副枪处在下列任一状态时,有联锁制动或非正常状态报警显示:转炉处于非直立状态;副枪探头未装上或未装好;二次仪表未接通或不正常;枪管内冷却水断流或者流量过低,水温过高。

图 7-37 副枪

(2) 与计算机连接,具有实现计算机-副枪自动化闭环控制的条件。

(3) 既能自动操作,又能手动操作;既能集中操作,又能就地操作;既能弱电控制,又能强电控制。

(4) 副枪升降速度应能在较大范围内调节(0.5~90m/min),而且调速平稳。能准确停在熔池的一定部位及装探头的固定位置,停点准确要求不大于±10mm。

(5) 当遇到突然停电或电动机拖动系统出现故障,或断绳、乱绳时,通过风动马达能迅速提升副枪。

（6）探头自动装卸，方便可靠。

7.8.2　副枪的结构与类型

副枪装置主要由副枪枪身、导轨小车、卷扬传动装置、换枪机构（探头进给装置）等部分组成。

按探头的供给方式，副枪可分为"上给头"和"下给头"两种。探头从储存装置由枪体的上部压入，经枪膛被推送到枪头的工作位置，这种给头方式称为"上给头"。目前，上给头副枪已很少使用。探头借机械手等装置从下部插在副枪枪头插杆上的给头方式称为"下给头"。由于给头方式的不同，两种副枪结构及其组成不同。

下给头副枪是由三层同心钢管组成的水冷枪体，内层管中心装有信号传输导线，并通保护用气体，一般为氮气；内层管与中间管、中间管与外层管之间的环状通路分别为进、出冷却水的通道；在枪体的下顶端装有导电环和探头的固定装置。

副枪装好探头后，插入熔池，所测温度、碳含量等数据反馈给计算机，或在计器仪表中显示。副枪提出炉口以上，锯掉探头样杯部分，钢样通过溜槽，风动送至化验室校验成分。拔头装置拔掉探头废纸管，装头装置再装上新探头，准备下一次的测试工作。

7.8.3　副枪系统设备构造

7.8.3.1　下给头副枪装置

图 7-38 所示为我国 300t 转炉副枪装置。副枪装置是由旋转机构、升降机构、锁定装置、副枪、活动升降小车、装头系统、拔头机构、钜头机构、溜槽、清渣装置以及枪体矫直装置等组成。

副枪由管体及探头两部分组成。该管体结构与氧枪管体相似，探头上装有检测元件。副枪由副枪升降机构带动升降。升降机构与氧枪升降机构类似，活动升降小车为副枪提供一附加支点，以此减少管体振动。副枪旋转机构由电动机经摆线针轮减速器，小齿轮驱动扇形大齿圈使旋转台架转动，从而使副枪转开。平时转炉吹炼时，副枪旋转机构不工作，锁定装置制动旋转台架定位。

装头系统能储存一定数量的各种探头，并根据需要将其安装在副枪管体头部的副枪插杆上。探头用一次后即报废，探头降入熔池检测完毕后提升至拔头机构被拔下。拔头机构利用气缸及连杆机构推动左右两颚板张开或闭合。拔头时，两颚板夹紧探头，然后提升副枪，副枪插杆即从探头插入孔中脱出。之后，若两颚板张开，探头便下落入溜槽中。对于定氧或多功能的复合探头，还需对试样进行分析，故还需用切头机构切下试样部分。

溜槽中设有气动阀门。当切下的试样下落时，阀门向通往炉前回收箱的方向打开（如图中虚线位置），试样部分经该通道掉入回收箱内。当探头不需回收时，阀门转向通往炉内方向打开，则探头掉入炉内熔化。为消除管体在炉内检测时黏附的渣壳，还设置了清渣装置以及副枪矫直装置等。

7.8.3.2　探头

副枪的探头是副枪的关键元件。副枪的各种功能主要靠探头来实现。探头又称传感器，若探头不能准确反映钢水的各项指标，就不能对冶炼进行准确控制。故对探头的基本

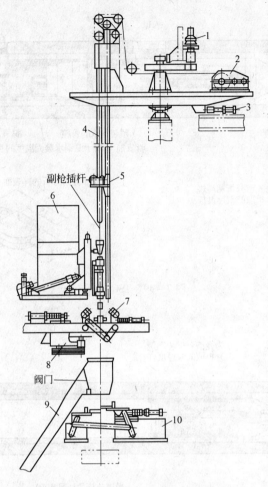

图 7 – 38 我国 300t 转炉副枪装置

1—旋转机构；2—升降机构；3—锁定装置；4—副枪；5—活动导向小车；

6—装头系统；7—拔头机构；8—钜头机构；9—溜槽；10—清渣装置

要求是检测精度高、取出试样成功率高。

A 探头的类型

副枪探头按测定性能有四种类型：测温探头、测温 + 定碳 + 取样探头、定氧探头、钢水液面测定探头。

大多数钢厂常用 TSC 探头、TSO 探头和 T 探头。

（1）TSC 探头：在吹炼中用于测量钢水温度和碳含量、取样。它采用高精度的定碳盒，通过测定钢水的凝固温度，计算出钢水中的碳含量，以决定后吹的时间及供氧量；同时取出一个双厚度样，可做光谱和气体分析。TSC 探头可用在温度和碳的动态控制中。其结构如图 7 – 39 所示。

（2）TSO 探头：用于在吹炼终点测量钢水温度、氧含量、熔池液面和取样。它采用氧电池精确测定终点钢水的氧活度，根据转炉钢水的碳氧平衡计算钢水中的碳含量，以决定出钢时的配碳及脱氧剂和合金的加入量；它可测定熔池的液面高度；同时取出一个双厚度样，可做光谱和气体分析。TSO 探头的结构如图 7 – 40 所示。

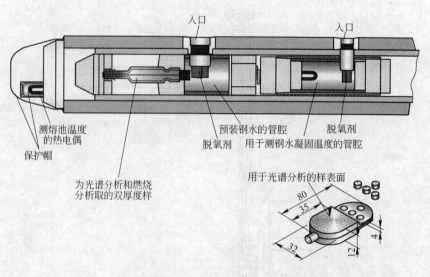

图 7-39　TSC 探头

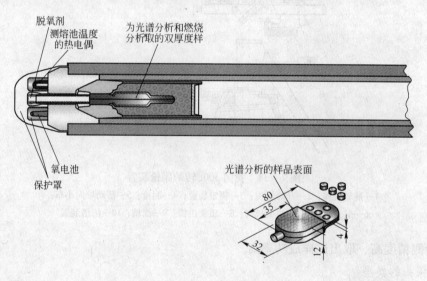

图 7-40　TSO 探头

（3）T 探头：用于测量钢水温度。它属于单测温探头，可在后吹后只需测温时使用，相比其他两种副枪探头，可节约成本。

探头按功能可以分为单功能探头和复合探头两种。目前使用比较广泛的是复合探头。这种探头按钢水样进入样杯的位置，可分为上注式、侧注式和下注式三种。上注式和下注式钢水进样口分别在样杯的顶部和底部。而侧注式钢水进样口由样杯侧面进入。下面详细介绍侧注式探头。

B　侧注式探头的结构和工作原理

侧注式探头的结构如图 7-41 所示。此探头为复合式探头，它由测温热电偶来测温，保护罩到测定点被熔破，样杯中的定碳热电偶测含碳量。钢水经样杯嘴流入样杯，该钢水除供

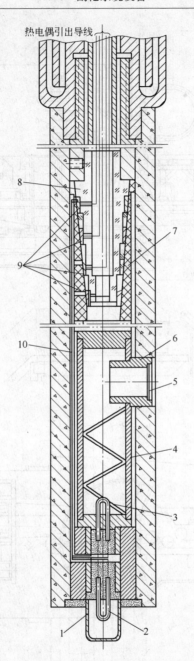

图 7-41 侧注式探头的结构

1—保护罩;2—测温热电偶;3—定碳热电偶;4—样杯;5—挡板;
6—样杯嘴;7—插座;8—副枪插杆;9—导电杯;10—导线

测凝固温度外,亦供炉外取样用。为保证在指定位置采集钢水,在杯嘴处堵以挡板,该板在探头达到测定位置时才被熔破。探头测得的信息由其中的补偿导线传到副枪枪体的导电杯,再由穿过枪体的导线传至仪表,获得显示放大信号。上述结构目前应用比较广泛。

7.8.3.3 副枪升降机构及副枪旋转机构

图 7-42 所示为副枪升降机构和副枪旋转机构。某厂 300t 转炉副枪升降机构与其氧

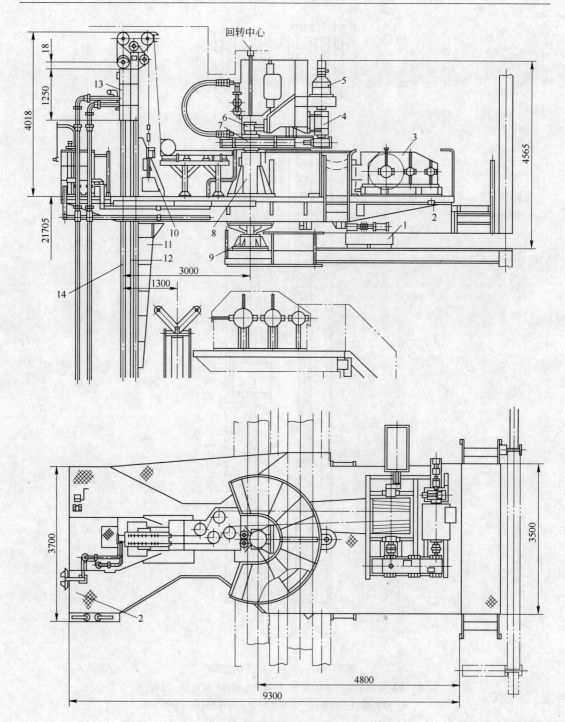

图 7－42　副枪升降机构和副枪旋转机构

1—锁定装置；2—旋转台架；3—升降卷扬机；4—小齿轮轴承座；5—摆线针轮减速器；6—上支座；7—扇形大齿圈；
8—旋转轴套；9—下支承座；10—上三角支撑架；11—下支撑架；12—升降导轨；13—升降小车；14—副枪

枪升降机构类似。该机构安装在旋转台架上。副枪旋转机构的电动机、摆线针轮减速器及小齿轮安装在厂房的吊车梁上，它通过小齿轮驱动扇形大齿圈使旋转台架转动，副枪旋转机构不工作时，借锁定装置止动旋转台架而使之定位。

7.8.3.4 装头系统

装头系统由储头箱、给头机构、输送机构及装头机构等组成，如图7-43所示。

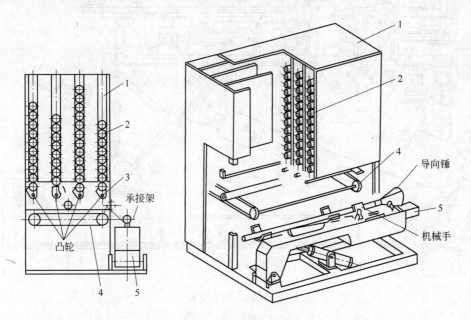

图7-43 装头系统
1—储头箱；2—探头；3—给头机构；4—输送机构；5—装头机构

储头箱是由上、下两层拼合成的矩形箱体。箱内存放四组垂直排列的探头，可存储48个探头。每组探头都停放在给头机构的凸轮托座上。凸轮托座由气缸驱动，当任一个凸轮回转90°时，均可释放一个探头，气缸的往复行程由光电管装置控制。落下的探头到轨道上后，由输送机构平移到轨道出口端，再沿斜道滚滑到装头机构的承接架上。储头箱内的探头用完时，由信号指示器控制，指令向储头箱内加入探头。

装头机构的作用是将承接架上水平放置的探头转到垂直位置，以便使副枪插杆插入探头内，从而完成装头的任务。如图7-44所示，装头机构由电动缸、转动架、承接架、活动吊架及底座等组成。

承接架固定在转动架的长臂上，其上装有两个探头信号指示器，给出有无探头的信号。电动缸、转动架和水平位置支承座都直接安装在底座上。在底座的右边还装有两个缓冲弹簧和一个支撑座，当转动架转到直立位置时，起缓冲和支承作用。活动吊架通过上中心轴及下中心轴等装在转动架上。当转动架转到直立位置时，活动吊架随其一起转动，此时活动吊架在重力作用下移动一段距离后被限位槽钢挡住。吊架向下滑动时，下触头先启动行程开关的右开关，夹紧机械手的气缸动作，夹紧探头。夹紧气缸动作时，带动行程开关的下开关（指平卧时的位置），启动导向锥开闭气缸，将导向锥闭合。此时，启动副枪下降，使副枪插杆通过导向锥插入探头孔内而实现连接。导向锥由两半组成，当其闭合时，所形成的上大下小锥孔起导向作用，当已与探头连接的副枪管体降至距导向锥前某一位置时，导向锥又张开让管体通过。副枪插杆插入探头后，在副枪重量作用下将推

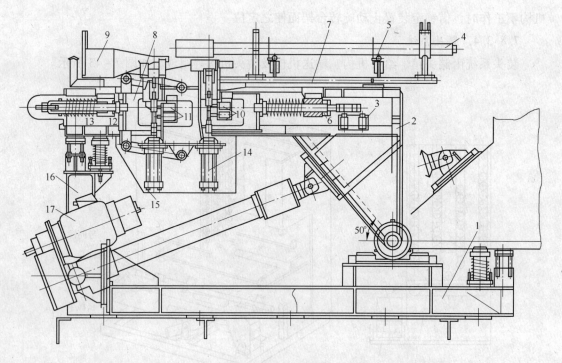

图 7 - 44　装头机构

1—底座；2—转动架；3—行程开关；4—探头；5—探头指示器；6—下中心轴；7—承接架；
8—活动吊架；9—导向筒；10，11—行程开关；12—滑块；13—上中心轴；
14—机械手气缸；15—导向锥气缸；16—支承立柱；17—电动缸

动活动吊架下移，则上中心轴及下中心轴的弹簧被压缩。当下中心轴的头部降至启动行程开关的左开关时，机械手张开，探头即解除约束投入工作，而活动吊架在上、下中心轴的压缩弹簧力作用下复位。当吊架处于直立位置时，活动吊架及其吊挂的气缸等全部重量，通过下滑块作用在限位槽钢上，当吊架处于平卧位置时，借左右两个滑块吊挂在转架上。

吊架上的探头、夹紧机械手、导向锥筒与开闭气缸一起固定在单独的双四连杆框架上，这样就能保证当吊架随转动架处于直立位置时，探头、夹紧机械手和导向锥筒等构成的刚体自重作用下，使探头中心线始终处于垂直位置，而不受转动架或活动吊架的影响，并且能保证在副枪中心线与探头中心线偏移时，只要副枪中心线不偏出导向锥筒上口之外，即可使副枪插杆与探头对中而插入。

转动架的转动靠电动缸来实现。电动缸的传动过程是：电动机经一级圆柱齿轮减速后传动丝杠，丝杠带动螺母，使固定在螺母上的推杆前后移动，从而带动转动架至直立和水平位置。

7.8.3.5　清渣装置

某厂 300t 转炉清渣装置如图 7 - 45 所示。两清渣铲片 3 和 3′ 上各焊有两把卡刀 2 和 2′，3 和 3′ 分别与滑座 4 与 4′ 连成一体，滑座可沿底座上的导轨横移。该两滑座通过杆联系起来。连杆 7 两端分别与滑座 4 及摇杆 8 铰接，而杆 7 中部的一点铰接于底座 6 上，连杆 9 的下端与底座 10 铰接，而另外两点分别与滑座 4′ 及摇杆 8 铰接。当气缸 5 驱使滑座 4

向左横移时，通过杆系将带动滑座4′同步向右移，则在这过程中两清渣片3和3′相互靠拢并用力夹持副枪管体，此时借均布的四把卡刀2和2′可把黏附在管体上的热渣划成四条刀口，从而使渣脱落。

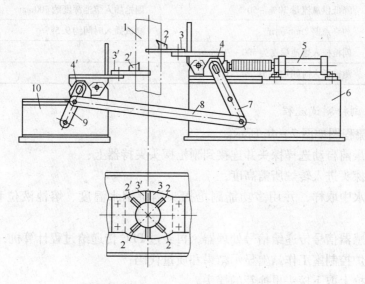

图7-45 某厂300t转炉清渣装置

1—副枪枪体；2，2′—卡刀；3，3′—清渣铲片；4，4′—滑座；
5—气缸；6，10—底座；7，9—连杆；8—摇杆

7.8.3.6 下给头副枪装置的布置形式

副枪装置布置形式按导轨是否移动可分为固定式和移动式两种。固定式的副枪导轨固定于转炉插入口中心线上。固定式的优点是，导轨安装刚性好，能提高检测精度，并节省移动设备，而且副枪作业率高。其缺点是装头系统线上的所有设备都布置在转炉副枪插入口上方，增加了厂房高度及副枪长度，其次设备工作环境恶劣和检修不便。

移动式可分为旋转式和平移式两种。某厂转炉副枪装置采用旋转式，但它仅在检修时把导轨转开，而吹炼时是处于直立位置。

国内某厂300t转炉副枪装置主要工艺参数如下：

副枪与氧枪的中心距	1300mm
副枪总长度	24.1m
升降行程	24.1m
升降速度	150/50/20/8m/s
旋转角度	±53°
旋转速度	0.19r/min
探头外径	约80mm

7.8.4 副枪系统设备的使用

7.8.4.1 副枪测试条件

副枪测试条件见表7-2。

表 7 - 2   副枪测试条件

时　期	吹炼中测量	吹炼终点测量
测试条件	确保废钢熔化（$t > 1540$℃）	吹炼终点 $30 \sim 50s$ 内降下副枪
	降低供氧流量 $30\% \sim 50\%$	副枪插入熔池深度约 $700mm$
	约终点前 $2min$ 测试	测试插入时间约 $9.5s$
	副枪插入熔池深度为 $500 \sim 700mm$	
	测试插入时间约 $6.5s$	

7.8.4.2　副枪测试流程

副枪测试流程图如图 7 - 46 所示。

（1）在测量前自动选择探头并连接到副枪探头夹持器上；

（2）降低探头进入转炉所需高度；

（3）从钢水中取样，并用多功能副枪探头测量钢水温度、熔池液位和终点氧含量（或碳含量）；

（4）将传感器信号传递给信号处理器，再经过 PLC 传递给过程计算机；

（5）在转炉控制室工作站上显示结果和质量代码；

（6）从副枪上取下探头更换新的探头。

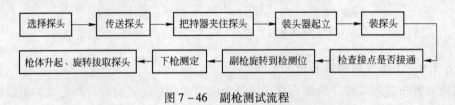

图 7 - 46　副枪测试流程

7.8.4.3　副枪的传动及其控制系统

副枪电气控制包括高度的位置控制以及探头装卸的程序控制。前者与氧枪基本相似，后者的示意图见图 7 - 47。整个副枪包括升降装置和装卸装置，都是由 PLC 控制的。副枪升降装置由卷扬传动部分、副枪导轨、副枪台车及本体和探头接插件等组成；副枪装卸装置由探箱、起倒装置、拔取装置以及切断装置等组成。附属装置还有回收溜槽装置、密封帽等。

副枪探头装卸程序控制大体如下：

（1）原始状态副枪在常用上限位置；起倒装置在倒下位置；探头箱下的切出装置在切出返回位置；搬送装置在搬送回复位置；拔取装置在拔取"开"位置；切断装置在切断返回位置；回收上部挡板在"开"位置；密封帽在"闭"位置等。

（2）"装着"探头指令发出后，探头箱中四种探头中的一种（可指定）便由切出装置切出一个探头，同时当切出装置在其限位开关动作后，返回到切出返回位置。

（3）搬送装置在接到切出装置切出探头信号后，便把探头向前推到起倒装置的积载架上，然后搬送装置便回复到搬送回复位置。

（4）探头一旦滚到积载架上，积载限位开关动作，起倒装置的探头夹持器把探头夹住，然后起倒装置开始上升，同时起倒装置上的导向锥体从"开"变为"关"，以便副枪

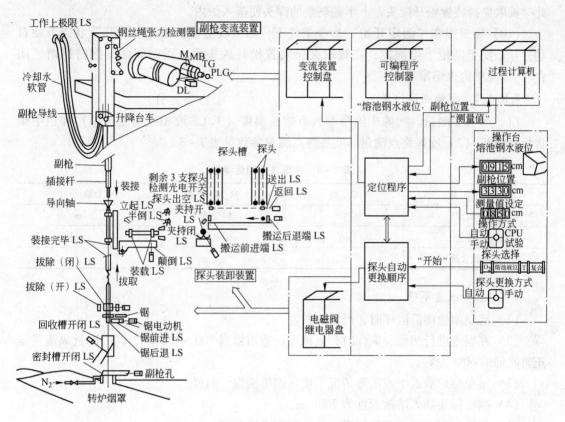

图 7 – 47 副枪装置示意图

下降时其探头接插件能被导向插进探头孔内。

（5）当起倒装置升到垂直位置，即起倒装置升起位置后，副枪以低速下降，其端部的探头接插件通过导向锥体顺利地插进探头孔内。当完全插入后，限位开关发出信号，副枪停止下降。在插入过程中，一旦副枪插到探头中，根据位置高度副枪位置控制信号发出，先使导向锥体打开，待全插入后，探头夹持器从夹持状态回到放开状态。起倒装置自动从升起位置开始倒下，在半倒状态时有一半倒限位开关动作并发出信号，表明副枪探头的"装着"已完成。此时装有探头的副枪将等待"测定"信号。

（6）当计算机发出"测定开始"或操作员按下"测定开始"按钮后，副枪就自动由位置控制系统进行停位控制，一般情况下副枪探头在钢水液面下 500～700mm 处停数秒钟后便迅速上升，然后转为中速或低速上升。探头浸入钢水后，探头测得的信号便通过探头接插件送到仪表装置并传送到计算机。

（7）副枪上升到拔取位置时，自动停止，拔取装置动作，把探头夹住（称为"拔取夹持"），同时切断装置的锯片电动机启动，把探头下部的试样部分切断，回收上部挡板打在"闭"位置，试样被切断后便通过回收溜槽落到操作平台上。

（8）当切断装置把试样切断后，副枪便自动上升，由于上半截探头被"拔取夹持"装置夹住，故在副枪上升时，探头便从副枪接插件中拔出，副枪本体回升到常用上限。

（9）副枪接插件从探头中拔出后，回收上部挡板又从"闭"位置翻到"开"位置，此时拔取夹持装置松开探头，上半截剩余的探头便落入炉内。

（10）密封帽在"测定开始"指令条件下，当回收上部挡板处于"开"状态下便自动打开，便于副枪下枪测定；在拔取夹持装置松开探头后一段时间便又把密封帽"闭合"，以免炉内火焰窜出。

7.8.4.4　副枪测试结果

（1）吹炼中测量。吹炼中测量参数有熔池温度（℃）、液相线温度（℃）和钢中碳含量（%）。（2）吹炼终点测量。吹炼终点测量参数见表7-3。

表7-3　吹炼终点测量参数

测量参数	单位	测量参数	单位
熔池温度	℃	熔池液面	m
氧电势值	mV	插入深度	mm
钢中碳含量	%		

7.8.4.5　注意事项

（1）启动副枪测温取样时，严禁加料。

（2）在副枪进行测量、取样时，氧枪枪位适当提高100~150mm，同时降低氧流量至正常吹炼的60%左右。

（3）避免在炉渣返干或喷溅情况下使用副枪测温、取样。

（4）副枪探头插入熔池深度为700mm。

（5）副枪测温、取样时的下降、上升速度自动控制。

（6）经常检查副枪、接插件有无变形及损坏。

（7）取样后，将试样取下及时风动送样至化验室。

（8）在采用副枪进行自动化炼钢时，供氧量至总氧量的82%~86%时，用副枪进行测温、取样。

（9）副枪使用时，禁止开氧打烟罩。打烟罩需在提枪后至副枪测试前进行。

（10）在使用副枪时，禁止进入各层平台的副枪区域进行各种作业，以确保安全。

（11）枪体漏水严重时严禁测试，以避免发生事故，确保安全。

（12）测试前如有烟罩铁坠落严禁使用，避免副枪损坏。

（13）换氧枪或副枪故障停用时要将副枪侧移至停放位。

（14）过程中测试一旦受阻力，立即点击复位周期。

（15）插入钢水后，若停留时间超过6s未自动提枪，必须采用蓄电池方式紧急提枪。

7.8.5　副枪系统设备的点检与维护

7.8.5.1　点检内容

（1）确保PLC正常运转。

（2）确保副枪电源正常。

（3）确保操作地点在中央控制室。

（4）确保副枪冷却水流量（标态）为50~60m³/h。

（5）确保副枪冷却水进水温度不超过40℃。

（6）确保副枪进出水流量差（标态）小于3.6m³/h。

（7）确保密封帽冷却水流量（标态）不小于3m³/h。

（8）确保密封帽氮气流量：密封帽关闭氮气流量（标态）不小于90m³/h；密封帽打开氮气流量（标态）不小于900m³/h。

（9）确保气缸工作用氮气压力正常，不低于0.6MPa。

（10）确保探头的库存。

（11）确保副枪枪体、把持器、接插件连接正常。

（12）确保副枪系统的紧急提枪和紧停功能正常。

（13）确保副枪系统侧移的定位准确。

（14）确保副枪口、转炉炉口后额头的积渣不影响副枪测试。

（15）确保副枪连接周期、测量周期的开始条件具备。

（16）确保转炉处于零位。

（17）确保液面高度设定值设定准确。

（18）检查枪体和接插件的弯曲和结钢渣情况。

（19）检查不装探头使副枪从连接位置下降，检查接插件进入导锥的情况。

（20）检查联动器连接螺栓状况，保证无松动。

（21）检查钢丝绳磨损状况，保证钢丝绳磨损不超过钢丝直径的40%。

（22）检查横移车体框架及升降滑道是否开焊和变形，如有则及时修理。

7.8.5.2 维护内容

（1）根据检查接插件不能进入导锥，或用目测存在大的弯曲时进行矫正，矫正到接插件能顺利进入导锥。如果接插件弯曲很严重，朝密封盖移动时碰着附属设备或密封盖，必须更换接插件。

（2）检查发现探头装着不良时，首先实施枪体矫正。如果副枪枪体弯曲很严重，必须更换枪体。

（3）检查发现副枪黏有钢渣瘤，应清除钢渣瘤。

（4）检查发现接插件与枪体连接处黏上钢渣，无法清除时，必须更换接插件。

（5）检查发现副枪漏水，应及时更换枪体。

（6）由于枪体在旋转、升降过程中，内部补偿电缆的重力和加减速时的超重作用，容易造成枪体内部电缆损坏，应在生产检修时，定期（理论上3个月）更换一次副枪枪体内部的补偿电缆。

（7）探头把持器下端的接插件连接探头有时会进入灰尘，需要定期清理或更换，防止插头触点接触不良，造成信号传输失败。

7.8.6 副枪系统设备的常见故障及排除

（1）副枪的连接导通问题。宝山钢铁股份有限公司不锈钢分公司炼钢厂的副枪在探头安装时，原来采用一次硬限位停靠，二次硬限位紧停。但安装装置在现场机械位置稍稍变化和安装限位的受损，都会导致探头的安装连接失败。

解决方案：在不添加设备的情况下由原来两个限位位置停枪控制改为三限位停枪控

制，在一次硬限位前增加一个编码器枪高位置自动停枪信号。这个位置信号根据实际停枪位置不断调整，一旦调整好后，探头安装时设备所受的冲击力大为减小，相关设备的状态相当稳定，不但保护了设备，对导通率的提高也起到了积极的作用。

（2）烧枪问题。宝山钢铁股份有限公司不锈钢分公司炼钢厂的副枪出现烧枪事故。特别是在检测液位的时候，发生过副枪由于钢丝绳过松报警而烧枪的情况。

解决方案：为了防止速度由高速到低速切换时，速度变化过快，造成枪体拉绳过松，导致控制失败，对速度控制进行了改进，在原来的速度输出上做变化率的平滑处理，编制专用模块，对速度输出采取进一步的软件平滑处理，以速度变化不超过 $831mm/s$ 为上限，防止了在高低速之间切换时拉绳过松或过紧问题。再者定期调整机械抱闸间隙，杜绝抱闸受污打滑，使抱闸力度正常。

（3）采样成功率问题。宝山钢铁股份有限公司不锈钢分公司炼钢厂的副枪在检测时枪进入低速区后，进行双向位置调节，虽然定位精度较高，但有时会影响钢水采样成功率和定碳测温的测得成功率。

解决方案：将其改为下降单方向调节后，其探头采样合格率和定碳温度测得率有所提高。

（4）探头连接完成，但 HMI 没有信号指示。

解决方案：首先更换探头，确认不是探头问题，其次检查、确认接插件接触良好，故判断是从副枪探头到系统的测量信号传输线路有断点。应结合各副枪系统的具体情况找切入点，进行相应的处理。

（5）在相同原料、工艺和冶炼条件下将测量值与经验值进行比较，测量结果误差较大。

解决方案：长时间未标定、仪表和系统元器件特性受环境温度等影响，导致测量结果普遍偏移。此时应对系统重新进行校准。

思考与练习

7-1　简述供氧系统设备的组成。

7-2　简述氧枪的结构。

7-3　简述氧枪在行程中各操作点位置。

7-4　简述氧枪的升降和更换过程。

7-5　简述锥形氧枪的作用及存在的问题。

7-6　简述氧枪系统设备的安全操作内容。

7-7　简述氧枪系统设备的点检与维护内容。

7-8　简述氧枪系统设备的常见故障及排除内容。

7-9　简述副枪的结构及作用。

7-10　简述副枪的测试流程。

7-11　简述副枪系统设备的点检与维护内容。

7-12　简述副枪系统设备常见故障及排除内容。

8 转炉炼钢车间烟气净化回收系统设备

学习目标

（1）掌握 OG 法、LT 法、新型 OG 法、高效节水型塔文半干法的系统设备及工作流程。

（2）掌握 OG 法、LT 法、新型 OG 法、高效节水型塔文半干法系统的使用、点检及维护内容。

（3）掌握 OG 法、LT 法、新型 OG 法、高效节水型塔文半干法系统的常见故障及排除方法。

8.1 转炉烟气的处理方法和烟气特征

氧气转炉吹炼过程中，碳氧反应产生大量的含有 CO、CO_2 和微量成分的高温气体，这是氧气转炉高温炉气的基本来源。炉气中除主要成分 CO 和 CO_2 外，还夹带着大量氧化铁、金属铁和其他细小颗粒粉尘，这是在炉口观察到的棕红色浓烟的原因。这股高温含尘气流冲出炉口进入烟罩和净化系统时，或多或少吸入部分空气使 CO 燃烧，炉气成分等均发生变化。通常将炉内原生的气体称为炉气，炉气出炉口后则称为烟气。

8.1.1 转炉烟气的处理方法

转炉烟气的处理方法有燃烧法和未燃法两种。

（1）燃烧法。燃烧法即在炉气离开炉口进入烟罩时，使其与大量空气混合，进而使炉气中 CO 完全燃烧，然后利用过剩空气和水冷烟道对烟气冷却，经除尘后将废气排入大气。

这种方法的主要缺点是不能回收煤气；吸入空气量大，进入净化系统的烟气量大大增加，使设备占地面积大，投资和运转费用增加；燃烧法的烟尘粒度细小，烟气净化困难。因此，国内新建的大中型转炉，一般不采用燃烧法。但此法因不回收煤气，烟罩结构和净化系统的操作、控制较简单，系统运行安全，对不回收煤气的小型转炉仍可采用。

（2）未燃法。未燃法是在炉气离开炉口后，利用一个活动烟罩将炉口和烟罩之间的缝隙缩小，并采取控制炉口压力或用氮气密封的方法控制空气进入炉气，使炉气中少量的 CO 燃烧（一般 8%～10%），而大部分不燃烧，经过冷却净化后即为转炉煤气。转炉煤气可以回收作为燃料或化工原料，每吨钢可以回收煤气（标态）60～70m³，也可点火放散。

此法由于烟气 CO 含量高，需注意防爆防毒，要求整个除尘系统必须严密，另外设置升降烟罩的机械和控制空气进入的系统。未燃法由于具有回收大量煤气及部分热量、废气量少、整个冷却和除尘系统设备体积较小、烟尘粒度较大的特点，被国内外广泛应用。

转炉炼钢的烟尘主要是铁的氧化物，含铁量高达 60% 以上，可回收作高炉烧结矿或球团矿原料，也可作转炉用冷却剂。燃烧法烟尘粒度比未燃法更细，小于 $1\mu m$ 的占 95%，因而净化更为困难。

8.1.2　转炉烟气的特征

（1）烟气温度高。转炉炉气从炉口喷出时的温度很高：未燃法一般在 1450~1800℃，平均约 1500℃左右；燃烧法废气温度一般为 1800~2400℃。因此转炉烟气净化系统中，必须有冷却设备，同时还应考虑回收这部分热量。

（2）烟气含有大量微小氧化铁烟尘。氧气转炉吹入高纯度氧气，在氧气射流与熔池直接作用的反应区，局部温度可高达 2400~2600℃，因而使部分金属铁和铁的氧化物蒸发。炉气上升离开反应区后，这些金属及氧化物由于温度降低而冷凝成细小的固体微粒存在于烟气中。此外烟尘中还包含被炉气夹带出的散状材料粉尘、金属微粒和细小渣粒等。

（3）烟气量大。由于处理方法不同，产生的烟气量有差异，但是无论是哪种处理方法，产生的烟气量都很大。未燃法平均吨钢烟气量（标态）为 $80m^3/t$，燃烧法的烟气量为未燃法的 4~6 倍。

（4）烟气的发热量大。现在绝大多数钢厂用未燃法处理烟气，而未燃法中烟气主要成分是 CO，当其含量在 60%~80% 时，发热量波动在 7745.95~10048.8kJ/m^3。燃烧法的废气热仅含有物理热。

（5）烟尘粒度细。由于烟尘粒度细，必须采用高效率的除尘设备才能有效地捕集这些烟尘，这也是转炉除尘系统比较复杂的原因之一。

（6）烟气有爆炸性。转炉烟气中含有大量可燃成分和少量氧气，在净化过程中还混入了一定量的水蒸气。它们与空气或氧气混合后，在特定的条件下会发生爆炸，造成设备损坏，甚至人身伤亡。因此防爆是保证转炉净化回收系统安全生产的重要措施。

（7）烟气有毒。转炉烟气中的 CO 是一种无色无味的气体，对人体有毒害作用。CO 被人吸入后，经肺部而进入血液，由于它与红血素的亲和力比氧大 210 倍，很快形成碳氧血色素，使血液失去送氧能力，进而使全身组织，尤其是中枢神经系统严重缺氧，产生中毒，严重者可致死。

综上所述氧气转炉的烟气具有温度高、烟气量大、含尘量高且尘粒微小、有毒性与爆炸性等特点。若任其放散，可飘落到 2~10km 以外，造成严重大气污染。所以必须对转炉烟气进行净化处理。

8.2　烟气、烟尘净化回收系统设备

转炉烟气净化系统可概括为烟气的收集与输导、降温与净化、抽引与放散等三部分。烟气的收集设备为烟罩，烟罩有活动烟罩和固定烟罩两种。烟气的输导管道称为烟道。烟气的降温装置主要是烟道和溢流文氏管。烟气的净化装置主要有文氏管脱水器以及布袋除尘器和电除尘器等。回收煤气时，系统还必须设置煤气柜和回火防止器等设备。

转炉烟气净化方式有全湿法、干湿结合法和全干法 3 种形式。

（1）全湿法。烟气进入第一级净化设备就与水相遇的方式称全湿法除尘系统。双文

氏管净化即为全湿法除尘系统。在整个净化系统中，都是采用喷水方式来达到烟气降温和净化的目的。此法的除尘效率高，但耗水量大，还需要处理大量污水和泥浆。

（2）干湿结合法。烟气进入次级净化设备再与水相遇的方式称干湿结合法净化系统，平-文净化系统即干湿结合法净化系统。此法除尘效率稍差些，污水处理量较少，对环境有一定污染。

（3）全干法。在净化过程中烟气完全不与水相遇的方式称全干法净化系统。布袋除尘、静电除尘为全干法除尘系统。全干法净化可以得到干烟尘，无需设置污水、泥浆处理设备。

8.2.1 烟罩

烟罩是转炉炉气通道的第一个设备。要求它能有效地把炉气收集起来，最大限度地防止炉气外溢。在转炉吹炼过程中，为了防止炉气从炉口与烟罩间溢出，特别是在未燃法系统中，控制外界空气进入是非常重要的。

在 OG 法系统中，烟罩由活动烟罩和固定烟罩两部分组成。

8.2.1.1 烟罩结构

A 活动烟罩

能升降调节烟罩与炉口之间距离，或者既可升降又能水平移出炉口的烟罩称为活动烟罩。

设置活动烟罩的原因有：首先在吹炼各阶段烟罩能调节到需要的间隙，以保证烟罩内外气压大致相等，既避免炉气的外逸恶化炉前操作环境，也不会吸入空气而降低回收煤气的质量；其次吹炼结束出钢、出渣、加废钢、兑铁水时，烟罩能升起，不妨碍转炉倾动；最后当需要更换炉衬时，活动烟罩又能平移出炉体上方，便于更换炉衬操作。

OG 法烟罩有裙式活动单烟罩和双烟罩。

图 8-1 所示为裙式活动单烟罩。烟罩下部裙罩口内径略大于水冷炉口外缘，当活动烟罩下降至最低位置时，烟罩下缘与炉口处于最小距离，约为 50mm，以利于控制罩口内外微压差，进而实行闭罩操作。活动烟罩与固定烟罩通过水封连接，如图 8-2 所示。

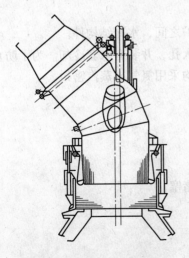

图 8-1 OG 法活动烟罩

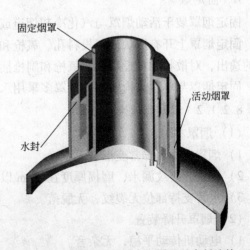

图 8-2 活动烟罩与固定烟罩通过水封连接

活动烟罩的升降机构可以采用电力驱动。烟罩提升时，通过电力卷扬；下降时借助升降段烟罩的自重。活动烟罩的升降机构也可以采用液压驱动，是用 4 个同步液压缸，以保证烟罩的水平升降。

图 8 - 3 所示为活动烟罩双罩结构示意图。其组成包括：上部烟罩（固定烟罩）、下部烟罩（活动烟罩固定段）、罩裙（活动烟罩升降段）。

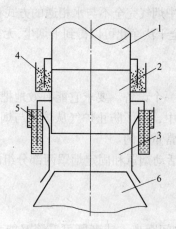

图 8 - 3　活动烟罩的结构

1—上部烟罩（固定烟罩）；2—下部烟罩（活动烟罩固定段）；

3—罩裙（活动烟罩升降段）；4—沙封；5—水封；6—转炉

上烟罩与下部烟罩通过沙封连接。下烟罩与罩裙通过水封连接。上部烟罩与下部烟罩都是采用温水冷却。

罩裙是用锅炉钢管围成，两钢管之间平夹一片钢板（又称鳍片），彼此连接在一起形成了钢管与钢板相间排列的焊接结构（又称横列管型隔片结构）。管内通温水冷却。

罩裙下部由三排水管组成水冷短截锥套，这是为避免罩裙与炉体接触时被损坏。罩裙的升降由 4 个同步液压缸驱动。

B　固定烟罩

固定烟罩装于活动烟罩与汽化冷却烟道或废热锅炉之间，水冷结构件。

固定烟罩上开有散状材料投料孔、氧枪和副枪插入孔，并装有水套冷却。为了防止烟气的逸出，对散状材料投料孔、氧枪和副枪插入孔等均采用氮气或蒸汽密封。

固定烟罩与单罩结构的活动烟罩多采用水封连接。

8.2.1.2　烟罩的点检与维护

（1）烟罩本体。

1）烟罩本体无异常变形。

2）排管无裂纹漏水，磨损厚度在 2mm 以下，无堵塞。

3）水管支持部位无裂纹，无脱落。

（2）烟罩升降装置。

1）电动机传动平稳，无杂音。

2）电动机接线牢固，绝缘良好。

3）各部螺栓紧固无松动。

4）减速机传动平稳，润滑油充足。

5）链条无严重变形，钢丝绳磨损正常。

6）滑轮与轴承润滑良好，磨损均匀、未超标。

7）卷筒转动正常，无裂纹。

8）平衡杆锤转动灵活，无严重变形。

8.2.1.3 烟罩的常见故障与处理方法

烟罩的常见故障与处理方法见表8-1。

表 8-1 烟罩常见故障与处理方法

故障内容	故障原因	处理方法
烟罩漏水故障	管子裂纹	补焊或换管
	焊缝拉裂	清理破损部位后补焊
	局部管子烧损	补焊或更换局部管子
	局部管子阻塞后烧坏	清除积物后局部换管
烟罩变形故障	冷却不均造成管子变形	调节水量，均匀冷却
	外部积物	清除积渣、积尘、废钢
烟罩升降机构失灵故障	液压元件失灵	修理失灵元件
	结构件变形	矫正变形部件
	钢丝绳断	更换钢丝绳
	焊死管子裂纹	清理积物

8.2.2 烟道

烟道的作用是输导烟气进入除尘器，并冷却烟气，进行余热回收。

对烟道要求是必须对转炉烟气进行冷却，使烟气在烟道出口温度降为900℃，以满足除尘器的要求。

烟道类型有水冷烟道、废热锅炉、汽化冷却烟道。水冷烟道由于耗水量大、余热未被利用、容易漏水、寿命低，现在很少采用。废热锅炉（见图8-4）由辐射段和对流段组成，适用于燃烧法，可充分利用煤气的物理热和化学热生产蒸汽。废热锅炉出口的烟气可降至300℃以下。但锅炉设备复杂，体积庞大，自动化水平要求高，又不能回收转炉煤气，因此采用得也不多。

目前国内的转炉大都采用汽化冷却烟道，如图8-5所示。与废热锅炉不同的是，汽化冷却烟道只有辐射段，没有对流段。烟道出的烟气温度在900~1000℃。其优点是烟道结构简单，适用于未燃法煤气的回收操作；缺点是回收热量较少。

汽化冷却烟道是由无缝钢管排列围成的筒状烟道，其断面为方形或圆形。钢管的排列有水管式、隔板管式和密排管式，如图8-6所示。

水管式烟道容易变形；隔板管式烟道的加工费时，焊接处容易开裂且不易修补；密排管式烟道加工简单，只需在筒状的密排管外边加上几道钢箍，再在箍与排管接触处点焊。

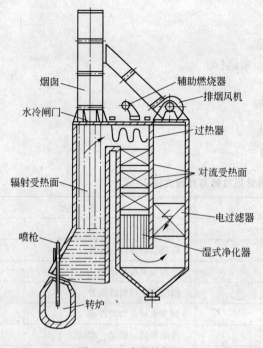

图 8-4　全废热锅炉

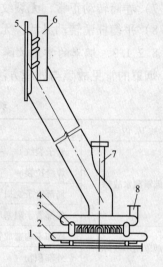

图 8-5　汽化冷却烟道

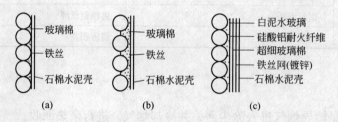

图 8-6　烟道管壁结构
(a) 水管式；(b) 隔板管式；(c) 密排管式

密排管即使烧坏，更换也较方便。

　　汽化冷却烟道的用水，要经过软化和除氧处理。汽化冷却系统有自然循环和强制循环之分。

　　图 8-7 所示为汽化冷却系统流程。汽化冷却烟道内由汽化产生的蒸汽同水混合，经上升管进入汽包，使汽水分离后，热水经下降管到循环泵，又送入汽化冷却烟道继续使用（取消循环泵，自然循环的效果也很好）。当汽包内蒸汽压力升高到 0.687～0.785MPa，气动薄膜调节阀自动打开，使蒸汽进入蓄热器供用户使用。当蓄热器的蒸汽压力超过一定时，蓄热器上的气动薄膜调节阀自动打开放散。当汽包需要补给软水时，由软水泵送入。

　　汽化冷却系统的汽包布置高度应高于烟道顶面。一个炉子设有一个汽包，汽包不宜合用也不宜串联。

　　汽化冷却烟道受热时会向两端膨胀伸长，上端热伸长量在一文水封中得到补偿，下端热伸长量在烟道的水封中得到缓冲。

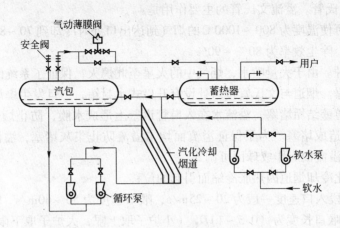

图 8-7 汽化冷却系统流程

8.2.3 文氏管

文氏管除尘器是一种效率较高的湿法除尘设备，也兼有冷却降温作用。它由文氏管本体、雾化器和脱水器三部分组成，分别起着凝聚、雾化和脱水的作用。

8.2.3.1 文氏管工作原理

文氏管本体由收缩段、喉口和扩张段三部分组成，如图8-8所示。喉口前装有喷嘴。烟气流经文氏管的收缩段时，因截面积逐渐收缩而被加速，高速紊流的烟气在喉口处冲击由喷嘴喷入的雾状水幕，使之雾化成更细小的水滴。气流速度越大，喷出的水滴越小，分布越均匀，水的雾化程度就越好。在高速紊流的烟气中，细小的水滴迅速吸收烟气的热量而蒸发使烟气温度降低，在1/150~1/50s内就能使烟气温度从进口时的900℃左右降至70~80℃。水雾被烟气流破碎得越均匀，粒径越小，水的表面积就越大，烟尘被捕捉得就越多，润湿效果越好。被水雾润湿后的烟尘在紊流的烟气中互相碰撞而凝聚长大成较大的颗粒。碰撞的几率越大，烟尘凝聚长大得就越大、越快。水雾经过喉口以后变成了大颗粒的含尘液滴，由于污水的密度比烟气大得多，经过扩张段烟气速度降低，为水、气分离创造了条件，再经过文氏管后面的脱水器利用重力、惯性力和离心力的沉降作用，含尘水滴与烟气分离，从而达到净化的目的。

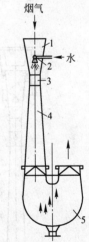

图 8-8 文氏管除尘器
1—文氏管收缩段；2—碗形
喷嘴；3—喉口；4—扩张段；
5—弯头脱水器

8.2.3.2 文氏管类型

文氏管按构造分为定径文氏管（溢流文氏管或一级文氏管）和调径文氏管（可调喉口文氏管或二级文氏管）；按喷嘴安放位置分为内喷文氏管和外喷文氏管；按断面形状分为圆形文氏管和矩形文氏管。

一般第一级除尘采用溢流定径文氏管，第二级除尘采用调径文氏管。

（1）溢流文氏管。溢流文氏管的主要作用是：

1）降温。可使温度为 800 ~ 1000℃的烟气到达出口处时冷却到 70 ~ 80℃。

2）粗除尘。除尘效率为 80% ~ 90%。

3）熄灭火种。由于大量喷水，烟气中的火星至此熄灭，保证了系统的安全。

4）防爆泄爆。烟道与文氏管接口处设有开口式水封箱，一旦发生爆炸时可以泄压。

5）防止管道壁结垢堵塞。溢流水在入口管道壁上形成水膜，防止烟尘在管道壁上的干湿交界处结垢造成堵塞。为了保证溢流面均匀溢流防止集灰堵塞，溢流面必须保持水平，故在结构上溢流面应作成球面可调式。

6）调节汽化冷却烟道因热胀冷缩而引起的位移。

文氏管收缩段入口速度一般为 20 ~ 25m/s，喉口速度为 50 ~ 60m/s。收缩段入口收缩角为 23° ~ 25°。喉口长度为（0.5 ~ 1）$D_{喉}$（小炉子取上限，大炉子取下限）。扩张段出口速度为 15 ~ 20m/s，扩张角为 6° ~ 8°，阻力损失为 2.0 ~ 2.6kPa。

内喷和外喷式溢流文氏管的结构如图 8 - 9 和图 8 - 10 所示。

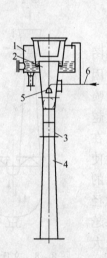

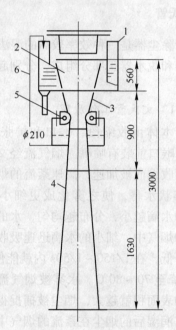

图 8 - 9　定径圆形内喷文氏管

1—溢流水封；2—收缩管；3—腰鼓形喉口
（铸件）；4—扩散管；5—碗形
喷嘴（内喷）；6—溢流供水管

图 8 - 10　定径圆形外喷文氏管

1—溢流水封；2—收缩管；3—腰鼓形喉口（铸件）；
4—扩散管；5—碗形喷嘴（外喷，此部件也可
采用辐射外喷针形喷嘴）；6—溢流供水管

（2）调径文氏管。在喉口部位装有调节机构的文氏管，称为调径文氏管，主要用于精除尘。

转炉冶炼时，烟气量是波动的，而烟气在文氏管喉口处必须保持速度不变，才能有较好的除尘效果和稳定的除尘效率，采用调径文氏管，它能随烟气量变化相应增大或缩小喉口断面积，保持喉口处烟气速度一定。调径文氏管还可以通过调节风机的抽气量控制炉口微压差，确保回收煤气质量。

调径文氏管作用：

1）精除尘。效率达 90% ~ 95%；

2）降温。进一步降低 5 ~ 10℃；

3）调节炉口的微压差。由可调喉口文氏管直接控制炉口的微压差。

对于圆形文氏管，一般采用重锤式调节（见图 8 - 11），重锤上下移动，即可改变喉断面积的大小；对于矩形文氏管通常用两侧翻动的翼板调节（见图 8 - 12），其启动力矩更小，设备制作、操作更简单。现在，国内外新建的氧气转炉车间多采用圆弧形 - 滑板调节（R - D）矩形调径文氏管（见图 8 - 13）。

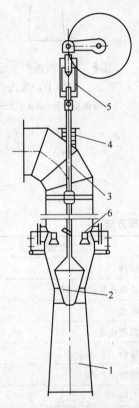

图 8 - 11　圆形重锤式顺装文氏管
1—文氏管；2—重锤；3—拉杆；4—压盖；
5—连接件；6—碗形喷嘴（内喷×3 个）

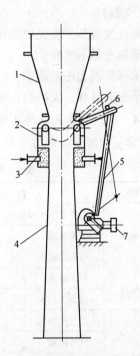

图 8 - 12　矩形翼板式调径文氏管
1—收缩段；2—调径翼板；3—喷水管；
4—扩散管；5—连杆；6—杠杆；7—油压缸

调径文氏管喉口速度为 100 ~ 120m/s，除尘效率达 90% ~ 95% 以上，但是阻力损失大，约为 12 ~ 14kPa，因而这类除尘系统必须配置高压抽风机。当第一级和第二级串联使用时，总的除尘效率可达 99.8% 以上。

8.2.3.3　文氏管点检与维护

（1）防爆膜。

1）无破损、无裂纹、无泄漏、无堵塞。

2）配重和销轴无缺陷，转动灵活。

（2）一、二文结构。

1）冶炼中无过热现象。

2）无裂纹和漏水现象。

（3）一文喷头。

1）压力与流量正常。

2）溢流水量充足。

（4）二文捅针。

1）无不动作现象。

2）无弯曲、缺陷现象。

3）气压不低于 0.35MPa，气动系统动作灵活，气柜及管路无漏气。

（5）二文翻板。

1）连杆长度调节胀套无松动现象。

2）润滑油充足不变质。

3）轴承座紧固无松动现象。

4）轴承润滑良好，无破裂，密封良好。

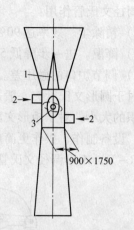

图 8 - 13　圆弧形 - 滑板调节
（R - D）文氏管
1—导流板；2—供水；3—可调阀板

8.2.3.4　文氏管常见故障及处理方法

文氏管常见故障及处理方法见表 8 - 2。

表 8 - 2　文氏管常见故障及处理方法

故障现象	故障原因	处理方法
供水水压低故障	水管泄漏或喷头掉	检修
	水泵泄漏	检修或起用备用泵
	仪表误差大	检修
供水流量低故障	喷头堵塞	清理疏通
	仪表误差大	检修
二文捅针不动作故障	供气压力低	调整
	气管堵塞	更换
	捅针弯	更换
	活塞杆结垢	清理干净
翻板液压站电动机不转故障	电源缺陷	检查处理
	电动机损坏	更换电动机
	液压泵故障，电动机堵塞	处理泵故障
翻板不能正常动作故障	翻板结垢卡阻	清理干净后拉动
	连杆胀套螺钉松动	拧紧螺钉
	连杆开裂	修复
	伺服液压站故障	修复液压站
	计控掉电	计控处理

8.2.4 脱水器

在湿法和干湿结合法烟气净化系统中，湿法净化器的后面必须装有气水分离装置，即脱水器。脱水器的作用是把在文氏管内凝聚成的含尘污水从烟气中分离出去。

烟气的脱水情况直接影响除尘系统的净化效率、风机叶轮的寿命和管道阀门的维护等。而脱水效率与脱水器的结构有关。

脱水器根据脱水方式的不同，可分为重力式、撞击式和离心式。

（1）重力式脱水器。重力脱水器为重力式脱水器的一种。图 8 - 14 为重力式脱水器原理图。气流进入脱水器后因流速下降和流向的改变，靠水自身重力作用实现气水分离。重力式脱水器对细水滴的脱除效率不高，但其结构简单，不易堵塞，一般用作第一级脱水器，即粗脱水。

重力式脱水器一般与溢流文氏管相连进行脱水。重力脱水器的入口气流速度一般不小于 12m/s，筒体内流速一般为 4 ~ 5m/s。

（2）撞击式脱水器。重力挡板脱水器和丝网脱水器都属于撞击式脱水器。

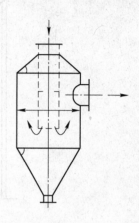

图 8 - 14 重力脱水器原理图

1）重力挡板脱水器。其工作原理是：气流做 180°转弯时水雾靠自身重力而分离下来。另有数道带钩挡板起截留水雾之用，用于粗脱水。其结构如图 8 - 15 所示。

2）丝网除雾器。其工作原理是：夹带在气体中的雾粒以一定的流速与丝网的表面相碰撞，雾粒碰在丝网表面后被捕集下来并沿细丝向下流到丝与丝交叉的接头处聚成液滴，液滴不断变大，直到聚集的液滴足够大，致使本身重量超过液体表面张力与气体上升浮力的合力时，液滴就脱离丝网沉降，达到除雾的目的。

丝网除雾器是一种高效率的脱水装置，能有效地除去 2 ~ 5μm 的雾滴，具有阻力小、重量轻、耗水少等优点，一般用于风机前做精脱水设备。但丝网脱水器长期运转容易堵塞，一般每炼一炉钢冲洗一次，冲洗时间为 3min 左右。

丝网编织结构与丝网除雾器结构如图 8 - 16 和图 8 - 17 所示。为防止腐蚀，丝网用不锈钢丝、紫铜丝或磷铜丝编织。其规格为 0.1mm × 0.4mm 扁丝。丝网厚度也分为 100mm

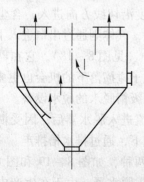

图 8 - 15 重力挡板脱水器

图 8 - 16 丝网编织结构

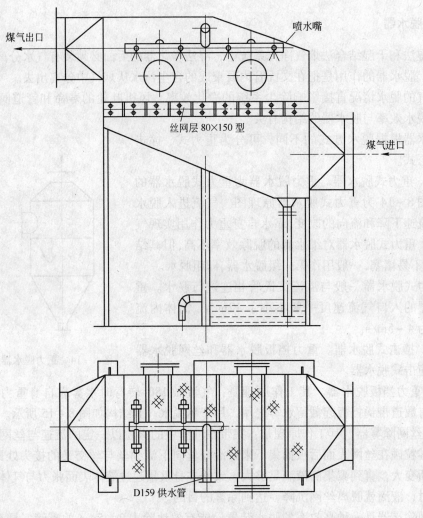

煤气出口

喷水嘴

丝网层 80×150 型

煤气进口

D159 供水管

图 8 – 17   丝网除雾器结构外形

和 150mm 两种规格。

（3）离心式脱水器。旋风脱水器、弯头脱水器及挡水板水雾分离器都属于离心式脱水器。

1）旋风脱水器。其工作原理是：烟气以一定速度沿切线方向进入，含尘水滴在离心力作用下被甩向器壁，又在重力作用下流至器底排出，气体则通过出口进入下一设备。

复式挡板脱水器是属于旋风脱水器类型中的一种（见图 8 – 18），它在器体内增加了同心圆挡板。由于器体内挡板增多，则烟气中水的粒子碰撞落下的机会也更多，可提高脱水效率。复式挡板脱水器可作为第一级粗脱水或第二级精脱水的脱水设备。

2）弯头脱水器。其工作原理是：含污水滴的气流进入脱水器后，因受惯性与离心力作用，水滴被甩至脱水器的叶片及器壁上，并沿壁流下，通过排水槽排走。

弯头脱水器按其弯曲角度不同，有 90° 和 180° 两种，如图 8 – 19 和图 8 – 20 所示。国内工厂的"双文"湿法除尘系统大多采用 180° 弯头脱水器。由于在生产中普遍反映用于一级脱水的弯头脱水器极易堵塞且不易清理，现"一弯"已基本被其他脱水器代替。但从

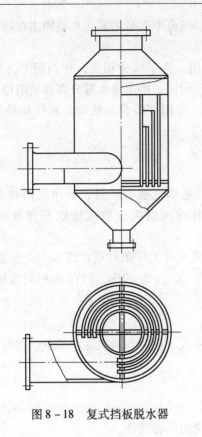

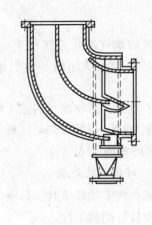

图 8 – 18　复式挡板脱水器　　　　　　　图 8 – 19　90°弯头脱水器

日本第三代 OG 法来看，"一弯"与"二弯"均系 90°弯头脱水器，并在弯头脱水器背面增设冲水装置，使用效果良好。

3）挡水板水雾分离器。挡水板水雾分离器由多折挡水板组成，如图 8 – 21 所示。其

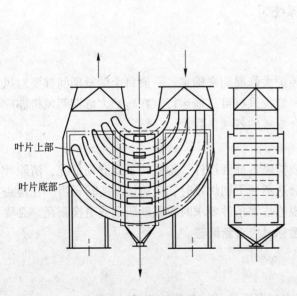

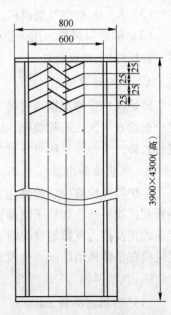

图 8 – 20　180°弯头脱水器　　　　　　　图 8 – 21　挡水板水雾分离器

工作原理是：曲折的挡板对气流有导向作用，气流中夹带的雾化水被撞击在折叠板上达到气、水分离的目的。

本脱水器具有离心和挡板脱水的两重作用。为了减少积灰，在挡板上方安有清洗喷嘴，在非吹炼期由顺序控制对挡水板进行自动清洗。挡水板水雾分离器虽阻损较大，但具有结构简单、脱水效率高、不易堵塞等优点，可用在转炉湿法除尘系统作最后一级脱水设备。

8.2.5　风机

风机是转炉烟气净化系统的关键设备，是烟气抽引装置，是净化回收系统的动力中枢。烟气经冷却、净化后，由引风机将其排至烟囱放散或输送到煤气回收系统中备用。

用于"未燃法"回收烟气的除尘风机，其通常工作条件是：进入的介质温度为 35 ~ 65℃，含尘量为 100 ~ 150mg/m³（标态），含 CO 约为 60%，气体的相对湿度为 100%，并含有一定量的水滴。

8.2.5.1　对风机的要求

（1）要求在调节抽风量时，其压力变化不大，同时当风机在小风量运转时不喘振。

（2）具有较好的抗振性。

（3）具有良好的密封和防爆性能。

（4）机壳上设有水冲洗和其他清灰装置。

（5）叶轮和外壳具有较高的抗磨性和一定的耐腐蚀性。

8.2.5.2　风机类型

目前，国内氧气转炉烟气净化及回收系统采用的风机有如下类型：

（1）D 型煤气鼓风机，用于双文—塔全湿法净化回收系统。

（2）8 – 18 型空气鼓风机，用于干湿结合法净化系统。

（3）锅炉引风机，用于燃烧法净化系统。

8.2.5.3　风机检修

A　风机检修周期

转炉风机检修周期均按转炉炉龄和转炉大修周期来确定。一般每个炉役期间都要对风机全面检查一次，消除缺陷，以确保下一炉役风机可靠地运行。在转炉大修期间风机亦应进行大修，全面恢复风机各种性能和设计要求的各项参数。

B　风机检修内容

在炉役性检修中，检修内容有更换或检修各部磨损件，检查转子组磨损情况，清除叶轮积灰，找平衡。如转子组确认使用寿命达不到下期炉役时，应更换新的转子组。在检查径向轴瓦及推力瓦接触情况时，如超出规范技术条件要求时应重新研刮或更换新瓦。必要时应检查整体机组的同心度及水平度，超标时应重新调整。

C　风机拆卸

（1）拆机前准备工作。

1）准备必需的专用工具、量具，清查好更换的备品备件。

2）准备好铜质或木质锤头和垫块，在检修过程中不准用铁器锤击各部机件。

3）做好安全防护工作，如排出剩余煤气等。

（2）拆机工序。

1）首先将机上各辅助机件，如温度计、测振仪、测位仪等拆除完，并妥善保管。

2）拆卸齿形接手保护罩、轴承密封罩以及各部管路系统。

3）拆卸齿形接手连接螺丝并分离齿形接手。

4）拆卸机壳大盖螺丝，并用顶丝顶起上盖，然后用吊车起吊，在起吊过程中，应平稳垂直上下吊起，以防撞击叶轮。

5）起吊大盖后应放置到可靠位置，严防滑移和碰击。

6）对于机壳与轴承座分离型风机，应先拆下前后轴承座上盖螺丝，再拆下上盖和轴瓦。

7）在上述工序完成并确认无阻碍物后再用吊车起吊转子组，在起吊过程中应防止转子撞击和滑脱，保持水平状态，最后放置到专用的支架上。

8）清除机壳内脏物后用塑料布将机体盖好，以防落入脏物。

D 风机叶轮组的检修

风机叶轮组的检修顺序是：

（1）轮盘和轮盖有裂纹现象时应进行焊补或更换。

（2）用 0.04mm 塞尺检查轮盘和轮盖与叶片之间的间隙，如塞尺能够塞到铆钉处时应进行修理、更换铆钉或调整叶片。

（3）更换铆钉调整叶片的方法是首先用砂布打磨，露出铆钉头，然后找准中心位置钻除铆钉凹头部分，冲出铆钉，取下叶片，进行校正除锈，最后重新进行组装。

（4）叶轮组装方法是把叶片装入轮盘和轮盖中间，用螺栓固定把紧，进行钻孔、铰孔，把原孔径加大 0.5mm。铆钉杆应平直光滑，稍紧密装入孔内，其间隙不大于 0.01mm。采用冷铆法，凸出部分用锉刀或砂轮打磨达到与轮盘相平为止。组装完毕后，转子组应重新做静、动平衡。

（5）凡叶片磨损、腐蚀到比原厚度小 1mm 时，应重新更换叶片。

（6）转子组只有单个铆钉脱落时，孔径不需加大即可进行铆接。

（7）主轴轴颈磨损，其椭圆度和圆锥度不大于 0.10~0.20mm 时，轴颈上的轻微划痕可以用浸油细砂布打磨，表面粗糙度 R_a 不大于 1.6μm。

（8）轴颈表面碰伤，划痕深度大于 0.5mm，面积大于 5mm² 时，可进行车削轴颈、重新换轴瓦或更换新轴。

（9）轴瓦接触处轴颈有轻微片状腐蚀时，可采用锉削法修理，并用浸油细砂布磨光。

E 滑动轴承检修

滑动轴承的检修包括：

（1）检查轴瓦时应将轴瓦浸入煤油中 30min 左右后取出擦干，再检查合金层有无裂纹、夹层、脱壳等现象。

（2）如轴衬合金与轴衬脱壳，其面积大于该半个轴衬面的 20%，或轴衬表面磨损、擦伤、剥落和熔化等大于轴衬接触面积的 25% 时，应重新浇铸轴衬合金；在低于上述范围时准许补焊处理。

（3）轴衬磨损很深时，对于有瓦垫片的可进行撤垫调整处理，如无垫片的则需重新浇铸。

F　油冷却器的修理

油冷却器的修理包括：

（1）冷却器芯子因腐蚀严重而个别油管产生泄漏时，应拆下进行修理。用水压试验法来确定泄漏部位，有裂纹的管子应进行更换。如果泄漏部位数量很少亦可用锥台式管堵死。但堵塞管子的总数不得超过管子总数的 10%。

（2）如果铜管端部漏水，可用胀管器进行修理。按照铜管内径车制几个圆锥形胀杆，将其插到铜管内，边敲击，边转动，直至将其胀牢为止。

（3）更换冷却器芯子全部铜管时，应在靠近管板处将管子切断，然后用直径等于管子外径的芯棒顶出。胀管时应除掉管板孔内的蚀斑和油垢，胀管后管子末端露出管板表面的尺寸不应大于管子直径的 25%。

（4）检修后必须进行耐压试验，试验压力为工作压力的 1.5 倍，承压时间不得少于 15min，不准出现滴漏水珠现象。

G　转子组的组装

转子组的组装顺序为：

（1）转子组的所有装配尺寸必须严格按照图纸要求进行。

（2）主轴装配时必须认真检查轴颈和叶轮与轴配合部位的椭圆度和锥度公差，轴颈部位椭圆度和锥度公差应在 0.01mm 范围内；装叶轮部位椭圆度和锥度公差全长均不准超过 0.02mm。

（3）主轴两端轴颈的同心度偏差不准超过 0.05mm。

（4）用热装法装配部件时，应采用热机油加热，其油温最高不准超过 150℃。

（5）转子组装配后，叶轮外径的径向偏心度不允许超过 0.10mm。

（6）组装转子组时，应按图纸要求，严格留出各部膨胀间隙。

（7）组装后的转子组必须按图纸要求检查各部偏心度，在确认达到标准后，应进行动平衡试验，其平衡度必须达到各类转子组的图纸要求，否则应重新找动平衡。

H　风机试运转

检修完或安装后风机必须进行试运转，其要求如下：

（1）试车前应按有关规程进行全面检查和调整，在确认无误后，方可进行试车。

（2）在单机试车开车时，应先将进口管道阀门微开，出口管道基本全开，并通过耦合器调整转数使鼓风机在低负荷状态下启动。然后逐步调整到额定工作点。一般连续运转时间不应少于 8h。

（3）试车过程中，风机运行必须平稳，不应有其他异常响声。

8.2.5.4　风机常见故障及处理方法

风机常见故障及处理方法见表 8 - 3。

表 8 - 3 风机常见故障及处理方法

故障现象	原因分析	处理方法
风量不足	机前、机后系统阻力超过额定值	找出增大阻损原因，检修处理
	耦合器出现故障致使风机转速不足	处理耦合器故障
风压不足	系统阻力变动	查明原因，恢复设计要求
	介质密度小于规定值	核定介质密度
	耦合器效率下降、风机丢转	处理耦合器缺陷
电动机超载	风压过低，致使风量过大	调整系统参数
	介质密度大于规定值	控制介质温度，防止水分过大
	机壳内部有磨碰现象	找出缺陷进行处理
机体振动	电动机、耦合器、风机同心度超差	检查同心度，重新调整
	风机转子不平衡	重新找平衡
	风机主轴弯曲	检查处理
	机壳和转子摩擦	检查处理
	负荷急剧变化或处于喘振区	重新调整工作状态
轴承出油温升高	润滑油不纯，有杂质	更换润滑油
	润滑点进油量不足	检查过滤器、管路是否堵塞
	轴承进油温度高	检查冷却器、增强冷却效果
	轴瓦和主轴间隙小	重新研刮
油路压力低	油泵失效	更换润滑油泵
	单向阀或安全阀漏油	检查、处理
	管路或冷却器漏油	检查、处理

8.2.6 水封逆止阀

水封逆止阀是煤气回收管路上的止回部件，设在三通切换阀后，用来防止煤气倒流。其工作原理如图 8 - 22 所示。烟气放散时，半圆阀体 4 由气缸推起，切断回收，防止煤气柜的煤气从管 3 倒流和放散气体进入煤气柜；回收煤气时阀体 4 拉下，回收管路打开，煤气可从管 1 通过水封后从管道 3 进入煤气柜。

V 形水封置于水封逆止阀之后。在停炉检修时充水切断该系统煤气，防止回收总管煤气倒流，如图 8 - 23 所示。

在 OG 法烟气净化系统中，根据时间顺序装置，控制三通切换阀，控制烟气回收、放散。吹炼初期和末期，由于烟气 CO 含量不高，所以通过放散烟囱燃烧后排入大气。在回收期，煤气经水封逆止阀、V 形水封阀和煤气总管进入煤气柜。如此，完成了烟气的净化、回收过程。

某厂采用水封逆止阀参数如下：

出入口径　　　　　　　　φ1200mm

水封高度　　　　　　　　2000mm

开关时间　　　　　　　　　　不大于 15s

气缸直径　　　　　　　　　　QGB - Z320 × 800

液面显示控制仪　　　　　　　BPD - 1300

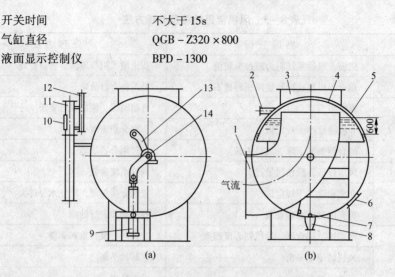

(a)　　　　　　　　　　　　　　(b)

图 8 - 22　水封逆止阀工作原理图

（a）外形图；（b）剖面图

1—煤气进口；2—给水口；3—煤气出口；4—阀体；5—外筒；6—人孔；7—冲洗喷嘴；8—排水口；

9—气缸；10—液面指示器；11—液位检测装置；12—水位报警装置；13—曲柄；14—传动轴

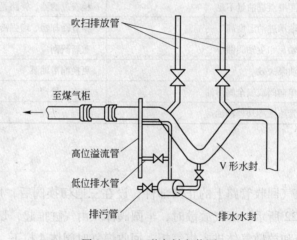

图 8 - 23　V 形水封安装图

8.2.6.1　水封逆止阀维护检查

A　检查内容

（1）阀体。

1）结构是否完整，有无开焊。

2）连接是否牢固，有无整体振动。

（2）轴头密封。

1）压兰是否紧固，密封是否良好。

2）填料是否腐蚀，压缩量是否足够。

（3）轴承座。润滑是否良好，连接是否紧固。

（4）液位调整器。丝杠是否转动灵活。

（5）干管压缩空气。压力是否满足要求，节门是否正确。

（6）限位极限。

1）整体是否完整，有无损坏。

2）极限有无松动、错位。

（7）气缸。

1）气缸固定是否牢固，有无漏气。

2）活塞杆及活塞有无损坏。

B　检修注意事项

（1）在检修水封逆止阀时，如需要检修内部元件，首先必须保证以下条件，方可进行。

1）水封逆止阀至三通阀之间的管道内煤气用氮气吹扫干净，三通阀处于放散位置，并经煤气防护站检验合格。

2）V形水封注满水，V形水封至水封逆止阀之间的管道内煤气用氮气吹扫干净，并经煤气防护站检验合格。

（2）检修外部时，如需动火，需经安全部门同意方可进行。检修内部时，必须先卡盲板。

（3）水封逆止阀的开关动作时间必须符合工艺要求，否则应立即检查处理。

（4）阀内清洗水嘴堵塞后应立即进行处理保证清洗工作的正常进行。

（5）气柜的冬季保温必须良好，发现问题应立即处理防止气路受冻。

（6）利用排污口排污时，也必须保证管道内阀前、阀后的煤气吹扫干净。

8.2.6.2　水封逆止阀的常见故障及处理方法

水封逆止阀的常见故障及处理方法见表 8-4。

表 8-4　水封逆止阀的常见故障及处理方法

故障现象	产生原因	处理方法
水封逆止阀不动作	气路堵塞，排气口堵塞	疏通气路换管
	气缸活塞脱落，密封破损	更换气缸
	气缸润滑不良	检查油雾器并加油
	活塞杆接头损坏或销轴掉	修复或更换
	冬季气路受冻	化冰解冻做保温
阀板开关有撞击	阀板配重有变化	调整配重
	限位极限错位损坏	调整或更换
气缸动作缓慢	干管压缩空气压力低	检查干管压力
	冬季气路受冻	检查修复保温设施
	气缸内润滑不良	检查油雾器是否有油
	气缸漏气密封损坏	更换气缸
液面调整器动作不灵活	手轮与丝杠之间润滑不良	加油润滑

8.2.7 三通切换阀

三通切换阀用于转炉煤气回收与放散的切换。对三通切换阀的要求是密闭性强,动作迅速、灵敏。

某厂采用的 OG 三通阀的参数如下:

阀门直径	$\phi 1500mm$
介质	转炉煤气
过气温度	65℃
过气压力	0.1MPa
切换阀型号	HGSD647

8.2.7.1 三通切换阀维护检查

A 检查内容

(1)气缸。

1)气缸固定是否牢固,有无漏气。

2)活塞杆及活塞有无损坏。

(2)气柜。

1)冬季保温是否良好。

2)各元件是否有跑、冒、滴、漏现象。

3)油雾器内是否有充足的油。

4)分水滤气器是否按要求排水。

(3)限位极限。极限有无松动、错位,开关是否到位。

(4)干管压缩空气。干管压力是否满足要求,节门是否损坏。

(5)密封圈。有无损坏,能否满足密封要求。

(6)拉杆组件。有无严重磨损或裂纹,连接是否牢固。

(7)轴瓦。密封润滑是否良好,磨损是否超差。

B 检修注意事项

(1)在检修三通时,首先必须确认水封逆止阀处于关的位置,并卡好盲板,同时对三通阀至水封逆止阀之间的管道进行氮气吹扫,直至符合要求才能让人进入。

(2)检修前,在未确认管道内部情况的条件下,不允许随意动火,若需动火,必须经安全部门认可后方可实施。

(3)三通阀的开关动作时间必须符合工艺要求,否则应立即检查处理。

(4)喷嘴堵塞时应及时处理,以保证阀座清洗的正常进行。

(5)气柜的冬季保温必须良好,发现问题应及时处理,防止气路受冻。

8.2.7.2 三通切换阀的常见故障及处理方法

三通切换阀的常见故障及处理方法见表 8 - 5。

表8-5 三通切换阀常见故障及处理方法

故障现象	产生原因	处理方法
三通阀不动作	气路堵塞、漏气、排气口堵塞	疏通气路，换气
	气缸活塞脱落，密封破损	更换气缸
	气缸润滑不良	检查油雾器并加油
	拉杆组件断裂	更换
	冬季气路受冻	化冰解冻
主、副阀板动作不灵活	拉杆相互位置有问题	重新进行调整
	轴瓦润滑不良	加油或更换轴瓦
	拉杆组件有变形	调整或更换
	密封胶圈卡劲大	调整胶圈安装位置
气缸动作缓慢	干管压缩空气压力低	检查干管压力
	冬季气路受冻	检查修复保温设施
	气缸内润滑不良	检查油雾器是否有油
	气缸漏气，密封损坏	更换气缸
行程限位开关失灵	限位开关本体撞坏	更换
	限位开关错位	调整修复
煤气质量不符合要求	阀板密封胶圈损坏	更换密封圈
	主、副阀板未关到位	检查处理

8.2.8 煤气柜

煤气柜（见图8-24）是转炉煤气回收系统中主要设备之一，它可以起到储存、稳压、混合三个作用。由于转炉回收煤气是间断的，同时每炉所产生的煤气成分又不一致，为连续供给用户成分、压力、质量稳定的煤气，必须设煤气柜来储存煤气。

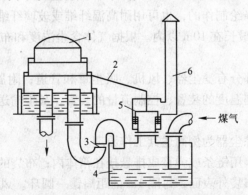

图8-24 煤气柜自动放散装置
1—煤气柜；2—钢绳；3—正压连接水封；4—逆止水封；5—放散阀；6—放散烟囱

煤气柜的种类很多。转炉常用的是低压湿式螺旋预应力钢筋混凝土、满腔水槽式煤气柜。它犹如一个大钟形罩扣在水槽中，随着煤气的进出而升降，并利用水槽使柜内煤气与外界空气隔断来储存煤气。煤气柜一般由 1 ~ 5 节组成，从上面顺序称为钟罩（内塔）、二塔、三塔、四塔、外塔。水槽可以坐入地下，这样可以减少气柜的高度和降低所受风压。

8.2.9　放散烟囱

氧气转炉烟气净化回收系统无论采用燃烧法还是未燃法，都必须设置放散烟囱。在燃烧法的烟气净化系统中将从烟囱排出废气；在未燃法的烟气净化回收系统中，非回收期时，将不合乎回收规格的煤气从烟囱燃烧后排出。

目前国内转炉厂的放散烟囱均为钢质结构。每座转炉一根，然后几座转炉的放散烟囱架设在一起组成一座烟囱。烟囱上部有点火装置时，在烟囱顶部设有操作平台和梯子以便检查维修设备。

氧气转炉烟气因含有可燃成分，其排放与一般工业废气不同，一般工业用烟囱只高于方圆 100m 内最高建筑物 3 ~ 6m 即可。氧气转炉的放散烟囱的标高应根据距附近居民区的距离和卫生标准来决定。据国内各厂调查来看，放散烟囱的高度均高出厂房屋顶 3 ~ 6m。

为防止烟气发生回火，烟气的最低流速（12 ~ 18m/s）应大于回火速度。无论是放散还是回收，烟罩口应处于微正压状态，以免吸入空气，关键是提高放散系统阻力与回收系统阻力相平衡。其办法有：在放散系统管路中装一水封器，既可增加阻力又可防止回火；或在放散管路上增设阻力器等。

8.2.10　布袋除尘器

二次除尘及厂房除尘多数用的是布袋除尘器。

布袋除尘器是一种干式除尘设备。含尘气体通过织物过滤而使气与尘粒分离，达到净化的目的。过滤器实际上就是袋状织物，整个除尘器是由若干个单体布袋组成。

根据含尘气体进入布袋的方式不同，布袋除尘分为压入型和吸入型两种，如图 8 - 25 所示。

布袋一般是用普通涤纶制作的，也可用耐高温纤维或玻璃纤维制作滤袋。它的尺寸直径在 50 ~ 300mm 范围，最长在 10m 以内。根据气体含尘浓度和布袋排列的间隙，具体选择确定布袋尺寸。

布袋除尘器的主要部分有滤尘器、风机、吸尘罩和管道；附属设备有自动控制装置、各种阀门、冷却器、控制温度的装置、控制流量的装置、灰尘输送装置、灰尘储存漏斗和消音器等。

下面以压入型布袋除尘器为例简述其工作原理。

布袋上端是封闭的，用链条或弹簧成排悬挂在箱体内；布袋的下端是开口的，用螺钉与分流板对位固定。在布袋外表面，每隔 1m 的距离镶一圆环。风机设在布袋除尘器的前面，通过风机，含尘气体从箱体下部丁字管进入，经过分流板时，粗颗粒灰尘撞击，同时由于容积变化的扩散作用而沉降，落入积灰斗中，只有细尘随气体进入过滤室。过滤室由几个部分组成，而每个部分都悬挂着若干排滤袋。含尘气体均匀地流进各个滤袋，净化后的气体从顶层巷道排出。在连续一段时间滤尘后，布袋内表面积附一定量的烟尘。此时，清灰装置按照预先设置好的程序进行反吸风，布袋压缩，积灰脱落，进入底部的积灰斗

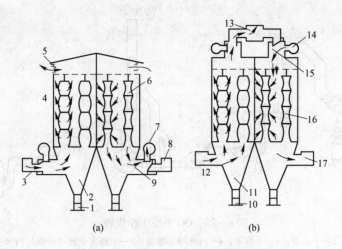

图 8-25 布袋除尘器构造示意图

(a) 压入型；(b) 吸入型

1, 10—灰尘排出阀；2, 11—灰斗，3, 8, 12—进气管；4—布袋过滤；5—顶层巷道；6, 16—布袋逆流；
7, 14—反吸风管；9, 15—灰尘抖落阀；13—排出管道；17—输气管道

中，再由排尘装置送走。

与压入型布袋除尘器不同的是吸入型的风机设在布袋除尘器的后面。含尘气体被风机抽引从箱体下部丁字管进入，净化后气体从顶部排气管排出。

布袋除尘器是一种高效干式除尘设备，可以回收干尘，便于综合利用。但是无论用哪种材料制作滤袋，进入滤袋的烟气必须低于130℃，并且不宜净化含有潮湿烟尘的气体。

压入型布袋除尘器是开放式结构，即使布袋内滞留有爆炸气体，也没有发生爆炸的危险；由于是开放式结构，所以构造比较简易，但风机叶片磨损较为严重。吸入型除尘器是处于负压条件下工作，因而系统的漏气率较大，导致系统风机容量加大，必然会提高设备的运转费用，但吸入型风机的磨损较轻。局部除尘多采用压入型布袋除尘器。

8.3 烟气净化回收系统类型

据统计，2011 年底我国共有 800 多座转炉，采用的除尘系统现状：最多采用的是日本发明的 OG 湿法（1962 年）；70 多座转炉采用德国鲁奇公司开发的 LT 干法（1969 年）；采用较少的是德国鲁奇公司开发的第四代 OG 湿法（1990 年）；100 多座转炉采用或确定采用我国研发的高效节水型塔文半干法（2004 年）。

8.3.1 OG 湿法烟气净化回收系统

OG（Oxygen Gas Recovery System）湿法是由日本于 1962 年发明的，是以双级文氏管为主，抑制空气从转炉炉口流入，使转炉煤气保持不燃烧状态，经过冷却而回收的方法，因此也称未燃法。这是世界上普遍采用的流程。

8.3.1.1 工艺流程

OG 系统工作流程如图 8-26 所示。

在冶炼中生成高一氧化碳浓度且含 150 ~ 200mg/m³ 粉尘的煤气，温度达 1400 ~

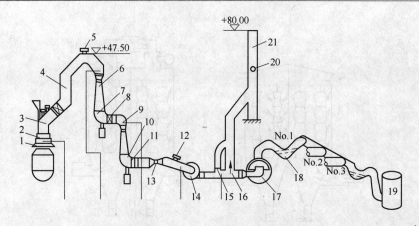

图 8 – 26   OG 系统工作流程

1—罩裙；2—下烟罩；3—上烟罩；4—汽化冷却烟道；5—上部安全阀（防爆门）；6—一文；
7——文脱水器；8—水雾分离器；9—二文；10—二文脱水器；11—水雾分离器；12—下部
安全阀；13—流量计；14—风机；15—旁通阀；16—三通阀；17—水封逆止阀；
18—V 形水封；19—煤气柜；20—测定孔；21—放散烟囱

1600℃。在风机吸力作用下，煤气从活动烟罩进入全封闭的回收系统，经汽化冷却烟道后温度降至 1000℃。一级文氏管进行粗除尘和煤气降温、灭火，温度降至 75℃；随之煤气经重力脱水器脱水后再进入二级文氏管进行精除尘和再冷却，温度降至 65℃ 左右，含尘量降至 $150mg/m^3$ 以下，煤气再度脱水后进入除尘风机。煤气借风机出口正压力、通过三通阀切换，当煤气 $\varphi(CO) < 30\%$（35%）时，送入烟囱，燃烧后排放；当 $\varphi(CO) > 30\%$（35%）时，进入煤气柜回收，再供给用户作能源使用。

它的烟罩采用微差压调控，目的是使烟气系统的抽风量与炉口排气量接近一致。具体做法是在烟罩上开设测压点，根据罩口内外气压差，通过压差变送器和调节单元带动执行机构动作，用改变文氏管喉口大小的办法来改变风机抽力。

OG 法系统流程如图 8 – 27 所示。

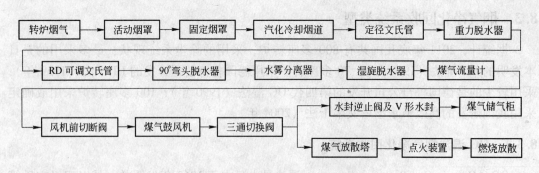

图 8 – 27   OG 法系统流程

8.3.1.2   OG 法主要设备

图 8 – 28 所示为 OG 法系统设备流程。OG 法主要设备有一级文氏管、重力脱水器、二级文氏管、弯头脱水器、旋风复式挡板脱水器、鼓风机等。关于设备的具体介绍见 8.2 节。

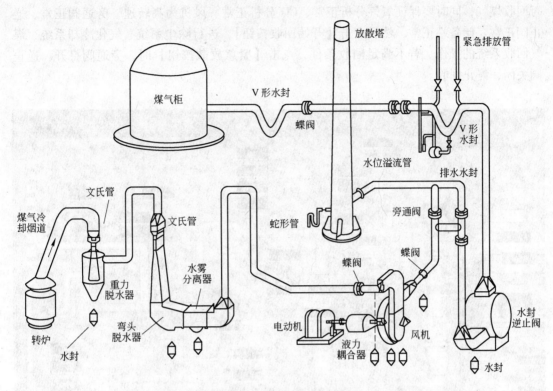

图 8-28 OG 法系统设备流程

8.3.1.3 OG 法的主要特点

（1）净化系统设备紧凑。净化系统由繁到简，实现了管道化，系统阻损小，且不存在死角，煤气不易滞留，利于安全生产。

（2）降低水耗量。烟罩及罩裙采用热水密闭循环冷却系统，烟道用汽化冷却，二文污水返回一文使用，明显减少用水量。

（3）设备装备水平较高。通过炉口微压差来控制二文的开度，以适应各吹炼阶段烟气量的变化和回收放散的转换，实现了自动控制。

（4）烟气净化效率高。排放烟气（标态）的含尘浓度可低于 $100mg/m^3$，净化效率高。

（5）系统安全装置完善。设有 CO 与烟气中 O_2 含量的测定装置，以保证回收与放散系统的安全。

（6）实现了煤气、蒸气、烟尘的综合利用。

OG 法的优点是安全可靠，系统比较简单，但存在着阻力大、水电消耗大，还必须配有投资和运行都较昂贵的污水处理设施的缺点，对目前越来越严格的环保排放要求来说，不太适应转炉煤气回收的除尘要求。

8.3.1.4 OG 湿法净化回收系统的使用

通过点击转炉操作界面中的【煤气回收】按钮即可进入煤气回收操作界面，如图 8-29 所示。回收煤气前，先下降烟罩，打开风机，通过观察界面上的氧量和 CO 量来确定是否回收煤气，同时要保证氧气分析正常、CO 分析正常、风机为高转速、旁通阀正常、逆止阀正常、储备站正常，然后点击【开始回收按钮】，进行除尘系统、气化冷却系统、煤气回收系统的操作。若不满足回收条件，点击【紧急放散按钮】时，旁通阀打开，逆止阀关闭，终止回收。

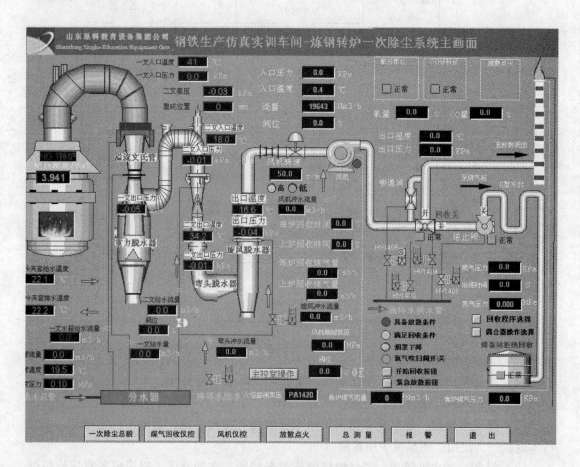

图 8-29　煤气回收操作界面

　　由于转炉吹炼时只是在碳氧化期生成大量 CO，而吹炼初期和临近终点时炉气生成量少而且 CO 含量也低，所以回收炉气只在碳激烈氧化期（中期）进行。前、后期的炉气可与一定比例的空气混合燃烧，然后排入高空大气。为保证回收的炉气质量，同时也是为了安全，在不回收炉气的前、后期要抬高烟罩，以增加抽引进入的空气量，使炉气完全燃烧生成 CO_2 和 N_2。它们通过回收管路系统时，清扫了管路中原有的空气和煤气，既能防止爆炸又提高了回收煤气的纯度。

8.3.1.5　OG 湿法净化回收系统的点检与检修

A　点检

（1）观察风机故障信号灯，该灯不亮表示风机正常，该灯亮表示风机有故障。

（2）观察要求送、停风按钮，信号灯是否正常。

（3）观察煤气回收信号灯（见图 8-30）是否显示正常。回收阀开时，放散阀关；

回收阀关时，放散阀开。

（4）检查与煤加压站联系回收煤气的按钮、信号灯是否正常；检查煤加压站同意回收煤气信号灯是否正常（手工回收煤气用）。

（5）检查与风机房联系的按钮是否有效（自动回收煤气用）。

（6）检查氧枪插入口、下料口氮气阀门是否打开；检查氮气压力是否满足规程要求。

（7）开新炉子时炉前校验各项设备正常后要求净化回收系统有关人员进行汽化冷却补水、检查各处水封等操作。由风机房人员开风机。若是正常的接班冶炼操作，以上检查只需将当时工况与信号灯显示状态对照，相符即可。

（8）吹炼过程中，发现炉气外溢严重，需观察耦合器高、低速信号灯（见图 8 – 31）显示是否正常，若不正常与风机房联系，要求处理。

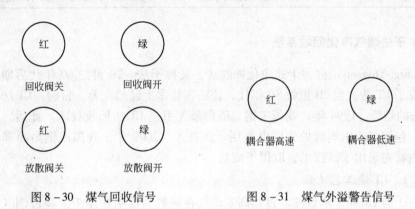

图 8 – 30   煤气回收信号   图 8 – 31   煤气外溢警告信号

注意事项：

（1）观察炉口烟气，若严重外冒（异常）需与风机房联系。

（2）严格按操作规程规定进行煤气回收。

（3）发现汽化冷却烟道发红或漏水，及时报告净化回收系统有关人员。

B   检修

烟气净化系统装置检修一般有三种检修类型：

（1）炉役性检修。内容包括管道系统补修清扫装置内部积垢、修理或更换喷头等。

（2）阶段性检修。内容包括更换系统中局部装置修理系统中部分烧损和腐蚀部位，如更换部分脱水器、更换溢流盆等。

（3）大修。大修一般配合转炉本体一起进行。在大修过程中绝大部分结构件均需更换，除喉口调节设备和液压装置检修外，其他设施均需更新。

8.3.1.6   OG 湿法净化回收系统的常见故障及排除

OG 湿法净化回收系统的常见故障及排除方法见表 8 – 6。

表 8 – 6   OG 湿法净化回收系统的常见故障及排除

故 障 部 位	故 障 现 象	处 理 方 法
风机	吸力不足造成的炉口冒烟	（1）闸板开度不足，应调整； （2）耦合器故障，丢转，应处理； （3）调整风机，转数满足吸力要求

续表 8 - 6

故障部位	故障现象	处理方法
一、二文喉口	喉口阻塞、阻损增加	(1) 排除阻碍物； (2) 保持水质处理质量； (3) 排除调节机构故障
各部喷嘴	喷嘴阻塞系统温度高	(1) 排除喷嘴污物； (2) 清理管道阻塞物
丝网过滤器	过滤器阻塞、系统阻力增加	(1) 用高压水冲净丝网污物； (2) 更换变形严重的丝网； (3) 保持高压水流量和压力
汽封系统	压力失调，造成系统阻力增加	按原设计要求调整系统压力、流量

8.3.2　LT 干法烟气净化回收系统

　　LT（Lurgi-Thyssen）称为干式净化回收法，又称干法。20 世纪 60 年代后期，西德鲁奇公司开发了 LT 法，至 20 世纪 80 年代，该法在技术上已趋完善。目前，LT 法已有逐渐取代 OG 法的趋势。1994 年，我国宝钢二炼钢最先引进 LT 法回收技术。此后，山东莱芜钢铁公司、包钢二炼钢等转炉先后也采用了该技术。2009 年，我国武钢集团鄂钢公司在集团公司内首先采用了该技术，取得了成功。

8.3.2.1　LT 法工艺流程

　　图 8 - 32 为 LT 除尘示意图。转炉高温烟气在风机的抽引作用下，经过烟气冷却系统（活动烟罩、汽化冷却烟道），使温度降 800 ~ 1200℃后进入蒸发冷却器。蒸发冷却器内有若干个双介质雾化冷却喷嘴，对烟气进行降温、调质、粗除尘，烟气温度降低到 150 ~ 200℃，同时约有 40% 的粉尘在蒸发冷却器的作用下被捕获，形成的粗颗粒粉尘通过链式输送机输入粗灰料仓。经冷却、粗除尘和调质后的烟气进入圆筒形静电除尘器，烟气经静

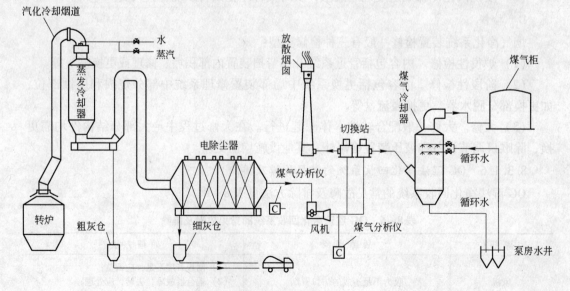

图 8 - 32　LT 除尘

电除尘器除尘后含尘量降至 10mg/m³ 以下。静电除尘器收集的细灰，经过扇形刮板器、底部链式输送机和细灰输送装置排到细烟尘仓。从静电除尘器排出的干细尘与从蒸发冷却器排出的干粗尘混合压块，可返回转炉使用。经过静电除尘器精除尘的合格烟气通过煤气冷却器降温到 70~80℃ 后进入煤气柜，氧含量不低于 2% 的煤气通过火炬装置放散。整套系统采用自动控制，与转炉的控制相结合。干法工艺流程如图 8-33 所示。

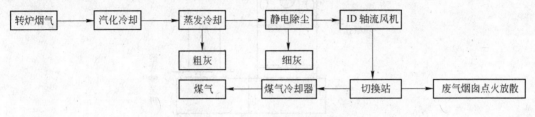

图 8-33　LT法干法工艺流程

邯宝公司炼钢厂LT烟气净化回收系统工作流程为：在炉口处约 1450℃ 的烟气经过固定烟罩进入汽化冷却烟道后，温度降至 800~1000℃，然后进入净化系统。烟气净化系统由蒸发冷却器和静电除尘器组成。蒸发冷却器通过纤维伸缩接头与汽化冷却烟道出口相连，在蒸发冷却器筒体颈部呈环形装有 22 个双流雾化冷却喷嘴，两种流体被它们之间带有隔离空气层的同心管输送到喷嘴，然后经喷蒸汽对水进行雾化。喷嘴的喷水量是根据蒸发冷却器出口温度来自动控制的。烟气经过蒸发冷却器后温度降至 180~200℃，同时约有 40% 的粗粉尘在蒸发冷却器的作用下被捕获。粗粉尘通过链式输送机、双板阀进入粗灰料仓。经冷却、粗除尘和调质后的烟气进入有 4 个电场的圆形静电除尘器，经静电除尘器除尘后烟气含尘量降至 10mg/m³ 以下。静电除尘器收集的细灰，经过扇形刮板器、底部链板输送机和细灰输送装置排到细灰仓由汽车外运至烧结厂重复利用。在切换站，合格烟气经过煤气冷却器降温到 70℃ 后进入煤气柜，不合格的烟气通过放散烟囱点火放散。

8.3.2.2　LT法的主要设备

LF法烟气净化回收系统主要设备有蒸发冷却器、电除尘器、风机、切换站、液压站、煤气冷却器、放散塔、点火燃烧装置、系统检测仪表及控制系统等。

（1）蒸发冷却器（EC）。图 8-34 所示为蒸发冷却器的结构。蒸发冷却器系统主要由喷雾系统、设备本体、喷水速率的调节控制三部分组成。莱钢设备情况：结构为圆筒形；直径 4m、高 17m 左右；内置均匀分布的 10 支喷雾装置，前端与汽化冷却烟道连接，末端与烟气出口管道、集尘装置用链式输送机连接。

蒸发冷却器的作用有：

1）降温。转炉冶炼时，含有大量 CO 的高温烟气冷却后才能满足干法除尘系统的运行条件。蒸发冷却器入口的烟气温度为 800~1200℃，出口温度为 200~300℃ 才能达到静电除尘器的条件。为此，采用若干个双流喷嘴调节最佳水量降温。双流喷嘴的水量可根据进入蒸发冷却器内的干燥气体的热含量随时调整。通入的蒸汽使水雾化成细小的水滴，水滴受烟气加热被蒸发，在汽化过程中吸收烟气的热量，从而降低烟气温度。

2）粗除尘。蒸发冷却器除了冷却烟气外，还可依靠气流的减速以及进口处水滴对烟尘的润湿将粗颗粒的烟尘分离去去，达到除尘的目的。灰尘聚积在蒸发冷却器底部由链式

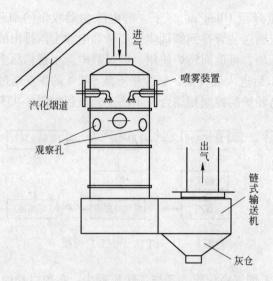

图 8 - 34　蒸发冷却器的结构

输送机输出。

3）降低粉尘比电阻。蒸发冷却器还有对烟气进行调节改善的功能，即在降低气体温度的同时提高其露点，改变粉尘比电阻，有利于在静电除尘器中将粉尘分离出来。

（2）静电除尘器。图 8 - 35 所示为静电除尘器的工作原理。静电除尘器中，以导线作放电电极，也称电晕电极，为负极；以金属管或金属板作集尘电极，为正极。在两个电极上接通数万伏的高压直流电源，两极间形成电场，由于两个电极形状不同，形成了不均匀电场；在导线附近，电力线密集，电场强度较大，正电荷被束缚在导线附近，因此，在空间电子或负离子较多。于是通过空间的烟尘大部分捕获了电子，带上负电荷，得以向正极移动。带负电荷的烟尘到达正极后，即失去电子而沉降到电极板表面，达到气与尘分离的目的。定时将集尘电极上的烟尘振落或用水冲洗，烟尘即可落到下部的积灰斗中。

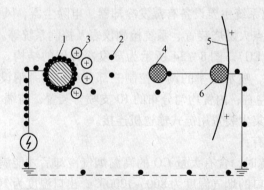

图 8 - 35　静电除尘器的工作原理

1—放电电极；2—烟气电离后产生的电子；3—烟气电离后产生的正离子；

4—捕获电子后的尘粒；5—集尘电极；6—放电后的尘粒

静电除尘器按集尘极形式不同，通常分为板式静电除尘器（见图 8 - 36）和管式静电除尘器（见图 8 - 37）。在工业电除尘器中，最广泛采用的是卧式的板式电除尘器。

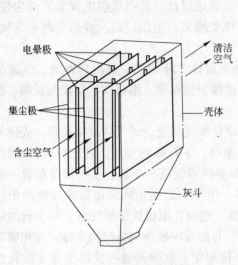

图 8-36　板式静电除尘器

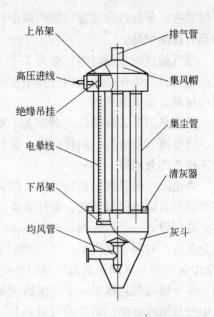

图 8-37　管式静电除尘器

　　静电除尘器主要由放电电极、集尘电极、气流分布装置、外壳和供电设备组成，如图 8-38 所示。

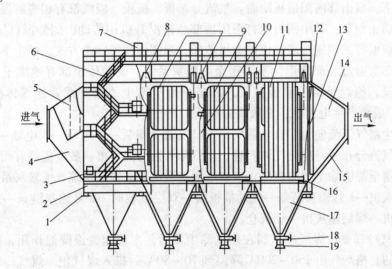

图 8-38　静电除尘器设备构造图

1—支座；2—外壳；3—人孔门；4—进气烟箱；5—气流分布板；6—梯子平台栏杆；7—高压电源；
8—电晕极吊挂；9—电晕极；10—电晕极振打；11—收尘极；12—收尘极振打；13—出口槽型板；
14—出气烟箱；15—保温层；16—内部走台；17—灰斗；18—插板箱；19—卸灰阀

　　静电除尘器由三段或多段串联使用。烟气通过每段，都可去除大部分尘粒，经过多段后可以达到较为彻底净化的目的，除尘效率高达 99.9%。静电除尘器的除尘效率稳定，不受烟气量波动的影响，特别适于捕集小于 1μm 的烟尘。

　　烟气进入前段除尘器时，烟气含尘量高，且大颗粒烟尘较多，因而静电除尘器的宽度可以宽些，从此以后宽度可逐渐减小。后段烟气中含尘量少，颗粒细小，供给的电压可由前至后逐渐增高。

　　烟气通过除尘器时的流速为 $2 \sim 3m/s$ 为好。流速过高，易将集尘电极上的烟尘带走；流速过低，气流在各通道内分布不均匀，设备也要增大。电压过高，容易引起火花放电；电压过低，除尘效率低。

　　某厂采用卧式圆筒静电除尘器，该除尘器由筒体、环形梁、进出口锥管、气流分布板、放电极、集尘极、吊挂装置、振打装置、绝缘子保温箱、泄爆阀、扇形刮灰器、链式输灰机等部分组成。

　　静电除尘器壳体采用圆筒形，便于气流形成柱塞流通过，无气体聚集死角，壳体外部上半部带有隔热保温装置，设计有 4 个独立的电场，平行纵向布置。进出口为锥形筒体，其上分别设置三个泄爆阀（$\phi1200mm$）；进口布置两道气流分布板，出口设备布置一道气流分布板，有利于气流呈均匀柱塞状通过电场。电场气流通道间是由形成接地的阳极板（集尘极）和在其间承载高压的阴极线（放电极）组成，阳极板沿烟气流方向平行间隔排列，各个极板都悬挂于一个共用的顶部环形梁，并由共同底部支撑结构支撑。在相邻阳极板中间是阴极框架，阴极线（放电极）夹紧在框架中。框架是通过支撑框和支撑管连接于上部壳体结构上的支撑绝缘子上，阴极线与阳极板间距 $350mm$。阴极线（放电极）和高压供电系统连接，极线附近产生极高强度的电压，由于电晕电压的作用，形成带负电荷的气体离子，灰尘离子因受到部分气体离子的作用同样带上负电，在阴极线和阳极板之间的电场作用下，自由移向阳极板附着。气流分布板、极板、极线都有相应的振打装置，周期性启动，防止积灰，其中阴极振打采用顶部凸轮提升机构传动，侧部振打锤锤击方式，阳极与分布板振打采用侧部减速机电动机传动，侧部挠臂锤锤击方式，锤击下来的灰聚集在除尘器底部，通过底部扇形刮灰器送至细输灰系统。圆筒体顶部有绝缘子，采用电加热，保持恒温。绝缘子保温箱通氮气，以防止由于粉尘的聚集或者绝缘体壁的冷凝物（水和汽）形成而产生电火花，导致其击穿。

　　静电除尘器气流流向为：含尘烟气→入口气流分布板→A 电场→B 电场→C 电场→D 电场→出口气流分布板→净化气体。进、出口分布板与集尘极、放电极都有相应的振打装置，将灰振落至静电除尘器的底部，由扇形刮灰机送至细输灰系统，细输灰系统工艺流程为：扇形刮灰机→1 号输灰链条→气动插板阀→双层翻板阀→2 号输灰链条→螺旋输灰机→斗式提升机→螺旋输灰机→储灰仓。

　　（3）煤气冷却器。煤气冷却器在静电除尘器后，主要起洗涤降温作用，把经过静电除尘器除尘的合格烟气由 $150 \sim 200℃$ 降温到 $70 \sim 80℃$ 后排入煤气柜。煤气冷却器内上部装有两层喷水系统，合格烟气从煤气冷却器下部进入顶部排出，从而达到降温作用。

　　（4）轴流式风机。LT 干法除尘采用轴流式风机，该风机具有效率高和让烟气直接通过的优点，风机的抽风量采用变频调速控制。

　　（5）煤气分析仪。煤气分析仪是对净化后的煤气成分（CO、O_2、H_2、CO_2）进行分析，当气体混合达到报警值时起预警作用，提醒炉前停止炼钢，防止除尘器泄爆的发生，同时也对煤气是否进行回收进行判定，当吹炼中期 $\varphi(CO)$ 达到 35% 时，同时 $\varphi(O_2) <$ 0.5%，开始回收煤气，若 CO 或 O2 含量不满足则直接进行煤气放散。

　　（6）煤气切换站。煤气切换站主要是决定转炉冶炼阶段产生的煤气是回收还是放散，将吹炼前期产生的低热值煤气切换到放散杯阀送入放散烟囱燃烧后排放到大气中；将吹炼中期产生的高热值煤气切换到回收杯阀将其送入煤气柜，加压后供用户使用。

切换站主要由两台带有位置控制的杯阀和液压站（含蓄能器）组成。安全起见在回收杯阀后、煤气冷却器之前安装有眼镜阀。眼镜阀也采用液压驱动，就地操作。切换站切换流程为：

$$\text{风机} \left\{ \begin{array}{l} \rightarrow \text{回收杯阀} \rightarrow \text{眼镜阀} \rightarrow \text{煤气冷却器} \\ \rightarrow \text{放散杯阀} \rightarrow \text{放散烟囱} \end{array} \right.$$

切换过程中对杯阀的开关速度进行一定控制，不能造成烟气压力的突然变化，这易造成转炉回收期的系统喘振，因此正常的切换速度为 8~10s，紧急切换的动作为 3~4s。

（7）放散烟囱。由放散杯阀切换过来的煤气，在放散烟囱顶部通过长明灯装置将其燃烧并排入大气。长明灯装置配备有一个远程控制的点火器。长明灯的三个烧嘴至少要保证在吹炼中有两个正常工作，以保证整个系统的安全运行。

点火程序为：开点火阀，点击点火器打火，开主阀（长明灯阀），待长明灯即烧嘴点燃后，关点火间，检测烧嘴温度变化，确认保持长期点燃状态。

为了安全起见，烟囱中部收缩段下部设置有氮气引射喷嘴，在风机故障情况下喷射出压力高达 1.3MPa 的紧急氮气用于放散烟囱的吹扫，目的是防止煤气的回火，并在吹扫的过程中形成负压，将除尘器内的气流引排到放散烟囱，防止在除尘器内形成爆炸。

8.3.2.3 LT 干法除尘的优点

转炉干法除尘技术在国际上已被认定为今后发展方向，它可以部分或完全补偿转炉炼钢过程的全部能耗，可实现转炉无能耗炼钢的目标。

（1）除尘效率高。经 LT 除尘器净化后，煤气残尘含量（标态）最低为 $10mg/m^3$，比 OG 系统的 $100mg/m^3$ 低。

（2）转炉干法除尘技术既满足冶金工业可持续发展的要求，也符合国家产业和环保政策。

（3）无污水、污泥。从冷却器系统排出的都是干尘，混合后压块，可返回转炉使用。

（4）电能消耗量低。从综合电耗来看，LT 系统的电耗量要远低于 OG 系统电耗量。

（5）投资费用高，但回收期短。若改造老厂设备，投资费用还可降低许多。

（6）采用 ID 风机，结构紧凑，占地面积小，投资费用可降低许多。

表 8-7 为国内部分转炉干法（LT）净化回收系统情况。

表 8-7 国内部分转炉干法（LT）净化回收系统情况

序号	用户	转炉规格	技术总负责	机械供货	电气供货	高压电源	投产时间	备注
1	宝钢	3、4 号 250t	VAI-Lurgi. 公司	宣化环保	全部引进	Lurgi. 公司	1997	部分机械制造国内分交
2	宝钢	5 号 250t	西重所	西重所	全部引进	Lurgi. 公司	2001，2004	电除尘器改选
3	莱钢	100t×3 套	西重所/Lurgi. 公司	西重所	莱钢自动化部	Lurgi. 公司	2004	

序号	用户	转炉规格	技术总负责	机械供货	电气供货	高压电源	投产时间	备 注
4	莱钢	80t×3 套	西重所	西重所	莱钢自动化部	Lurgi. 公司	2005	新建
5	江荫兴澄特钢	100t×2 套	北京钢铁设计院/Lurgi. 公司	宣化环保	北京钢铁设计院	Lurgi. 公司	2006	新建
6	包钢	250t×2 套	VAI	宣化环保	北京博谦工程技术公司	Lurgi. 公司	2006	新建
7	太钢	120t×2 套	Lurgi. 公司	西重所	西重所	Lurgi. 公司	2006	防爆阀等关键件引进
8	承钢	80t 提钒炉	西重所	西重所	西重所	北京博谦工程技术公司	2007. 1	新建（完全国产化）
9	莱钢	120t（备用）	宣化环保公司/莱钢设计院	宣化环保	莱钢自动化部	Lurgi. 公司	2007	新建
10	泰钢	60t×2	西重所	西重所	西重所	北京博谦工程技术公司	2007（在建）	新建（完全国产化）
11	泰钢	60t	西重所	西重所	西重所	北京博谦工程技术公司	2007（在建）	新建（完全国产化）

　　虽然国际先进水平的转炉干法（LT 法）除尘技术有很多优点，但是因电除尘器设备过高的故障率，特别是在吹炼过程中电除尘器内易发生 CO 燃烧爆炸造成泄爆阀动作而泄爆问题无法彻底杜绝，对炼钢的安全正常生产制约较大，这是造成转炉烟气干法除尘技术虽然先进却推广缓慢的重要原因之一。所以，虽然转炉干法除尘技术是转炉烟气净化与回收系统发展的总趋势，但是必须经过一段长期的技术发展过程，在彻底解决了电除尘器泄爆问题后才能得以推广。

8.3.2.4　LT 干法烟气净化装置的常见故障及排除

　　（1）电除尘器泄爆。电除尘器内部一氧化碳达到其爆炸极限，发生爆炸，使电除尘器内部压力迅速超过泄爆间所允许承受的最大压力，迫使泄爆阀迅速打开，烟气外泄，就造成了电除尘器泄爆。

　　电除尘器入口和出口各安装有四个泄爆阀，允许承受的最大压力为 2.5kPa，当电除尘器内部压力超过 2.5kPa 后，泄爆阀就会打开，使电除尘器内部压力外泄，对电除尘器起到保护作用。但是如果电除尘器频繁泄爆，就会严重影响炼钢生产节奏，使企业蒙受经济损失，所以在生产过程中应严格控制电除尘器泄爆。

　　可燃气体如果同时具备以下条件时，就会引起爆炸：

　　1）可燃气体与空气或氧气的混合比在爆炸极限的范围之内；

　　2）混合的温度在最低着火点以下，否则只能引起燃烧；

　　3）遇到足够能量的火种；

　　4）烟气在煤气管道和电除尘器内部的流动状态。

可燃气体与空气或氧气混合后，气体的最大混合比称做爆炸上限，最小混合比称做爆炸下限。

几种可燃气与空气或氧气混合，在20℃和常压条件下的爆炸极限见表8-8。

表8-8 可燃气体与空气、氧气混合的爆炸极限

气体种类	爆炸极限				气体种类	爆炸极限			
	与空气混合		与氧气混合			与空气混合		与氧气混合	
	下限	上限	下限	上限		下限	上限	下限	上限
CO	12.5	75	13	96	焦炉煤气	5.6	31	—	—
H_2	4.15	75	4.5	95	高炉煤气	46	48	—	—
CH_4	4.9	15.4	5	60	转炉煤气	12	65	—	—

各种可燃气体的着火温度是：CO与空气混合为610℃，与氧气混合为590℃；H_2与空气混合为530℃，与氧气混合为450℃。

据研究，足量的O_2和CO达到爆炸极限的烟气从炉口进入，在烟道内部以柱塞流形式向前运行，不会产生有效混合。烟气在蒸发冷却器以前温度均保持在800℃以上，即使存在径向局部混合，也会以局部燃烧的方式存在，而不会发生爆炸。

烟气在蒸发冷却器出口到电除尘器入口这段煤气管道内以湍流状态运行，使烟气产生混合。当烟气经过电除尘器入口变径处的导流板后，流速降低。烟气在电除尘器内部也以湍流的形式向前运行，加上电除尘器内部构件对流体的影响，使CO和O_2得到有效混合。极线、极板之间产生间歇性放电，使混合气体产生爆炸，造成电除尘器泄爆。

表8-9为山东泰山钢铁集团有限公司泰山不锈钢厂干法除尘泄爆记录情况。

表8-9 山东泰山钢铁集团有限公司泰山不锈钢厂干法除尘泄爆记录情况

序号	日 期	原 因 分 析
1	2008-3-26	转炉二次下枪氧气流量大
2	2008-4-4	炉前大喷
3	2008-4-23	下枪未打着火
4	2008-4-27	炉前大喷
5	2008-5-12	炉前大喷
6	2008-6-11	西重所调试时手动变自动后，风机转速与烟气量不符，转炉冶炼4min时突然泄爆
7	2008-6-21	溅渣时，氮气流量大，风机提速不及时
8	2008-7-28	风机转速提速不及时
9	2008-7-31	调氧压过程中，瞬时流量过大，除尘风机提速过快；同时在测氧过程中，大批量加料
10	2008-8-21	溅渣时，氮气流量大，风机提速不及时
11	2008-9-26	倒炉出钢
12	2008-10-7	调节氧气流量过快，导致烟气中含有大量游离态的氧，进而导致泄爆；泄爆后，电除尘工没有到现场确认泄爆阀的复位情况，导致再次泄爆
13	2008-10-11	调节氧气流量过快，导致烟气中含有大量游离态的氧，进而导致泄爆
14	2008-10-16	仪表工处理调节阀漏气时，把仪表气源关闭，氧枪冷却水关闭，事故自动提枪

序号	日　期	原　因　分　析
15	2008-10-16	吹炼时间短，一倒含碳量高，二次下枪时，氧气流量调节时间短，导致烟气中含氧量超标
16	2008-11-18	测渣时，氮气流量大，风机提速不及时
17	2008-12-19	转炉在碳氧剧烈反应时化枪，紧急提枪，同时提升活动烟罩，未用氮气稀释除尘管道，造成风机在减速过程中吸入大量空气
18	2008-12-28	转炉在碳氧剧烈反应时提枪，提升活动烟罩，未用氮气稀释除尘管道，造成风机在减速过程中吸入大量空气
19	2009-1-18	吹炼过程中，没点着火，导致大量氧气进入除尘管道，除尘工没有及时开启氮气调节阀进行稀释
20	2009-1-26	氧枪枪位没有控制好，炉内温度偏高，导致氧枪进出水温差大，自动提枪，二次下枪没有开氮气稀释
21	2009-3-3	一次加料批量过大，氧气调节速度过快，氧气不能充分参与反应

通过对山东泰山钢铁集团有限公司泰山不锈钢厂干法除尘泄爆原因分析整理，静电除尘器容易在以下几种情况下易发生泄爆事故：

1）转炉开始吹炼时碳氧反应十分剧烈，CO 迅速产生，如果产生的 CO 在炉口没有被完全燃烧而进入静电除尘器（EP），在静电除尘器内部与开吹前烟道中的空气进行混合，会导致在静电除尘器内产生爆炸，使泄爆阀打开而中断吹炼。

2）转炉二次吹炼或吹炼过程中事故提枪，二次下枪开氧时间过快，氧气流量大，碳氧未完全反应，导致游离态氧气进入静电除尘器，从而产生泄爆。

3）转炉长时间停炉后再开炉。转炉经过长时间停炉后，蒸发冷却器入口温度只有几十摄氏度左右。在吹炼第一炉钢的初期，由于烟罩口处于低温状态，CO 的产生速度会比高温时要慢，在吹炼初期 CO 在炉口没有完全燃烧，而在电除尘器内部与 O_2 混合浓度达到爆炸的边界范围时，也可能发生泄爆现象。

4）转炉下枪开氧后，铁水未打着火或炉内大翻；烟气中的 O_2 含量过高，导致游离态氧气进入 EP 系统，从而可能产生泄爆。

泄爆对除尘器会造成不同程度的损坏，影响除尘器的除尘效果。

1）阳极。阳极板的错位变形，阳极筋板的变形，两块阳极板之间限位杆的变形，造成极距的变化，导致电场电压的稳定性降低，电场电压无法升高，影响除尘器的除尘效果。

2）阴极。阴极框架的变形，阴极线的松弛、断裂，造成极距的变化，导致电场电压的稳定性降低，电场电压无法升高，影响除尘器的除尘效果。

3）吊挂。阴极吊挂的变形，高压电直接接地或者与除尘器的距离过小，造成电场电压无法升高，影响除尘器的除尘效果。

4）振打系统。阴阳极的严重变形，导致阴阳极振打传动轴的变形，振打系统将无法正常工作。

5）刮灰机。刮灰机的吊挂变形，刮灰机无法工作，失去应有刮灰效果导致除尘器内部整个设备的瘫痪，造成泄爆阀和风机叶轮的损坏。

6）电晕极断线的严重后果。

7）泄爆阀泄爆后不能自动复位。

在影响电除尘器泄爆的因素里，通过人为操作，能够影响的因素有 O_2 浓度、CO 浓度和烟气的流动状态，其中对 CO 浓度的控制主要是改变 CO 在电除尘器内部的爆炸极限范围。通过对以上三个因素的控制，可以有效降低电除尘器的泄爆频率。

泄爆的预防措施：

1）优化转炉吹氧流量控制。在转炉开吹过程中，为了严格控制 O_2 与钢水反应速率，初期产生的 CO 要求能在炉口完全燃烧变成 CO_2，即在转炉开吹之初控制氧气流量按一定的斜坡缓慢上升，开吹时氧气初始控制流量为正常流量的 1/2，保证在吹炼过程中产生的 CO 在炉口基本能完全燃烧变为 CO_2。而 CO_2 为非爆炸性气体，利用 CO_2 气体形成一种活塞式烟气柱，一直推动烟气管道中残余的空气向放散烟囱排出，使 CO 与 O_2 的混合浓度控制在爆炸范围之外。

2）吹炼第一炉控制。转炉经过长时间停炉后吹炼第一炉钢时，先用少量氧气吹炼一定时间后，提高蒸发冷却器入口温度，从而进入正常的吹炼方式。烟道中的高温状态能促进汽化冷却烟道中 CO 与 O_2 的反应速度，增加 CO_2 的量，降低 O_2 的浓度至安全范围，从而有效避免泄爆现象。

3）优化过程工艺。考虑防泄爆最终就是防止 CO 与 O_2 爆炸混合范围，转炉开吹阶段需要稀释电除尘中的氧气含量。山东泰山钢铁集团有限公司泰山不锈钢厂做法是：当转炉吹炼中断再吹炼时，控制初始氧气流量不准超过 $11000m^3/h$，保持 1min 后，方可正常吹炼，当碳氧反应高峰期出现提枪及点吹再次开氧时，时间间隔为 20s，初始氧流量 2min 内，小幅度地分 3~4 次将氧气压力逐步提高至 0.6MPa 以下，每次提压后稳定时间不少于 10s。同时提前打开氮气阀吹扫管道，向烟气管道中吹入一定量的氮气，进入电除尘从而稀释电除尘中的氧气含量，达到避免电除尘泄爆的目的。

4）下枪打不着火操作控制。遇下枪后打不着火，山东泰山钢铁集团有限公司泰山不锈钢厂做法是：提枪关氧，在等待点位置电除尘操作工吹氮气不低于 10s 方可再次进行冶炼操作；若仍旧打不着火，联系调度室向炉内兑入少量铁水，然后再进行开氧操作。在开吹已经打着火的情况下，前 20s 内禁止动枪位。

5）在汽化冷却烟道上设置微差压传感器，由压差来控制风机的转速，保证炉口压力在 ±10Pa 左右，以防止氧气进入系统。

6）在蒸发冷却器出口设置磁氧分析仪，当氧含量达到 2% 时，向系统发出信号，同时降低电除尘器的运行电压，以降低火花率。

7）加强系统的严密性，保证不漏气、不吸入空气。氧枪、副枪插入孔、散状材料投料孔采用惰性气体密封。

通过上述措施，系统的可靠性能得到很大的提高。

（2）泄爆后有时泄爆阀不能正常复位。在阀门上设置两种复位装置：自动复位装置和自动切断装置。当泄爆阀不能正常复位时，阀门位置开关向保护系统发送信号，并同时报警。保护系统自动启动，将阀门自动复位；同时切断泄爆阀口断面，使外部空气不能进入电除尘器内,使其保护电除尘器。当人工将泄爆阀复位后,保护装置自动关闭(本技术为创思达公司专有技术,已申请专利)。

(3)回收的煤气回火。系统运行时曾发生过个别厂家放散塔煤气回火现象,如某钢厂也发生了一起类似的煤气回火事故,瞬间将煤气放散塔外壁油漆烧脱。由于发现及时,采取的措施有效,所幸未酿成大的事故。

事故原因:1)风机低速运行;2)水封水位突然降至低水位;3)三通阀关闭不严;4)放散塔顶自动点火系统误动作点火。

解决办法:适时检查各个设备的运行情况是否正常,如果发现异常及时处理。

(4)蒸发冷却器湿壁,当湿壁物料脱落时,造成底部卸灰装置堵塞。运行过程中在蒸发冷却器进口下部会有固体沉积分布从局部扩展到整个壁面上,这就是所谓的湿壁现象。这也是蒸发冷却器要解决的最重要的问题之一。随着运行过程沉积物不断增加,当沉积物到达一定厚度时就会发生脱落,而堵塞底部排灰口,使系统不能正常运行。

此故障的解决方案是:在蒸发冷却器湿壁位置附近,设置防护装置,使粉尘在塔壁没有停留时间,这样雾滴就不会在塔壁上结露,防止了湿壁现象的产生(本技术为创思达公司专有技术,已申请专利)。

8.3.3　新型 OG 湿法烟气净化回收系统

新 OG 法是德国鲁奇(Lurgi. Bischoff)公司专有技术,日本川崎重工享有该技术的使用权,鲁奇新 OG 法和川崎新 OG 法在国内的转炉工程中均有应用。

新 OG 法是在原 OG 法(溢流文氏管 + RD 文氏管 + 脱水器)的基础上进行改进后的一种(喷淋塔 + 环缝装置 + 脱水塔)湿式除尘方式。现已发展到第四代即"一塔一文"系统,文氏管采用 RSW(Ring Slit Washer, RSW)型喉口,风机采用三维叶片。

1998 年,作为环保示范项目,日本政府在马钢三炼钢厂 70t 转炉扩容改造项目中向马钢无偿提供了一套新型 OG 法除尘技术和设备。这项技术对传统的 OG 法进行了技术改进,将二文 RD 可调喉口改为重锤式,即环缝洗涤器(RSW),还用饱和器代替了一文喉口。烟气首先进入饱和器,然后经过二文 RSW 和下部弯头脱水器到风机系统。目前此法在柳钢转炉、太钢转炉、济钢、凌源钢铁公司转炉上采用,取得初步经验。

8.3.3.1　新 OG 法系统工艺流程

转炉烟气经汽化冷却烟道降温冷却后,温度由 1600℃ 降到 900℃ 左右,高速运动的含尘煤气与浊环水在喷淋塔进行热质交换,烟气变为饱和烟气,温度降至 70℃ 左右,并得到粗除尘。经粗净化的煤气再进入环缝装置,在环缝装置中气体高速流过形成负压,此时,气体带入的浊环水汽化蒸发,水的比表面积急剧增大,加大了与气体中的粉尘的接触面积,含尘煤气得到充分洗涤净化。经二次净化后的含水煤气进入脱水塔脱水后由管道进入风机。通过风机的转炉烟气被压送至三通切换阀,根据煤气的质量来决定煤气是否被回收或放散至大气中。转炉烟气净化回收系统的运行、放散和回收操作由电脑自动控制。图 8 - 39 所示为新型 OG 法除尘工艺流程。

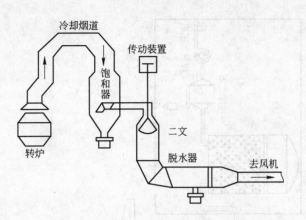

图 8 - 39 新型 OG 法除尘工艺流程

8.3.3.2 新 OG 法主要净化设备

图 8 - 40 为新 OG 除尘系统设备流程图。新 OG 法主要净化设备包括喷淋塔、环缝装置、脱水塔。

（1）喷淋冷却塔。喷淋塔为立式圆筒结构，起粗除尘、灭火、降温作用。

直接喷水进行烟气冷却有两种不同的冷却机理：

1）饱和冷却，大量喷水，通过水升温来吸收烟气的热量实现其降温，理论上每千克水的吸热量仅 209.34kJ。像一文、引进的饱和喷淋冷却塔技术均是采用饱和冷却机理。

2）蒸发冷却，也就是利用水蒸发的潜热吸收烟气的热量实现烟气的冷却，理论上每千克水的蒸发潜热量为 2093kJ，恰好是饱和冷却的 10 倍，因而冷却同样的烟气所需的水流量就是饱和冷却的 1/10。

（2）环缝洗涤器。新 OG 法将二文 RD 可调喉口改为重锤式，即环缝洗涤器，也称环缝文氏管，如图 8 - 41 所示。

环缝文氏管为长径文氏管，中心雾化喷嘴喷水，气水混合均匀，净化效果好，排放浓度小于 80mg/m^3，取消了结构复杂的氮气捅针，故障率降低。文氏管的阻力为 12 ~ 14kPa。

该文氏管主要有两个作用：

1）在煤气回收时对喉口的开合度进行自动调节，以控制炼钢过程中产生的 CO 的燃烧量。

2）控制烟气流速，使高速气流通过喉口时进行精除尘。烟气精除尘后温度降至 65℃左右。

8.3.3.3 系统的控制

系统设有三通切换阀、旁通阀、水封逆止阀、自动煤气分析仪。合格煤气进入煤气柜回收，不合格则通过放散塔点火放散。

（1）通过环缝装置来调节炉口微差压，以保证回收的煤气品质。

（2）在转炉加料出钢期由变频器或液力耦合器来调低风机转速，以达到节能目的。

8.3.3.4 新 OG 法的特点

（1）基本国产化，建设投资比较低。

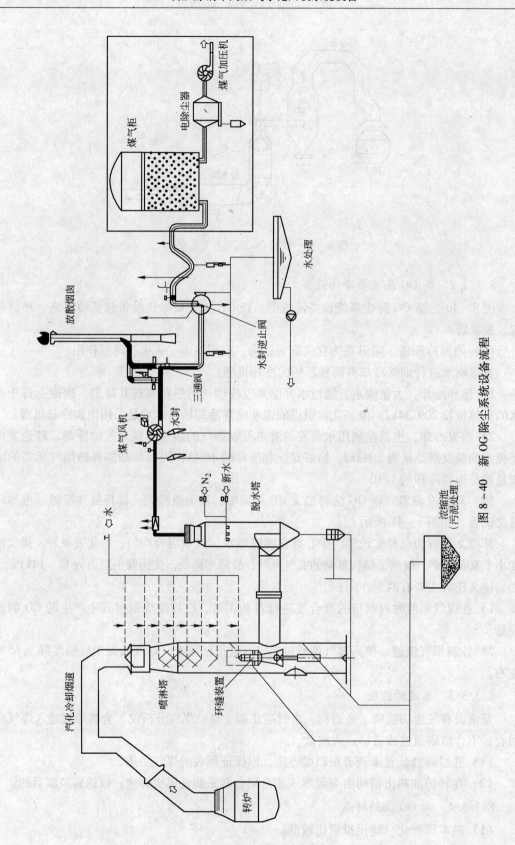

图 8 - 40　新 OG 除尘系统设备流程

（2）烟气排放浓度不大于 70mg/m³（标况）。根据讨论稿《钢铁工业大气污染物排放标准》（炼钢部分）要求，转炉一次除尘烟囱排放口含尘气体排放浓度（标态）：现有企业低于 100mg/m³；新建企业低于 80mg/m³。新 OG 法满足国家环保（未颁布）标准要求。

（3）除尘系统阻力约为 24000Pa；

（4）浊环水处理量大，喷淋塔、环缝装置处产生的污泥需要处理，污泥处理设施庞大。

（5）除尘效率风机叶轮磨损较快。

（6）风机维护工作量大。由于潮湿的粉尘易黏附于风机叶轮，风机叶轮动静平衡遭受破坏。为避免风机叶轮黏灰，通常采取在运行中连续喷水冲洗叶轮的方式。一般平均 1.5~2 月需拆开风机壳体用高压水冲洗一次风机叶轮及风机内壳，半年需大修更换风机转子。

（7）新 OG 法较老 OG 法除尘效率提高，耗水量下降。

8.3.4　高效节水型塔文半干法烟气净化回收系统

半干法是中国发明专利技术、上海市高新技术，是干式蒸发冷却与湿式除尘器（环缝文氏管或湿式静电除尘器）相结合的一种除尘工艺。其工艺流程如图 8-42 所示。

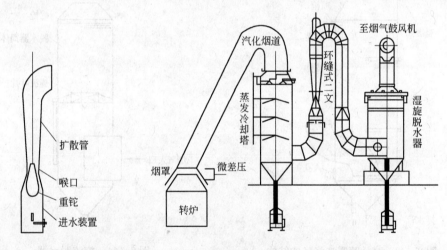

图 8-41　环缝文氏管的结构　　　　　　图 8-42　半干法除尘系统流程图

半干法系统主要由三部分组成：高效节水型洗涤塔、上行式环缝长径文氏管和旋风旋流板喷雾复合型脱水器。

8.3.4.1　半干法工艺流程

约 1550℃ 的转炉烟气在除尘风机的抽引作用下，经过汽化冷却烟道，温度降低到 850~1000℃ 进入蒸发冷却器。蒸发冷却器内采用 10 支均匀分布的双介质雾化冷却喷嘴，对转炉烟气进行第一步降温、粗除尘。在此装置中，约 40% 较大的粉尘颗粒在蒸发冷却器的作用下被去除。粉尘通过链式输送机、双板阀进入粗灰料仓由汽车外运。蒸发冷却器出口烟气温度降低到 280~400℃。通过环缝式文氏管、旋流板脱水器后降温、精除尘、脱水后，烟气含尘量降至 50mg/m³（标态）以下，烟气温度降到 50~65℃。烟尘进入除尘水经污水处理系统处理后，除尘泥经汽车外运至烧结厂加工利用，合格烟气进入煤气柜利用，不合格烟气通过放散烟囱点火放散。

8.3.4.2　半干法主要设备

（1）高效喷雾洗涤塔。如图 8 - 43 所示，高效喷雾洗涤塔。

由水冷夹套、洗涤塔塔体、排水水封及控制系统四部分组成。陕西龙门钢铁厂高效喷雾洗涤塔直径为 3.6m，高约 13m，塔内喷枪和喷嘴采用的是美国喷雾公司产品。

龙门钢铁厂实际应用结果表明，用半干式高效喷雾冷却除尘塔替代传统的一文最显著的效果是系统阻力降低了 70%，排放烟气粉尘浓度降低到 100mg/m³ 或 50mg/m³ 以下（风机为 1650 型），循环水量最少降低 50%，甚至采用干收灰后不再有循环水，解决了水处理能力不足、水质差、水处理运行费用高等问题。

（2）旋流脱水器。图 8 - 44 所示为旋流脱水器。该设备结构简单，运行阻力低，脱水效果好，故障率低，解决了丝网脱水器易堵塞、复挡式脱水器结构复杂、阻力偏大、结垢后不易清理的问题。旋流脱水器的运行阻力在 0.5kPa 左右。

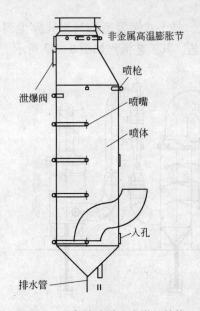

图 8 - 43　高效喷雾洗涤塔的结构

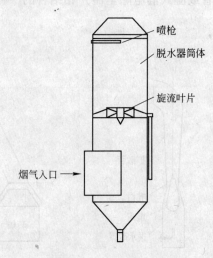

图 8 - 44　旋流脱水器

8.3.4.3　半干法主要特点

（1）高温烟气采用蒸发冷却到饱和，在进一步洗涤和除尘过程中的喷水可以实现冷凝冷却，所以出口煤气温度可以达到更低的饱和温度，约 40℃，这可以使煤气湿度大幅降低，补充新水消耗比干法减少约 10kg/t。

（2）通过蒸发冷却技术的改进，可以实现干出灰 50% ~ 80%，相当于现在干法蒸发冷却器和 2 ~ 3 个电场电除尘器的干出灰总量。

（3）采用高效环缝文氏管精除尘器可以使回收煤气和排放烟气浓度（标态）均稳定降低到 20mg/m³ 以下，煤气可以直接利用；如果保留柜后湿式电除尘器再净化，可以确保煤气粉尘浓度（标态）低于 2mg/m³ 以下。

（4）停止水处理运行。采用本工艺具备了完全停止现有循环水处理运行，降低生产成本的条件。原因是：

1）烟气中石灰粉等大部分粉尘以干灰方式收集，不再进入排水中，不需要加药调 pH 值；

2）烟气采用蒸发冷却，回水基本不升温，不再需要上凉水塔降温；

3）半干法的喷嘴孔径大不堵塞，排水可以在现场增加缓冲水箱，经过粗过滤后循环使用，过滤产生的泥浆用喷嘴喷洒到干灰中加湿防尘，与干灰卸灰同步进行。

（5）吨钢煤气回收量可提高 $10 \sim 15 m^3/t$。原因是半干法改造都保留利用了原来的风机，阻损大幅降低而使系统能力从不足或短时不足转为始终富裕，这就使溢出烟罩的煤气量减少；还因为炉口压力控制精度高，吸入空气量也减少，煤气罩内燃烧比例减少，CO 含量提高 10%。

（6）二次除尘负荷大大减少。因为炉口压力达到精确控制，二次除尘可以不必再考虑烟罩溢出的烟气，加料等产生的烟气好，可以辅助采用喷雾除尘等方法治理，可以显著降低二次除尘费用。

8.3.4.4 半干法系统常见问题及改进措施

陕西龙门钢铁厂半干法系统使用过程中常见的问题及改进措施如下：

（1）常见问题。

1）洗涤塔底部易堵塞、积泥，水封进高架流槽处易堵塞、积泥；

2）旋流脱水器入口处易积泥；

3）喷枪易堵塞；

4）每次定修需要的时间较长，大约 6h；

5）原来每座转炉单独一个水泵房，用水量较大，所需操作人员多不便管理。

（2）改进措施。

1）喷雾洗涤塔的改进。在喷雾洗涤塔底部的上方加装了事故状态下的溢水管，提高了安全及可靠性；在喷雾洗涤塔底内部加装冲洗喷头，减少了堵塞，同时大大减少了定修时间。

2）排水水封的改进。原设计的两排水水封底部与高架槽之间有一个连通管，两者高度在一个水平面上，非常容易积泥堵塞，造成生产过程中水封溢水。改进措施是：降低高架槽的安装坡度；在排水封的上部加装一个溢流管，杜绝了事故。

3）旋流脱水器的改进。在旋流脱器内筒壁加装一圈喷嘴，接入除尘水，减少筒壁的结垢黏灰，降低了工人的劳动强度，同时也大大减少了定修的时间。

4）除尘水管的改进。增加自冲洗过滤器（由进出口压差设定进行反冲），反冲水直接排入高架槽中，让大颗粒的悬浮物避开喷枪，直接进入高架槽中，大大减少了喷枪易堵塞的情况。

5）将原来的两座转炉合并为一个水泵房，除尘水泵开二备一，不但节约了用水量，而且还节省了人员费用。

思考与练习

8-1 烟气净化回收的方式有哪些？

8 - 2　未燃全湿净化系统的主要设备是什么？

8 - 3　简述汽化冷却系统工作流程。

8 - 4　简述文氏管除尘器的工作原理。

8 - 5　简述文氏管常见故障及排除。

8 - 6　简述溢流文氏管除尘器的工作原理。

8 - 7　简述脱水器的种类及工作原理。

8 - 8　简述风机的常见故障及排除。

8 - 9　简述水封逆止阀常见故障及排除。

8 - 10　简述三通阀常见故障及排除。

8 - 11　简述 OG 法系统的工艺流程及主要设备。

8 - 12　简述 OG 法系统的操作。

8 - 13　简述 OG 法系统常见故障及排除。

8 - 14　简述 LT 法系统的工艺流程及主要设备。

8 - 15　简述 LT 法系统常见故障及排除。

8 - 16　简述新 OG 法系统工艺流程及主要设备。

8 - 17　简述高效节水型塔文半干法工艺流程及主要设备。

8 - 18　简述高效节水型塔文半干法常见故障及改进措施。

9 废气、废水、废渣的处理设备

学习目标

（1）能够准确陈述转炉烟气和烟尘的利用情况，熟悉转炉烟气和烟尘的处理设备。

（2）能够准确陈述转炉废水的处理情况，熟悉转炉废水的处理设备。

（3）能够准确陈述转炉钢渣的处理情况，熟悉转炉钢渣的处理设备，掌握两种处理方法的特点。

9.1 废气的处理设备

炼钢生产过程中产生的烟气，温度很高。如氧气转炉燃烧期，烟气温度高达1600℃。可以通过汽化冷却烟道，将这部分物理热回收。据现场经验，每炼1t钢，可回收60～70kg的蒸汽。

转炉煤气的应用较广，可做燃料或化工原料。

（1）燃料。转炉煤气的含氢量少，燃烧时不产生水汽，而且煤气中不含硫，可用于混铁炉加热、钢包及铁合金的烘烤、均热炉的燃料等，同时也可送入厂区煤气管网，供用户使用。

转炉煤气（标态）的最低发热值也在7745.95kJ/m^3左右。我国氧气转炉未燃法，每炼1t钢可回收$\varphi(CO)=60\%$的转炉煤气（标态）60～70m^3，而日本转炉煤气吨钢回收量（标态）达100～120m^3。

（2）化工原料。

1）制甲酸钠。甲酸钠是染料工业中生产保险粉的一种重要原料，以往均用金属锌粉作主要原料。为节约金属，1971年有关厂家试验用转炉煤气合成甲酸钠制成保险粉，经使用证明完全符合要求。

用转炉煤气合成甲酸钠，要求煤气中的$\varphi(CO)$至少为60%左右，氮含量小于20%。其化学反应式如下：

$$CO + NaOH \longrightarrow HCOONa$$

每生产1t甲酸钠需用转炉煤气（标态）600m^3。

甲酸钠又是制草酸钠（COONa）的原料，其化学反应式为：

$$2HCOONa \longrightarrow COONa—COONa + H_2$$

2）制合成氨。合成氨是我国农业普遍需要的一种化学肥料。转炉煤气的$\varphi(CO)$含量较高，所含P、S等杂质很少，是生产合成氨的一种很好的原料。利用煤气中的CO，在触媒作用下使蒸汽转换成氢。氢又与煤气中的氮，在高压（15MPa）下合成为氨。

$$CO + H_2O \longrightarrow CO_2 + H_2$$
$$N_2 + 3H_2 \longrightarrow 2NH_3$$

生产 1t 合成氨需用转炉煤气（标态）3600m³。以 30t 转炉为例，每回收一炉煤气，可生产 500kg 左右的合成氨。

用转炉煤气为原料转换合成氨时，对转炉煤气的要求如下：

① $\varphi(CO + H_2)/\varphi(N_2)$ 应大于 3.2 以上；

② $\varphi(CO)$ 要求大于 60%，最好稳定在 60% ~65% 范围内，其波动不宜过大；

③ 氧气含量小于 0.8%；

④ 煤气（标态）含尘量小于 10mg/m³。

利用合成氨，还可制成多种氮肥，如氨分别与硫酸、硝酸、盐酸、二氧化碳作用，可以获得硫酸铵、硝酸铵、氯化铵、尿素或碳酸氢铵等。

在湿法净化系统中所得到的烟尘是泥浆。泥浆脱水后，可以成为烧结矿和球团矿的原料，还可以与石灰制成合成渣，用于转炉造渣，提高金属收得率。

9.2　废水的处理设备

氧气转炉的烟气在全湿净化系统中形成大量的含尘污水，污水中的悬浮物经分级、浓缩、沉淀、脱水、干燥后将烟尘回收利用。去污处理后的水，还含有 500 ~800mg/L 的微粒悬浮物，需处理澄清后再循环使用。含尘污水处理流程如图 9-1 所示。

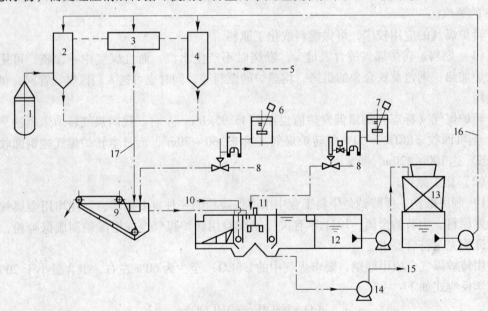

图 9-1　含尘污水处理系统

1—转炉；2，3，4—烟气冷却净化系统；5—净化后的烟气；6—苛性钠注入装置；7—高分子凝聚剂注入装置；
8—压力水；9—粗颗粒分离器；10—压缩空气；11—沉淀池；12—清水池；13—冷却塔；14—泥浆泵；
15—真空过滤机；16—净水返回；17—净化系统排出污水

从净化系统 17 排出的污水，悬浮着不同粒度的烟尘，沿切线方向进入粗颗粒分离器 9，通过旋流器大颗粒烟尘被甩向器壁沉降下来，降落在槽底，经泥浆泵送走过滤脱水。

悬浮于污水中的细小烟尘，随水流从顶部溢出流向沉淀池 11。沉淀池中烟尘在重力作用下慢慢沉降于底部，为了加速烟尘的沉降，可向水中投放硫酸铵或硫酸亚铁或高分子微粒絮凝聚剂聚丙烯酰胺。澄清的水从沉淀池顶部溢出流入 12，补充部分新水仍可循环使用。沉淀池底部的泥浆经泥浆泵 14 送往真空过滤机脱水，脱水后的泥饼仍含有约 25% 的水分，烘干后供用户使用。

污水在净化处理过程中，溶解了烟气中 CO_2 和 SO_2 等气体，这样水质呈酸性，对管道、喷嘴、水泵等都有腐蚀作用。为此要定期测定水的 pH 值和硬度。若 pH 值小于 7 时，补充新水，并适量加入石灰乳，使水保持中性。倘若转炉用石灰粉末较多，被烟气带入净化系统并溶于水中，生成 $Ca(OH)_2$。$Ca(OH)_2$ 与 CO_2 作用形成 $CaCO_3$ 的沉淀，容易堵塞喷嘴和管道；因此除了尽量减少石灰粉料外，检测发现水的 pH 值大于 7 呈碱性时，也应补充新水，同时可加入少量的工业酸，以保持水的中性。汽化冷却烟道和废热锅炉用水为化学纯水，并经过脱氧处理。

9.3 废渣的处理设备

9.3.1 传统钢渣处理系统

钢渣占金属量的 8%~10%，最高可达 15%。长期以来，钢渣被当成废物弃于渣场。近些年的试验研究表明，钢渣可以进行多方面的综合利用。

（1）钢渣水淬。钢渣水淬是用水冲击液体炉渣得到直径小于 5mm 的颗粒状的水淬物，如图 9-2 所示。

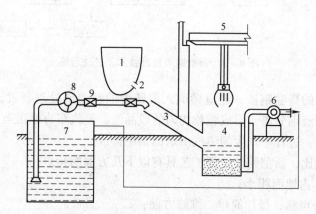

图 9-2 钢渣水淬
1—渣罐；2—节流器；3—淬渣槽；4—沉淀室；5—抓斗吊车；
6—排水泵；7—回水池；8—抽水泵；9—阀门

渣罐或翻渣间的中间包下部侧面，设一个扁平的节流器，熔渣经节流器流出，用水冲击。淬渣槽的坡度应大于 5%。冲水量为渣重的 13~15 倍，水压为 29.4Pa。水渣混合物经淬渣槽流入沉渣池沉淀，用抓斗吊车将淬渣装入汽车或火车，运往用户。$w(P_2O_5)$ 在 10%~20% 的水渣，可作磷肥使用。一般水渣可用于制砖、铺路、制造水泥等。炉渣经过磁选，还可以回收 6%~8% 的金属铁珠。这部分金属铁珠可返回废钢使用。

（2）用返回渣代替部分造渣剂。返回渣可以代替部分造渣材料用于转炉造渣，这也是近年来国内外试验的新工艺。用返回渣造渣，成渣快，炉渣熔点低，去磷效果好，并可取代部分或全部萤石，减少石灰用量，降低成本，尤其是在白云石造渣的情况下，对克服黏枪有一定效果，并有利于提高转炉炉龄。

炼钢渣罐运至中间渣场后，热泼于地面热泼床上，自然冷却 20~30min。当渣表面温度降到 400~500℃，再用人工打水冷却，使热泼渣表面温度降到 100~150℃。用落锤砸碎结壳渣块及较厚渣层，经磁选，分离废钢后，破碎成粒度为 10~50mm 的渣块备用。

返回渣可以在开吹一次加入，也可以在吹炼过程中与石灰等造渣材料同时加入，吨钢平均加入量为 15.4~28kg/t。

9.3.2　新型钢渣处理技术

新型钢渣处理技术是最近开发的一项环保新技术。其原理是：利用高温钢渣自身余热和矿相组成发生变化时产生的热应力、化学应力、相变应力及外界机械破碎力，使冶金渣快速冷却、破碎，生成以硅酸三钙和硅酸二钙为主的颗粒状成品渣，同时保证金属和渣的完好分离。

9.3.2.1　新型钢渣处理工艺流程与特点

新型钢渣处理装置工艺流程如图 9-3 所示。

图 9-3　新型钢渣处理技术工艺流程图

转炉车间产生的高温钢渣，经渣罐倒入旋转着的新型渣处理装置，在此快速完成冷却、固化、破碎和渣钢分离，形成颗粒均匀的成品渣，经汽车直接送至用户，或经磁选回收渣钢后再送用户；过程中产生的蒸汽由烟囱集中排放。

与传统方法相比，新型钢渣处理工艺具有以下几方面的特点：

（1）流程短、占地面积小；

（2）设备安全可靠，操作简单，维修方便；

（3）投资省、费用低，一次性投资、备品备件和操作费用都比浅盘法、水淬法低；

（4）处理后渣子粒度均匀（1~10mm 占 80%），性能稳定，游离氧化钙（f-CaO）含量低，可直接利用；

（5）渣钢分离良好，回收废钢的金属化率大于 90%，综合效益明显；

（6）环保，由烟囱排放蒸汽的含尘量低，SO_2 和 NO_x 浓度低，pH 值适中；

（7）能进行多种炉渣的处理，如转炉渣、电炉渣、高炉渣、铸余渣等。

9.3.2.2　主要工艺设备

新型钢渣处理工艺的主要设备分为炉渣运输、新型渣处理装置、冷却、磁选等四个系统，见表 9-1。表 9-2 为新型钢渣处理装置的设计参数。

表 9-1 新型钢渣处理工艺设备构成

炉渣运输系统	渣罐、渣罐台车、天车
新型钢渣处理装置	滚筒、链板输送机、烟道
冷却水系统	供水泵、蓄水池
磁选系统	磁选机

表 9-2 新型钢渣处理装置的设计参数

项 目	设 计 指 标	备 注
处理能力	3t/min	
转速	$0 \sim 5r/min$	
入渣温度	$1400 \sim 1500℃$	
出渣温度	$70 \sim 100℃$	
排放蒸气含尘浓度	$<150mg/m^3$	
成品渣粒度	<120mm	
成品渣游离 CaO 含量	<4%	符合国家建材标准
滚筒直径	8m	
主马达功率	200kW×2 台	
总占地面积	约 70m²	

9.3.2.3 新型钢渣处理装置效果

经过多年的完善和发展，新型钢渣处理装置不仅能够处理流动性好的液态钢渣，而且能够处理黏度较大、流动性较差的溅渣护炉渣。

生产实际表明：流动性好的渣容易处理，进渣速度快；黏度大的渣难处理，进渣速度相应慢一些。理论分析认为，处理 1.0t 1400℃的钢渣需要消耗 0.5 ~ 0.6t 冷却水，因此，吨渣供水量维持在 1.0t 左右比较适宜。

新型渣处理装置的不断完善和连续运转，既降低了滚筒的备件资材消耗，又减少了浅盘及其附属设施的使用率，从而大大降低了其维修费用，使得滚筒、浅盘及整个渣处理成本逐年下降，如某厂新型渣处理费用见表 9-3。

表 9-3 某厂的渣处理车间历年设备消耗费用比较

设 备 名 称	2001 年		2003 年		2004 年	
	滚筒	浅盘	滚筒	浅盘	滚筒	浅盘
处理钢渣炉数/炉	227	—	1242	—	3908	3717
每年单体设备总费用/万元	125.9	720.9	235.5	437.1	232.8	247.3
每炉渣平均费用/万元	5546	—	1896	—	596	665
年度车间设备总费用/万元	846.8		672.6		480.1	

新型渣处理装置处理前后钢渣的化学成分（见表 9-4）除游离氧化钙有较大的降解外，其他组成没有明显变化这主要是因为整个处理过程是在高温下快速完成的，钢渣中原有的游离氧化钙绝大部分转化成硅酸三钙和蔷薇辉石，少量溶解到水中的缘故。

表 9 − 4　处理前后钢渣化学成分（w）　　　　　　　　%

成分	f-CaO	TFe	FeO	CaO	MgO	SiO_2	Al_2O_3	P_2O_5	MnS	S
处理前	7.04	26.07	18.91	40.29	9.43	7.87	1.93	1.87	3.92	0.04
处理后	2.65	25.26	16.91	39.71	9.0	8.51	1.50	1.79	4.09	0.04

　　渣样的 X 射线衍射显示：处理前渣中含有较多的 f-CaO，而处理后渣样中多了硅酸三钙 $3CaO \cdot SiO_2$、蔷薇辉石 $(Mn,Fe,Ca)_5Si_5O_{15}$ 和氢氧化钙 $Ca(OH)_2$ 以及游离的铁，这和化学分析的结果基本吻合，同时也说明新型钢渣处理技术的渣铁分离能力非常好。

　　新型渣处理装置处理过程中产生的蒸汽由烟囱集中排放，经测定平均含尘浓度为 93.4 mg/m^3，SO_2 为 65.7 mg/m^3，NO_x 的排放浓度仅 2.8 mg/m^3。

　　产生的钢渣已代替碎石用于铁路、公路路基、工程回填、修筑堤坝等；代替细骨料做渣砖（如彩色地砖）、电缆槽制品；另外，滚筒渣用于烧结辅料、水泥原料等方面也已经过实践验证，可大量使用。

　　总之，相对于传统的渣处理技术而言，新型钢渣处理技术工艺具有许多优越性。实践证明：新型钢渣处理技术工艺具有流程短、效率高、成本低、节能环保、安全可靠等多方面的优点；尤其处理后的钢渣性能稳定、渣钢分离良好、可直接利用，克服了传统工艺流程长、占地面积大、扬尘严重等环保问题。因此新型钢渣处理技术工艺在冶金渣处理领域越来越受到关注。

　　　　　　　　　　　　　思考与练习

9 − 1　转炉烟气和烟尘有哪些利用价值？
9 − 2　转炉回收烟气过程中产生的废水如何处理？
9 − 3　转炉炼钢钢渣如何处理？
9 − 4　新型钢渣处理技术有哪些优缺点？

10 转炉炼钢用辅助设备

学习目标

（1）能够准确陈述转炉炼钢用辅助设备的工作原理，熟悉设备的结构和工作过程。

（2）能够准确陈述各种挡渣机械的工作原理，并掌握各种挡渣设备的构造。

10.1 钢包、钢包车及渣罐车

（1）钢包。钢包是用来承装和运载钢水的设备，如图 10-1 所示。

图 10-1 钢包

（2）钢包车。钢包车（见图 10-2）的作用是承载钢包、接受钢水并运送钢包过跨。

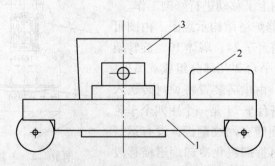

图 10-2 钢包车

1—车体；2—电动及减速传动装置；3—钢包

钢包车主要由车体、减速装置、钢包支座等几部分组成。其中减速装置在车体的一侧，由电动机带动减速器，再带动车轴运动而使钢包车运行。其减速装置设有外罩，以防高温钢水和炉渣的损坏。

（3）渣罐和渣罐车。渣罐和渣罐车（见图 10 – 3）是承装和运载渣子的设备。渣罐车车体与钢包车类似，只是自身无动力行走机构，需要牵引运行。

图 10 – 3　渣罐车和渣罐

10.2　修炉车

转炉炉衬的修砌方法有上修法和下修法两种。大型转炉多采用上修法修炉，那么此时烟罩下部应作成可移动式，修炉时烟罩下部向侧向或向炉后移出，并考虑修炉吊车和运送衬砖的布置。

（1）上修式修炉机。图 10 – 4 所示为 150t 转炉用上修式修炉车，它由横移小车 1、炉衬砖提升吊笼 6 和修炉平台 7 组成。而横移小车主要由平台提升机构、吊笼提升机构和横移机构组成。

修炉时，将可拆卸汽化冷却烟道移开，修炉车通过横移小车开至炉口上方，炉衬砖箱放入吊笼中，通过卷扬提升送到修炉工作平台上。修炉平台通过提升机构在转炉内上下移动进行修砌工作。

图 10 – 5 为 300t 修炉塔结构示意图。由图可知，修炉塔是由修炉塔台车 24、塔体 10、旋转架 7 和分配辊道 5 及作业平台 2 几部分组成。另外，还配备一套供砖装置。由供砖装置将炉衬砖送入修炉塔的辊道。修炉塔台车 24 是一个用四个车轮支撑的焊接框架，上面铺有网纹钢板，没有运行驱动装置，它安置在可拆卸汽化冷却烟道横移段台车轨道上，被活动烟罩的行走装置拖动运行。在砌炉时，转炉上方的烟罩台车横向移开之后，

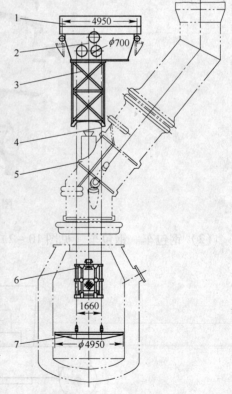

图 10 – 4　上修式修炉车的结构

1—横移小车；2—钢绳；3—吊笼护罩；4—钢绳；
5—汽化冷却可拆卸段；6—吊笼；7—修炉平台

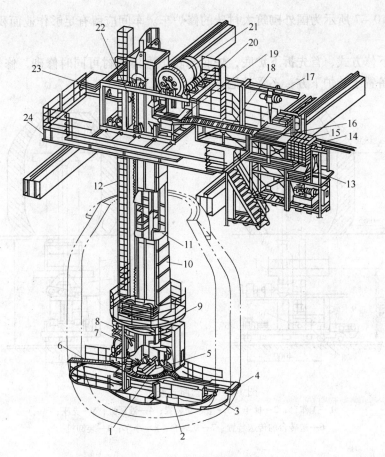

图 10-5　修炉塔总体结构

1—环形输出辊道；2—作业平台；3—辅助平台；4—自动砌砖机；5—接收及输出辊道（分配辊道）；
6—倾斜输出辊道；7—旋转架；8—旋转架驱动装置；9—旋转平台；10—塔体；11—斗式运输机；
12—梯子；13—升降台；14—推砖油缸；5—炉衬砖；16—砖换向台（辊道）；17—电葫芦；
18—倾斜轨道输送器；19—气动挡板；20—送砖皮带机；21—塔体升降装置；
22—塔下落止坠装置；23—钢绳平衡及断裂检测装置；24—修炉塔台车

修炉塔台车 24 才能正置于炉口上方安装塔体等设备。

修炉塔的塔体 10 垂直安装在修炉塔台车架上，伸入转炉内，其升降由塔体升降卷扬机 21 和钢绳、滑轮组拖动，沿着修炉塔台车上的导向限位装置上下运行。

修炉塔下部工作装置是修炉塔主要工作部分。它包括旋转架 7、旋转平台 9、水平输送装置、作业平台 2 和起重小车运行轨道等。

旋转台架由驱动装置 8、齿圈、旋转平台 9 和旋转架 7 组成。齿圈固定于旋转平台下部，起重小车运行轨道、辊道输送装置和作业平台都装设在旋转台架上，随其一起旋转。

（2）下修式修炉机。采用下修时，转炉炉底是可拆卸的，修砌炉衬必须使用带有行走机构的修炉车，在钢包车的轨道上工作，本身没有行走动力机构，多由钢包车将其拖动至转炉正下方进入工位。修炉车依其工作升降的动力形式分为液压传动和机械传动两种。修炉车的作用是将砌炉所用衬砖从转炉底部送进炉内修砌处，其工作平台可以沿炉身上下移动，随时升到炉内任何一个必要的高度。图 10-6 所示是我国中、小转炉用套筒式升降修炉车；图 10-7 所示为国外砌筑大衬砖的修炉车。车间应留有足够作业面积放置炉底车和修炉车。

　　转炉的下修方式，首先拆下炉底，炉底与转炉本体内衬可同时修砌，修炉时间较短。由于修炉设备置于转炉下方，不受其他干扰。

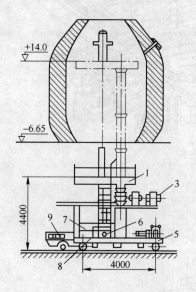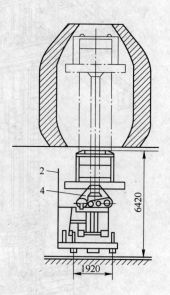

图 10-6　套筒式修炉车

1—工作台；2—梯子；3—主驱动装置；4—液压缸；5—支座；
6—送砖台的传送装置；7—送转台；8—小车；9—装卸机

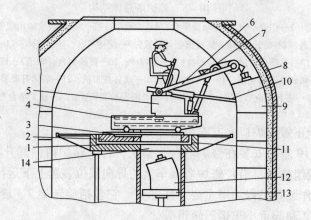

图 10-7　带砌砖衬车的修炉机

1—工作平台；2—转盘；3—轨道；4—行走小车；5—砌炉衬车；6—液压吊车；
7—吊钩卷扬；8—炉壳；9—炉衬；10—砌砖推杆；11—滚珠；
12—衬砖；13—衬砖托板；14—衬砖进口

10.3　炉底车

　　炉底车主要是用于转炉下修时卸装炉底的机械设备。通过炉底车上可升降的顶盘，将直立着的转炉的炉底托住,待炉底从炉身拆卸下后,将炉底托下并从炉体下方运出,然后由车间吊车将炉底吊运至修砌地点。在炉身内衬和炉底修砌完毕后,再将炉底运至炉体正下方与炉身连接。

炉底车在炉下钢包车的轨道上工作,由钢包车拖动。修炉工作结束后,则由吊车将其吊运到车间指定的停放地点。

炉底车的总体结构如图10-8所示。它是由顶台—操作平台、升降油缸、液压-电气系统和车体组成。安装炉底时,将炉底放在顶盘的滚动支架环上,通过液压传动系统将顶盘升起,使炉底与炉身吻合并连接。

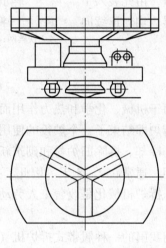

图 10-8 炉底车

10.4 喷补装置

转炉在冶炼过程中,炉衬尤其是渣线部位因侵蚀而损坏。为提高炉衬寿命,降低钢的成本,提高效益,配合溅渣护炉技术,同时采用炉衬的喷补,是提高炉龄的重要措施。国内外的转炉都采用了各种补炉技术。

喷补方法分为湿法和干法两种。喷补装置的形式多样,下面主要介绍两种。

喷补机(见图10-9)的驱动电动机经减速器带动搅拌器旋转,将料斗内的补炉料进

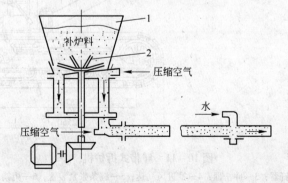

图 10-9 喷补机的工作原理

1—料斗;2—搅拌器

行搅拌，并通压缩空气使其搅拌充分、混合均匀。在输送胶管的出口接一根钢管并通水。混有补炉料的高速空气流将水雾化，被浸湿的补炉料由压缩空气喷射到炉衬需要修补的各个部位。

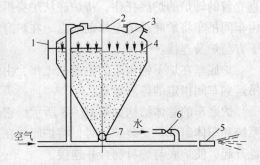

图 10 – 10 所示为干法热喷补装置。它是由密封料罐 2、铁丝网 4、铁丝网松动手轮 1、给料器 7、喷嘴 5 和供水与供气管路组成。

密封料罐上部有密封加料口，由此装入干喷补料，下部卸料口装有给料器，均匀连续向外送料。

图 10 – 10　干法热喷补装置

1—手轮；2—密封料罐；3—加料口；
4—铁丝网；5—喷嘴；6—供水管；7—给料器

10.5　拆炉机

转炉炉衬在吹炼过程中，由于机械、化学和热力作用而逐渐被侵蚀变薄，直到无法修补时，必须停止吹炼。此时，转炉即结束了一个炉役的使用周期，只有重新修砌炉衬才能继续炼钢。修炉操作包括炉衬的冷却、拆除旧炉衬和砌筑新炉衬等。对于中等吨位以上的转炉，两个炉役之间的修炉时间，通常在 2 ~ 8 天。因此，提高炉衬寿命、缩短修炉时间对于提高转炉产量有重要意义。拆炉机械化是改善工人劳动条件，减轻工人劳动强度，缩短修炉时间的重要措施。

拆炉机形式很多，这里介绍我国的一种履带式拆炉机（见图 10 – 11）。这种拆炉机主要由拆炉工作机构、工作架、行走机构、液压传动系统和风动系统等组成。

拆炉工作机构包括钎杆 1、夹钎器 2、冲击器 3 和推进风马达 4。拆炉工作时，由冲击

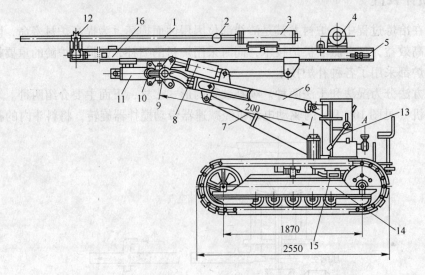

图 10 – 11　履带式拆炉机

1—钎杆；2—夹钎器；3—冲击器；4—推进风马达；5—链条张紧装置；6—桁架水平摆动油缸；
7—桁架俯仰油缸；8—滑架俯仰油缸；9—滑架水平摆动油缸；10—滑架推进油缸；
11，16—滑架；12—钎杆导座；13—车架；14—行走装置；15—制动手柄

器冲击钎杆，捣毁炉衬。随着冲击深度的增加，推进风马达经链条向前推进冲击器进行工作。只要拆掉关键的衬砖，其他衬砖就比较容易松动塌落。

工作架由滑架 11 和桁架组成。桁架包括桁架水平摆动油缸 6、桁架俯仰油缸 7。在桁架上固定有滑架俯仰油缸 8、滑架水平摆动油缸 9 和滑架推进油缸 10。

行走机构由车架、驱动装置和履带装置组成。

10.6 挡渣机械设备

随着用户对钢材质量要求的日益提高，需要不断提高钢水质量。减少转炉出钢时的下渣量是改善钢水质量的一个重要方面。在转炉出钢过程中进行有效的挡渣操作，不仅可以减少钢水回磷，提高合金收得率，还能减少钢中夹杂物，提高钢水清洁度，并可减少钢包黏渣，延长钢包使用寿命。与此同时亦可减少耐材消耗，相应提高转炉出钢口耐火材料的使用寿命，还可为钢水精炼提供良好的条件。

为提高转炉挡渣效果，国内外在挡渣技术方面进行了深入研究。自 1970 年日本发明挡渣球出钢挡渣方法以来，各国为完善挡渣技术，发明了十几种挡渣方法。

从挡渣技术的发展趋势来看，国外正在逐步从有形挡渣法向无形挡渣法方向发展。由于用挡渣球等有形挡渣物挡渣，材料消耗高，挡渣效果不理想。国外不少钢厂已采用了无形挡渣法，并配有炉渣检测装置实行自动控制挡渣，如气动挡渣法、电磁干扰法等。这些方法除挡渣效果较好外，还提高了钢水收得率，挡渣的费用也降低了。特别是气动挡渣法，在挡渣效果、可靠性和费用等方面优势明显，已在国外许多钢厂的大型转炉上采用，国内宝钢也已采用。当前，国内小型转炉大都采用挡渣球挡渣，出钢末期由人工投入，投入的准确性及投入时机都难以保证，造成挡渣效果很不稳定，这一直是困扰小型转炉的大问题。

10.6.1 挡渣球法

挡渣球法是 1970 年日本新日铁公司发明的，其原理是利用挡渣球密度介于钢、渣之间（一般为 $4.2 \sim 4.5 \mathrm{g/cm^3}$），在出钢将结束时堵住出钢口以阻断渣流入钢包内。如图 10 - 12 所示，挡渣球的形状为球形，其中心一般用铸铁块、生铁屑压合块、小废钢坯等材料做骨架，外部包砌耐火泥料，可采用高铝质耐火混凝土、耐火砖粉为掺和料的高铝矾土耐火混凝土或镁质耐火泥料。在满足挡渣的工艺要求的条件下，挡渣球应力求结构简单，成本低廉。

考虑到出钢口受侵蚀变大的问题，挡渣球直径应比出钢口直径稍大，以起到挡渣作用。挡渣球一般在出钢量达到 1/2 ~ 2/3 时投入，挡渣命中率高。但挡渣球通常是以随波逐流的方式到达出钢口，由于钢渣黏性大，因此挡渣球有时不能顺利到达出钢口，或者不能有效地在钢水将流尽时堵住出钢口。另外，又由于圆形挡渣球完全落到出钢口上，出钢口过早封堵的几率显著增加，降低了钢水收得率，故挡渣球法的可靠性难以令人满意。但由于挡渣球法操作简单，因此，目前国内多数钢厂仍都采用挡渣球挡渣。

10.6.2 挡渣塞法

1987 年 Michael D. Labate 总结了德国（当时联邦德国）挡渣在美国使用的经验，发明了具有挡渣和抑制涡流双重功能的挡渣塞（见图 10 - 13）。该装置呈陀螺形，粗端有 3

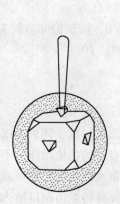
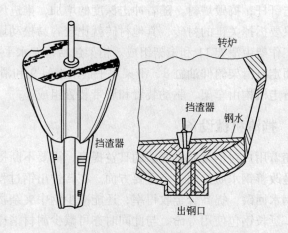

图 10 - 12　挡渣球构造　　　　　　　　图 10 - 13　能抑制涡流的挡渣塞

个凹槽、6 个棱角，能够破坏钢水涡流，减少涡流卷渣。其密度与挡渣球相近，在 4.5 ~ 4.7g/cm³ 之间，能浮于钢渣界面，伴随着出钢过程，逐渐堵住出钢口，实现抑制涡流和挡渣的作用。

挡渣塞是一种带杆的、可以导向的圆锥体耐火制品。该法挡渣成功率可达 95% 左右。

德国曼内斯曼胡金根厂在 220t 转炉上用挡渣塞挡渣。武钢 1996 年开发设计了类似的陀螺形挡渣塞，见图 10 - 14。其上部为组合式空心结构，下部为带导向杆的陀螺形，与挡渣球类装置相比，具有可灵活调节密度、自动而准确地到达预定位置、成本低、成功率高的特点。

国内外不少钢厂在挡渣器件的结构、形状及其投放方式等方面进行了不少探索和改进，取得了一定效果。例如：用倒四面体或立方体的挡渣体、陶瓷挡渣块以及四周开槽的标枪式浮动芯棒等器件取代挡渣球挡渣，挡渣效果都好于挡渣球。用投放车并不断改进来取代人工投放挡渣体，减轻了操作者的劳动强度，提高投放准确率，从而改善了挡渣效果。

10.6.3　滑板法

卢森堡、德国、日本等国家钢铁企业在转炉上用大型钢包滑动水口挡渣，与一些扫渣法相结合，可以有效控制下渣量，并能准确控制出钢时间。其原理是将类似钢包滑动水口耐火元件系统移植安装到转炉出钢口部位，通过操作系统以机械或液压控制的方式开启或关闭出钢口，以达到挡渣的目的。这种装置挡渣效果较好，但成本较高。同时，由于出钢口所在的特定位置，使得安装与拆卸均不方便，且易受吹炼期间喷溅的影响。

德国 G. Bocher 等人发表论文介绍了 Slazgitter 钢厂 210t 转炉使用的一种在出钢口末端用液压闸门的挡渣装置，如图 10 - 15 所示。该装置由 3 个部分组成：驱动连接件、带保护箱的闸门和液压驱动系统。转炉装料时闸门为开启位置，转炉到出钢位置时闸门关闭，出钢前闸门重新开启，闸门开关用时仅 0.3s，操作安全可靠。与挡渣球相比，钢包下渣量减少了 70%，挡渣效果显著。但该装置设备复杂、成本较高。

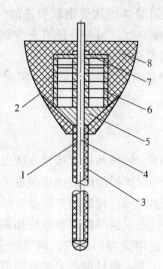 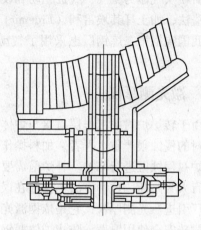

图 10-14 陀螺形挡渣塞　　　　图 10-15 闸板挡渣装置示意图
1—导向杆；2—挡渣塞本体；3,8—耐火
材料；4—杆芯；5—芯片座板；6—芯片；
7—芯片盖

10.6.4 气动挡渣法

奥地利、瑞典等国家研究成功了气动挡渣法，如图 10-16 所示。日本神户钢铁公司 20 世纪 80 年代末也使用了气动挡渣法，效果显著。

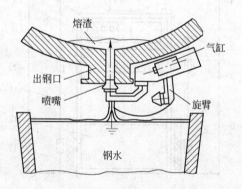

图 10-16 气动挡渣法示意图

该法主要设备包括封闭出钢口用的挡渣塞和用来喷吹气体、启动气缸以及对主体设备进行冷却保护等所用的供气设备。挡渣操作时，挡渣塞头对出钢口进行机械封闭，塞头端部喷射高压气体来防止炉渣流出。即使塞头与出钢口之间有缝隙，高速气流也能实现挡渣的效果。这种挡渣法还采用了炉渣流出检测装置，由发送和接送信号的元件以及信号处理器件构成，通过二次线圈产生电压的变化，即可测出钢水通过出钢口的流量变化，能准确控制挡渣的时间。此法在迅速性、可靠性和费用等方面都有明显优点。

比利时 Forges de Clabecq 的 LD-LBE 厂在 85t 转炉上也采用气动挡渣塞和炉渣自动检测系统，实现挡渣出钢，操作可手动或自动控制。挡渣和气缸驱动挡渣塞头所用气体为高压压缩空气，设备冷却用低压压缩空气。日本加古川制铁所从奥钢联引进的气动挡渣塞，挡渣时喷吹气体为氮气，气缸驱动和设备冷却用压缩空气。另外，还有不少钢厂采用了气动挡渣法，如土耳其埃雷利（Erdemir）公司、德国蒂森钢公司等。

我国宝钢第二炼钢厂也采用了气动挡渣法，配备有炉渣检测装置，实现了自动挡渣出钢。

10.7　激光测厚仪

由于转炉炉衬的工作层直接与炉体内的高温熔体、炉渣和炉气接触，所以在冶炼过程中炉衬的侵蚀很严重。再者，加料操作、出钢操作等对炉衬砖的侵蚀也很重。所以，需对转炉炉衬侵蚀区进行修补。补炉前需要确定炉衬侵蚀区域，传统的方法是对炉体炉衬的观察进行人为判断。这种方法不仅存在误差，而且对炉底安全厚度的判断更加困难。所以很多钢厂引进激光测厚仪，它是依据激光测距原理测量冶金容器内腔，确定剩余炉衬厚度，预报衬砖安全使用厚度，防止炉体漏钢恶性事故的发生。而且根据它的反馈信息，操作工能准确地了解炉衬薄弱位置，进行针对性的修补，进而降低成本。

应用激光特性制出的激光测厚仪，具有完整的远距离测绘系统。激光测厚仪可对转炉高温炉衬内表面形状及其变化进行测量、比较、存储、显示和打印输出，用以指导炉衬的维护工作。激光测厚仪的结构如图 10 – 17 所示。

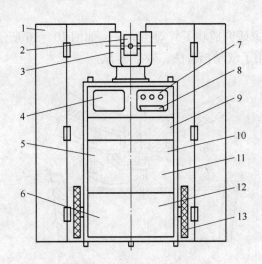

图 10 – 17　激光测厚仪的结构

1—防热屏；2—激光测头；3—定位扫描部件；4—彩色显示器；5—控制计算机；
6—风扇和过滤器；7—控制面板；8—键盘和鼠标器；9—扫描控制单元；
10—距离测量单元；11—打印机；12—供电电源；13—移动装置

激光测厚仪通过测量炉体上 3 个以上基准点的距离和角度，确定转炉与测量头的相对位置。

10.7.1　激光测厚仪的工作原理

根据转炉倾斜角度，激光测厚仪测出炉衬的一个点到测量头的距离，同时测出测量头转动的角度。测厚仪可以计算出该测量点的空间位置，一定数量的测量点便构成了炉衬的表面形状，并与存储于计算机内的参考表面对比，其差值就是炉衬的蚀损厚度。

测量时，激光测厚仪的激光发射器发出激光，穿过空间到达炉衬测量点，碰到炉衬表面反射回来，并由激光探测器接收，根据激光从发出到反射接收所需时间和已知光速计算出从测量头到测量点的距离；测量目标的角度可通过两个编码器同时获取水平、垂直两个方向的数据；将所测数据输入计算机内，经程序变换与计算，其结果以图文数据方式显示在屏幕上，或打印输出。

激光测厚仪可以人工操作控制测量头对准测量点进行测量，也可选择自动控制程序进行扫描测量。

目前国际上由瑞典亚基亚（AGA）公司和芬兰光谱物理影像技术公司所生产的炉衬激光测量仪代表了当今的先进水平。如产品 LR2000 炉衬测量仪的主要性能是：测量距离为 2~30m，最高炉温为 1700℃，距离测量精度为 3mm，每秒测量 3 个点。

10.7.2 激光测厚仪的使用

通钢 120t 转炉于 2005 年 8 月购买了由武汉纬度科技有限公司提供的 CMS2000 – I 型激光测厚仪系统。经过几年的实际应用，通钢已经能够成功地应用测厚系统提供的准确数据来指导转炉炉衬的维护工作。

下面重点介绍其使用情况。

（1）转炉描述：预先将转炉的实际尺寸输入到测厚系统的模型软件中，以便在系统内形成转炉的实际缩影模拟图。

（2）建模操作：每次炉衬重砌或更换炉壳后都应对激光测厚系统进行重新建模操作。为了检验建模的效果和检验测量的精确性，建模的最佳时期应该是在转炉炉口的法兰盘安装完毕但未砌筑内衬前，或砌筑内衬并完成烘炉后。这时可以通过测量钢壳或内衬（损耗较小）来检验测量数据的正确性。

1）将测厚仪放置在正对炉口，且与炉口尽量远的位置，并将激光头底座整平。

2）永久参考标志 A（左）、B（右）定位，顺序必须先左后右，不能搞反。

3）T 标定位：在转炉炉口上确定某一点（最好选在转炉炉口上方，见图 10 – 18），使其分别在转炉摇到大约 60°、80°和 100°时对其进行测量定位。

4）环形标志定位：环形标志由炉口上固定法兰盘的螺钉组成（见图 10 – 19）。测量时应将转炉摇到可测量到大部分环形标志即可。

为了提高数据拟合的精度，尽量多测些点。系统最多可进行 12 个环形标志的测量。

（3）建站操作：先后对永久性参考点 A（左）、B（右）完成定位测量，即完成了建站操作。每次测量前或测量过程中移动了测量机箱后都必须进行重新建站操作。只要机箱不移动，就可不必重新建站。

（4）测量操作。

1）手动测量：完成建站后，即可手动转动激光测量头，将激光点打在欲测量的炉衬任一点上，按测量按钮进行手动测量。

2）自动测量：完成建站后，可以在测量系统的人机交互画面上的炉衬展开区域内选择某一部分区域进行批量自动测量。根据需要自动测量每次可以完成几十到几百点的测量。

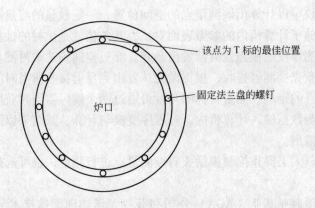

图 10 - 18　炉口参考点

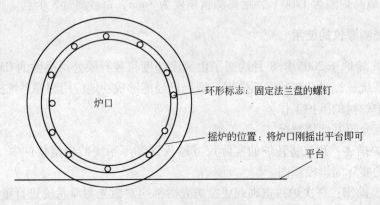

图 10 - 19　炉口位置

激光测厚仪主要技术指标见表 10 - 1。

表 10 - 1　激光测厚仪主要技术指标

主要技术指标	数　据	主要技术指标	数　据
最高测量温度	1420℃	测量范围	2 ~ 50m
最高测量精度	< ±5mm	水平测量范围	360°
测量速度	1 点/0.4s	垂直测量范围	90°

使用激光测厚仪的优缺点主要有:

(1) 激光测厚仪测得的炉衬测厚图为护炉操作工提供了形象和可靠的炉衬厚度信息,为护炉工护炉操作提供了依据。数据信息准确,减少人为判断存在的误差。补炉材料被节省了,进而生产成本降低了。

(2) 护炉工依据测厚仪提供的不同阶段转炉炉衬的侵蚀情况数据信息,实施对应的维护手段,合理地维护炉衬厚度,这不仅提高工作效率,还降低成本。

(3) 根据侵蚀情况合理安排转炉的维护工作,减少补炉次数,维护时间缩短了,这不仅有利于改善转炉的热效率问题,还有利于提高转炉的作业率,对于提高产能具有重要意义。

（4）激光测厚仪的运用对通钢转炉炉龄的提高起到了重要作用。

（5）激光测厚仪在每次测量前或测量过程中移动了测量机箱后都必须进行重新建站操作，比较繁琐，炉衬扫描周期较长，完成炉衬整体扫描需要 30~40min。

10.7.3　激光测厚仪的维护

测厚仪的基本操作分为系统数据维护和基本日常操作。系统数据维护操作包括当前炉役、信息集设定、模型、测量计划及参考表面等，由专门的技术管理人员来维护，并具有权限保护。基本日常操作一般由护炉操作工完成，具体有：测量前的准备（包括角度仪的放置、计划选择、定位操作等）以及实际现场测量（包括在中间位置测量炉底和炉身厚度、从左右两侧测量耳轴、渣线区和锥面区的炉衬厚度、测量结果描绘和及时打印输出等）。

10.8　铁水包

铁水包如图 10 – 20 所示，其作用是用来承装铁水的。

图 10 – 20　铁水包

10.8.1　铁水包的日常点检与维护

（1）每班启动一次干油润滑系统。

（2）每班对入炉、出炉铁水量要进行准确记录，下班前必须核对清楚，各种记录要真实、规范、完整，交接班时要交接清楚，双方签字认可，有异议时做好记录、及时反映。

（3）新铁水包上线前必须检查：烘烤过程中有无裂纹产生、有无窜砖掉料。

（4）新包使用第一次装铁后，必须认真观察有无掉砖和钻铁现象。

（5）每次使用中，对铁水包耳轴、挡板、销轴等关系到吊运安全的部位进行检查，发现问题，及时下线处理，严禁带隐患使用。

10.8.2　铁水包的常见故障及其处理

10.8.2.1　铁水包穿包事故的征兆

穿包的主要原因是铁水包外层包壳的温度变化。钢材在常温、没有油漆保护的情况下，受到空气中氧的氧化，一般呈灰黑色。钢材在受热过程中其颜色会发生一些变化：在650℃以下仍呈灰黑色，超过650℃会逐渐发红，先是暗红，然后逐渐发亮，当温度超过850℃就会变成亮红，然后直至熔化（一般包壳的熔点在1500℃左右）。

值得注意的是，一旦出现包壳发红，即说明其内部耐材已经失去作用，包壳温度的上升速度越来越快，如不能及时采取措施，很快就会发生穿包事故，因此，及早发现铁水包包壳发红，才能将事故的损失降到最低。

10.8.2.2　铁水包穿包事故的判断检查

（1）铁水包上线前和在线过程中装铁前的检查，发现耐材侵蚀严重、裂纹纵横交错（形成局部龟裂的）、局部窜砖的，停止使用。

（2）铁水兑入转炉后，往铁水车上坐包前用测温仪检测包壳温度，有利于尽早发现问题，特别是大包嘴下方包壁铁水冲击区，以及包底铁水冲击区部位的包壳温度。相同部位，若测量温度高于上次30℃，应立即对其包衬耐材重点检查，发现问题停止使用。

（3）铁水包装完铁，测量重包局部温度大于500℃，应立即做倒包处理。

10.8.2.3　穿包事故的处理

铁水包穿包壁一般发生在转炉装铁之前，即出铁到待装过程。

如果铁水包还没有吊到炼钢转炉平台，如在铁水车吊包位，应快速将包吊到事故包上方，视穿包部位倒包或等待其停止漏铁。

出、折铁过程中，在中下部包壁、包底发生穿漏，应立即中断翻铁操作，快速将铁水包车开出，指挥天车将铁水包吊至事故包上方。

思考与练习

10-1　简述钢包车和渣罐车的作用和构造。

10-2　比较上修式修炉车和下修式修炉车的结构特点。

10-3　简述炉底车的作用和构造。

10-4　简述喷补机的工作原理和构成。

10-5　简述拆炉机的组成和工作过程。

10-6　简述各种挡渣方法的原理和设备构成。

11 计算机自动控制装置

学习目标

(1) 能够准确陈述转炉炼钢计算机自动控制方法和控制装置。

(2) 能够准确陈述音频化渣原理，并会识读音频化渣图。

11.1 转炉炼钢的静态控制

转炉炼钢过程的静态控制，是以物料平衡和热平衡为基础，建立一定的数学模型，即以已知的原料条件、吹炼终点钢水温度和成分为依据，计算铁水、废钢、各种造渣材料及冷却剂等物料的加入量、耗氧量和供氧时间，并按照计算机计算的结果进行吹炼，并在吹炼过程中不进行任何工艺参数修正的炼钢控制方法。

静态控制是采用计算机控制转炉炼钢的较早方法，始于20世纪60年代初。由于静态控制只考虑始态和终态之间量的差别，不考虑各种变量随时间的变化过程，因此未得到炉内冶炼过程实际进行的反馈信息，不能及时修正吹炼过程。静态控制属于吹炼前远程预报技术，不能消除吹炼过程中由于"喷溅"、"返干"等干扰因素造成的误差，也很难适应铁水、原材料质量的波动，终点控制精度和命中率不高。

11.2 转炉炼钢的动态控制

转炉炼钢的动态控制是在静态控制基础上，应用副枪等测试手段，将吹炼过程中金属成分、温度及熔渣状况等有关变量随时间变化的动态信息传送给计算机，依据所测得的信息对吹炼参数及时修正，达到预定的吹炼目标。由于它比较真实地掌握了熔池情况，命中率比静态控制显著提高，具有更大的适应性和准确性。动态控制的关键在于迅速、准确、连续地获得熔池内各种参数的反馈信息，尤其是钢水温度和含碳量。

当前，动态控制主要用于控制冶炼终点钢水温度和含碳量。使用过的动态控制方法主要有吹炼条件控制法、轨道跟踪法、动态停吹法、称量控制法等，其中吹炼条件控制法和动态停吹法使用较多。

吹炼条件控制法是根据吹炼过程中检测到的熔池反馈信息，修正吹炼条件，使冶炼过程按照预定的吹炼路线进行的一种控制方法。

动态停吹法是在吹炼前先用静态模型进行装料计算，吹炼前期运用静态模型进行冶炼过程控制。接近终点时，根据检测到的信息，按照对接近炉次或类似炉次回归分析所获得的脱碳速度与熔池碳含量之间的关系，以及升温速度与熔池温度之间的关系，判断最佳停吹点。停吹时根据需要做出相应的修正动作。最佳停吹点应是碳含量和温度同时命中或者两者中有一项命中，另一项不需后吹只经某些修正动作即可达到目标要求的状态。

　　轨道跟踪法在吹炼前期与静态控制一样，先进行装料计算，在吹炼过程中通过检测仪器测出钢水温度、碳含量和造渣情况等连续变化的信息；吹炼后期参照以往的典型曲线，将测得的碳含量和温度信息输入计算机，算出预计的曲线。最初预计曲线与实际曲线可能相差较大，以此为基础，继续用检测的信息算出新的预计曲线，新曲线虽与实际曲线仍有差异，但两者已较为接近。越接近终点，预计曲线越接近实际曲线。上述过程反复进行，直至吹炼终点。

　　可见，测试手段对实现动态控制是很关键的。目前，普遍应用计算机副枪控制系统。根据钢水的要求选择适用的"吹炼模型"并进行静态模型计算，出钢前用副枪测定钢水温度和含碳量，再根据副枪测定结果来修正出钢前熔池温度和碳含量的轨迹，操作进入动态控制。采用动态控制，利用炉内反馈信息校正吹炼误差，可显著提高终点控制精度。动态控制通常采用两种方法：

　　（1）副枪动态控制技术：在吹炼接近终点时（供氧量达 85% 左右），插入副枪测定熔池[C]和温度，校正静态模型的计算误差并计算达到终点所需的氧量和冷却剂加入量。

　　（2）炉气分析动态控制技术：通过连续检测炉口逸出的炉气成分，计算熔池瞬时脱碳速度和 Si、Mn、P 氧化速度，进行动态连续校正，提高控制精度和命中率。

11.3　转炉炼钢计算机自动控制系统

　　转炉炼钢计算机自动控制系统包括计算机系统、电子称量系统、检测调节系统、逻辑控制系统、显示装置和副枪设备等。

　　用于转炉炼钢过程控制的电子计算机由中央处理装置（CPU）、存放数据和程序的存储器、从外部获取信息输入设备和向使用者传递计算与处理结果的输出设备构成。

　　转炉炼钢计算机自动控制系统通常包括以下功能：工艺过程参数的自动收集、处理和记录；根据模型计算铁水、废钢、辅助原料、铁合金和氧气等各种原料用量；吹炼过程的控制包括静态控制、动态控制和全自动控制；人机联系，包括用各种显示器报告冶炼过程和向计算机输入信息，控制系统自身故障的处理；生产管理，包括向后步工序输出信息及打印每炉冶炼记录和报表等。

　　图 11 - 1 所示为典型的转炉计算机控制系统。

　　转炉炼钢自动控制系统中，利用计算机对冶炼过程控制的目标使吹炼终点同时达到预定的成分和温度。吹炼过程的自动控制流程各操作步骤见图 11 - 2。

11.4　音频化渣仪

　　声呐化渣设备是集声控、光控、计算机技术为一体，能够良好反映转炉操作过程中的炉渣状况，优化炉渣工艺的一项颇具生命力的新技术。它由定向拾音器、音强检测仪、模/数转换接口和计算机等组成，如图 11 - 3 所示。

　　定向拾音器安装在与转炉炉口同一水平线垂直距离最近的左侧侧墙板上面。它具有定向取音、隔声屏蔽、避振、防喷溅、防返干等功能。拾音器将炉内声音转变为电信号，经屏蔽导线传真声呐控渣仪，将信号放大、选频、滤渣后取出特征信号，经模/数转换板传到主控室的计算机上，经计算机处理后得到的数据以曲线和图像方式显示在屏幕上。装在

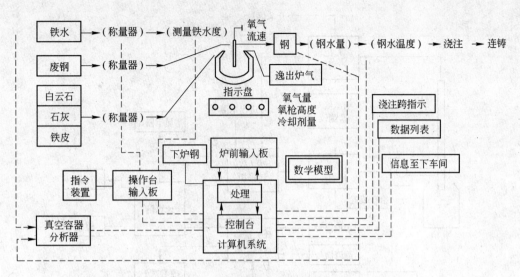

图 11-1 转炉计算机控制系统

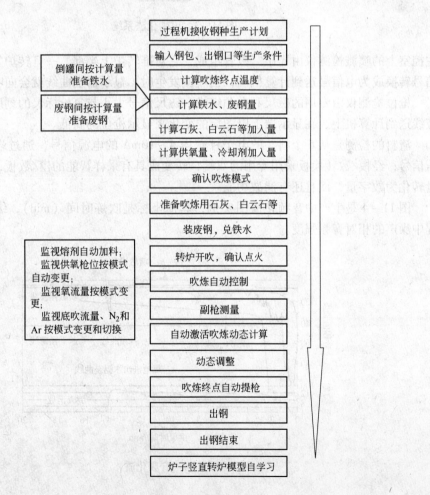

图 11-2 自动控制流程

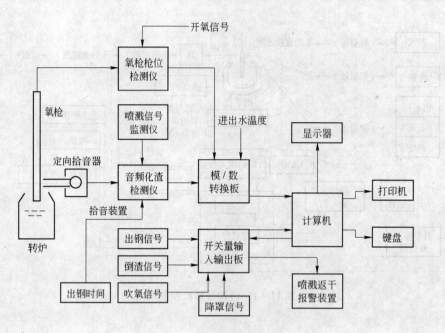

图 11 - 3　声呐化渣系统

主控室上的喷溅检测仪由光敏二极管组成，它对准转炉上半部，一旦转炉发生喷溅可将光信号转换成为电信号送到计算机上；当喷溅发生时，显示器上曲线就会向喷溅靠拢。

枪位检测仪由专用的磁尺和电源组成，磁尺信号大小与氧枪标尺的刻度相同，通过屏蔽线送到计算机上，在显示器上以图像的变化来显示枪位的高低。

渣料的检测是从 6 个料斗的电子秤获得 4 ~ 10mA 的电源信号，通过端子板转换为电压信号；经模/数转换板采用专用的双端，转变成具有采样智能的模/数板，其既能将模拟量转化为数字量，而且还有滤波功能。

图 11 - 4 是生产中音频化渣图实例，其横坐标是吹炼时间（min），纵坐标是吹炼过程中噪声的相对音频强度。

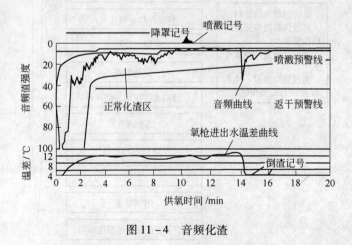

图 11 - 4　音频化渣

（1）喷溅预警线。喷溅预警线的位置相当于炉内渣面接近炉口的位置，当音频曲线向上超越此线时，微机就发出喷溅预报（发出蜂鸣声并在屏幕上显示"喷溅预报"的中文字样），即提醒操作者炉内炉渣液面炉已经接近炉口了，必须立即采取措施，否则马上就要发生喷溅了。喷溅预警线为一条三折线。

（2）返干预警线。返干预警线相当于炉内炉渣液面低于氧枪喷头的位置。当音频曲线向下超过此线时，微机就发出返干预报（发出蜂鸣声并在屏幕上显示"返干预报"中文字样），即告诉操作者炉内炉渣液面已经低于氧枪喷头位置，必须立即采取措施，否则就要发生返干了。

（3）正常化渣区。两根预警线之间有一镰刀形状的区域，即为正常化渣区。要求控制冶炼中音频曲线在正常化渣区内波动。不同的原料条件和造渣工艺"二线一区"的位置和形状亦不同。

（4）音频曲线。音频曲线是吹炼过程中炉内噪声强度的变化规律曲线。以开始吹炼时的噪声强度为100%，以后随着吹炼的进行，曲线上各点表示该时刻的噪声强度的百分值，值越小（该点在曲线上的位置越高），表示炉渣泡沫化程度越强，即炉渣液面越接近炉口。

（5）降罩记号。降罩记号在音频化渣图的左上方为一长线段，线段所对应的时间即为降罩时间。

（6）喷溅记号。喷溅记号在音频化渣图的上方、纵坐标为零的水平线上，其顶部为一波动曲线。当发生喷溅时，微机就将此刻发生的喷溅记录下来：喷溅的强度越大，喷溅记号的顶端就越高；喷溅的时间越长，则喷溅记号拉得越长。

（7）氧枪进出冷却水温差曲线。在音频化渣图的下部给出氧枪进出水温差的变化曲线，所在图的横坐标是吹炼时间，纵坐标为温差。图中曲线即是随着吹炼的进行氧枪进出冷却水温差变化曲线。"温差"反映了氧枪受热程度，即反映了熔池的温度高低。

（8）倒渣记号。倒渣记号为一条竖短线段，在上述温差曲线和枪位曲线同一图中的横坐标上，如图11-4所示。在横坐标上倒渣的时刻记有一竖短线段，说明在吹炼的该时刻进行过一次倒渣操作。

应指出的是：转炉炼钢是一个复杂的过程，音频化渣仪犹如X射线将炉内的化渣情况在屏幕上显示出来，这对于炉长及其他炉前炼钢工来说，是造好渣、炼好钢的好帮手。但如果不注意观察，不能识读音频化渣图而有效地应用图中各种曲线和记号，就不容易获得最佳的全程化渣，甚至有可能造成喷溅和返干的发生，对生产和安全造成不良后果。

思考与练习

11-1　什么是转炉炼钢过程的静态控制？
11-2　什么是转炉炼钢过程的动态控制？它主要有哪些方法？
11-3　转炉炼钢计算机自动控制系统包括哪些设备？其自动控制流程是怎样的？
11-4　音频化渣的原理是什么？如何识读音频化渣图？

12 炉外精炼设备

学习目标

(1) 熟悉常用的炉外精炼方法。

(2) 会操作常用的炉外精炼设备，并能进行日常的检修与维护。

(3) 会处理常见设备事故。

(4) 能根据冶炼需求选择合适的炉外精炼设备。

现代科学技术的进步和工业的发展，对钢的质量（如钢的纯净度）的要求越来越高；用普通炼钢炉（转炉、电炉）冶炼出来的钢液已经难以满足其质量的要求；为了提高生产率，缩短冶炼时间，也希望能把炼钢的一部分任务移到炉外去完成；并且，连铸技术的发展，对钢液的成分、温度和气体的含量等也提出了严格的要求，由此产生了炉外精炼方法。

所谓炉外精炼，就是把常规炼钢炉（转炉、电炉）初炼的钢液倒入钢包或专用容器内，进行脱氧、脱硫、脱碳、去气、去除非金属夹杂物和调整钢液成分及温度，以达到进一步冶炼目的的炼钢工艺。亦即将在常规炼钢炉中完成的精炼任务，如杂质（包括不需要的元素、气体和夹杂）和夹杂变性的去除、成分和温度的调整和均匀化等任务，部分或全部地移到钢包或其他容器中进行，把一步炼钢法变为二步炼钢法，即初炼 + 精炼。国外也称之为二次精炼、二次炼钢和钢包冶金。

精炼设备通常分为两类：一是基本精炼设备，在常压下进行冶金反应，适用于绝大多数钢种，如 LF、AOD、CAS - OB 等；另一类是特种精炼设备，在真空下完成冶金反应，如 RH、VD、VOD 等只适用于某些特殊要求的钢种。目前广泛使用并得到公认的炉外精炼方法是 LF 法与 RH 法，一般可以将 LF 与 RH 双联使用，可以加热、真空处理，适于生产纯净钢与超纯净钢，也适于与连铸机配套。为了便于认识至今已出现的四十多种炉外精炼方法，表 12 - 1 给出了主要炉外精炼方法的大致分类情况。

表 12 - 1 主要炉外精炼方法的分类、名称、开发与适用情况

分 类	名 称	开发年份	国别	适 用
合成渣精炼	液态合成渣洗（异炉）	1933	法国	脱硫，脱氧，去除夹杂物
	固态合成渣洗	—	—	
钢包吹氩精炼	GAZAL（钢包吹氩法）	1950	加拿大	去气，去夹杂，均匀成分与温度；CAB、CAS 还可脱氧与微调成分，如加合成渣，可脱硫，但吹氩强度小，脱气效果不明显；CAB 适合 30～50t 容量的转炉钢厂；CAS 法适用于低合金钢种精炼
	CAB（带盖钢包吹氩法）	1965	日本	
	CAS 法（封闭式吹氩成分微调法）	1975	日本	

分　类	名　　称	开发年份	国别	适　　用
真空脱气	VC（真空浇注）	1952	德国	脱氢，脱氧，脱氮；RH 精炼速度快，精炼效果好，适于各钢种的精炼，尤其适于大容量钢液的脱气处理；现在 VD 法已将过去脱气的钢包底部加上透气砖，因此得到了广泛的应用
	TD（出钢真空脱气法）	1962	德国	
	SLD（倒包脱气法）	1952	德国	
	DH（真空提升脱气法）	1956	德国	
	RH（真空循环脱气法）	1957	德国	
	VD 法（真空罐内钢包脱气法）	1952	德国	
带有加热装置的钢包精炼	ASEA - SKF（真空电磁搅拌，电弧加热法）	1965	瑞典	多种精炼功能；尤其适于生产工具钢，轴承钢，高强度钢和不锈钢等各类特殊钢；LF 是目前在各类钢厂应用最广泛的具有加热功能的精炼设备
	VAD（真空电弧加热法）	1967	美国	
	LF（埋弧加热吹氩法）	1971	日本	
不锈钢精炼	VOD（真空吹氧脱碳法）	1965	德国	能脱碳保铬，适于超低碳不锈钢及低碳钢液的精炼
	AOD（氩、氧混吹脱碳法）	1968	美国	
	CLU（汽、氧混吹脱碳法）	1973	法国	
	RH - OB（循环脱气吹氧法）	1969	日本	
喷粉及特殊添加精炼	IRSID（钢包喷粉）	1963	法国	脱硫，脱氧，去除夹杂物，控制夹杂形态，控制成分；应用广泛，尤其适于以转炉为主的大型钢铁企业
	TN（蒂森法）	1974	德国	
	SL（氏兰法）	1976	瑞典	
	ABS（弹射法）	1973	日本	
	WF（喂线法）	1976	日本	

12.1　LF（V）精炼设备

　　LF（Ladle Furnace）是日本大同特殊钢公司于 1971 年开发的。它可以在非氧化性气氛下，通过电弧加热、造高碱度还原渣，进行钢液的脱氧、脱硫、合金化等冶金反应，以精炼钢液。为了使钢液与精炼渣充分接触，强化精炼反应，去除夹杂，促进钢液温度和合金成分的均匀化，通常从钢包底部吹氩搅拌。钢水到站后将钢包移至精炼工位，加入合成渣料，降下石墨电极插入熔渣中对钢水进行埋弧加热，补偿精炼过程中的温降，同时进行底吹氩搅拌。它可以与电炉配合，取代电炉的还原期，能显著地缩短冶炼时间，使电炉的生产率提高；也可以与氧气转炉配合，生产优质合金钢。同时，LF 还是连铸车间，尤其是合金钢连铸车间不可缺少的控制钢液成分、温度及调整生产节奏的设备。

　　常规 LF 没有真空处理手段，如需要进行脱气处理，可在其后配备 VD 或 RH 等真空处理设备，或者在 LF 原设备基础上增加能进行真空处理的真空炉盖或真空室。这种具有真空处理工位的 LF 又称作 LFV（Ladle Furnace + Vacuum）。

12.1.1　LF（V）炉主要设备构造及功能

12.1.1.1　LF

LF 炉是以电弧加热为主要技术特征的炉外精炼方法。LF 炉主要设备包括炉体（钢包）、电弧加热系统、合金与渣料加料系统、底吹氩搅拌系统、喂线系统、炉盖及冷却水系统（有的没有冷却系统）、除尘系统、测温与取样系统、钢包车控制系统等，如图 12 - 1 所示。LF 炉按照供电方式分为交流钢包炉和直流钢包炉。目前国内多数炉是使用交流钢包炉，炉体由一个普通钢包制成，包盖上装有三根加热用的电极，包底装有底吹氩气用的透气砖。

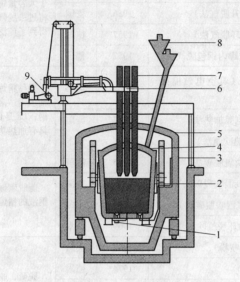

图 12 - 1　LF 炉

1—滑动水口；2—钢包；3—惰性气体；4—防滑包盖；5—真空室盖；
6—电极夹头；7—电极；8—合金料斗；9—电极升降

（1）LF 炉炉体。LF 炉的炉体是由一个普通钢包制成，但与普通的钢包有所不同。这种钢包的上口有水冷法兰盘，通过密封橡皮圈与炉盖密封，以防止空气的侵入。当钢包用于真空处理时，还要求其外壳用钢板按气密焊接条件焊成。钢包底部有浇钢用的滑动水口，距炉壁 $r/3 \sim r/2$（r 为炉底半径）处设有吹氩用的透气砖。精炼过程中氩气流量根据不同工位和钢包容量等决定。氩气流量高可达 200L/min，以达到搅拌钢液的目的。包衬为镁炭砖或者镁铬砖、高铝砖、锆铬砖，根据精炼钢种的工艺要求，采用综合砌砖法。

钢包内熔池深度 H 与熔池直径 D 之比 H/D 是钢包设计时必须要考虑的因素。钢包炉 H/D 的数值影响钢液搅拌效果、钢渣接触面积、包壁渣线带的热负荷、包衬寿命及热损失等。一般精炼炉的熔池深度 H 都比较大，H/D 为 $1.0 \sim 1.4$。从钢液面至钢包口的距离称为钢包炉的自由空间，对非真空处理用的钢包，自由空间的高度小一些，一般为 500 ~ 600mm；在真空处理时必须达到 1000 ~ 1200mm。

（2）LF 炉炉盖。LF 炉盖用于钢包口密封、保持炉内强还原性气氛、防止钢包散热及提高加热效率。LF 炉盖为水冷结构。炉盖内层衬有耐火材料。为了防止钢液喷溅而引起炉盖与钢包的黏连，在炉盖下还吊挂一个防溅挡板。整个水冷炉盖在 4 个点上，用可调节的链钩悬挂在门形吊架上，吊架上有升降机构，可根据需要，调整炉盖的位置。有真空脱气系统的 LFV 炉，除上述加热盖以外，还有一个真空炉盖，与真空系统相连，用来进行钢液脱气。在 LF 炉的加热盖和真空炉盖上都设有合金加料口，渣料加料装置及测温或取样装置。

（3）电弧加热装置。LF炉所使用的电弧加热系统设备也与电弧炉基本相同，由炉用变压器、短网、电极升降机构、导电横臂、石墨电极所组成。三根石墨电极与钢液间产生的电弧作为热源加热钢液。由于电极通过炉盖孔插入泡沫渣或渣中，故称埋弧加热。此种加热法散热少，减少电弧光对炉衬热辐射和侵蚀，并可稳定电流。采用埋弧加热方法，与电炉相比，可采用更低的二次电压。钢液升温速度可达4℃/min。

LF炉所用的变压器，其副边通常也分为数级电压，但没有必要进行有载调荷。因为无载时切换方式很多，设备简单便宜，可靠性好。LF炉精炼时钢液面比较平稳，电流波动较小，没有电炉熔化炉料时由于塌料所引起的短路冲击电流，所以许用电流密度可选得较大。

LF炉是采用低电压、大电流埋弧加热法精炼钢液的，因此电极调节系统要采用反应良好、灵敏度高的自动调节系统。LF炉的电极升降速度一般为2~3m/min。

（4）加料装置。LF炉一般在加热包盖上设合金及渣料料斗，通过电子秤称量过的炉料，经溜槽、加料口进入钢包炉内。

有真空系统的LFV炉，一般在真空盖上设合金及渣料的加料装置。其结构与加热包盖上的基本上相同，只是在各接头处均需加上真空密封阀。

（5）扒渣装置。LF炉精炼功能之一是靠还原性白渣精炼。为此，在LF炉精炼之前，必须将氧化性炉渣去掉。因此，LF炉必须具备除渣的功能。LF炉除渣的方式有两种：

1）当LF炉采用多工位操作时，可在放钢包的钢包车上设置倾动、扒渣装置。当钢包车开到扒渣工位时，即可进行扒渣操作。

2）如果LF炉采用固定位置、炉盖移动形式，则需把钢包倾动装置设在LF炉底座上，在精炼前先扒渣，加新渣料，再加热精炼。

（6）喷粉装置。LF炉精炼时常采用喷粉设备对钢液进行脱硫、净化及微合金化等操作。喷粉装置包括钢包盖、一支喷粉用的喷枪和可以滑动的粉料分配器。分配器接粉料料仓。喷粉时对粉料先自动称重及混合，然后通过螺旋给料器送至粉料分配器。对于50t的LF炉而言，喷枪总长为4500mm，其中2500mm为可更换部分，余下的可多次使用。喷粉时采用高纯氩气作载流气，流量为200~400L/min，通常处理时间为5~10min。

12.1.1.2 LFV

由于LF法未采用真空，吹氩只是为了搅拌，所以脱气能力小。为了脱气，可在原设备上配备真空盖，并配有真空室下加料设备。这种带有真空脱气系统的钢包炉，我国仍称为钢包精炼炉，如图12-2所示，为了区别用LFV表示。

LFV炉内为还原性气氛，底吹氩气搅拌，大气压下石墨电极埋弧加热，高碱度合成渣精炼，微调合金成分，真空脱气。真空和加热分别采用两个包盖，大气压下加热，加合成渣精炼，吹氩搅拌，然后抽真空脱气。

LFV所完成的精炼任务有脱气、脱氧、脱碳、脱硫、去夹杂、加热钢液、微调成分等。如果配一支吹氧枪还可以真空吹氧脱碳，冶炼不锈钢。

LFV既可以与电弧匹配，也可以与转炉配合；既可以与电炉或转炉处于同一跨中，也可以处于异跨中。

LFV通常由座包工位、加热工位、真空工位组成，既可以座包—加热—真空形式布

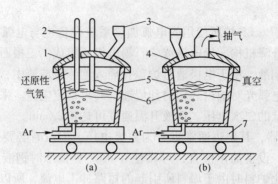

图 12 - 2　LFV 炉

(a) 桶式密封结构；(b) 罐式密封结构

1—加热盖；2—电极；3—加料槽；4—真空盖；5—钢包；6—碱性还原渣；7—钢包车

置，也可以座包—真空—加热形式布置。

LFV 的真空室有两种结构形式：真空包盖与精炼钢包直接用耐热橡胶密封圈，即为桶式密封结构；真空罐与真空罐盖组成一个密闭的真空室，即为罐式密封结构。前者适合于现有厂房条件的中、小型 LFV。其优点是：占地面积小，操作较灵活，但对精炼钢包的包口外形尺寸要求比较高。后者优点是：比较适合于低碳和超低碳钢的精炼，而且对钢包没有特殊要求，但占地面积和真空体积相应都比较大。

LFV 炉所采用的真空泵同其他的钢包精炼炉一样，多数为蒸汽喷射泵。与机械泵相比，喷射泵更适用于冶金过程，因为它不必顾虑排气温度、抽出气体中的微小渣粒及金属尘埃等，而且还具有机械泵无法比拟的巨大排气能力。但是蒸汽泵需要大量的冷却水和蒸汽。蒸汽喷射泵抽气能力一般根据处理钢液量、处理钢种、精炼工艺、处理时间、真空体积等因素来选择。例如，对于 LFV（30～50t）处理一般纯净度要求的钢种，采用桶式真空结构的蒸汽喷射泵的能力一般为 150kg/h，而采用罐式真空结构的蒸汽喷射泵的能力一般为 250kg/h。

12.1.2　LF 设备的检查、使用与维护

12.1.2.1　LF 电极

A　电极更换操作

（1）在换电极之前，主控工将变压器断路器断分，确认电极报警灯不亮，HMI 画面上显示断路器打开。

（2）精炼工接通知后，方可开始更换电极作业。

（3）更换电极时将电极夹持器导电铜板、电极与夹持器接触部位清理干净，必须保证电极夹持器导电铜板与电极接触充分。

（4）操作人员在更换电极时要注意对电极夹持器导电铜板的检查，若铜板未露出金属表面要及时用砂纸打磨。

（5）电极接长或调整时，三相电极间长度差不应大于 150mm（指电极夹持部位到电极最下端间的长度），在冶炼过程中如发现三相电极长度差过大时应进行调整。

（6）电极换好后，精炼工检查现场，确认安全后，负责通知主控工进行高压合闸。

（7）主控工点击 HMI 画面高压合闸按钮后，会弹出确认合闸对话框，再次确认现场安全后点击确定，进行高压合闸，合闸后，确认电极报警灯亮。

（8）正常冶炼。

B　电极调节系统操作

（1）电极控制系统必须由受过专门培训的人员操作，其他人员严禁操作。

（2）操作人员必须了解控制系统的主要控制功能，并且掌握手/自动的操作方法。

（3）操作前必须认真检查控制设备是否处于良好状态，确认无误后方可进行操作。

（4）操作中注意观察各种显示仪表，发现异常立即停电，并通知电气维护人员检查处理。

（5）当发现电极不能正常动作时首先检查控制室内电极控制柜是否跳闸。

（6）操作前要确认电极冷却水流量、水冷炉盖冷却水压力与流量是否正常。

C　电极控制系统操作程序

电极的操作模式为集中控制；集中控制又分为自动控制与手动控制。

a　集中自动控制

（1）将操作前需要检查的项目检查完毕，方可进行操作。

（2）在 HMI 上点击自动，则电极控制系统进入自动模式。

（3）自动控制模式下，电极电气参数选择默认参数即可。

（4）点击电极下降按钮，三相电极下降，电极下降到下限位，开始冶炼作业。

（5）点击电极上升按钮，三相电极上升，电极上升到上限位，停止冶炼作业。

（6）出现报警时，点击复位上升，即可将三相电极提升到上限。

b　电极集中手动控制

（1）操作前将需要检查的项目检查确认完毕后，方可进行操作。

（2）在 HMI 上点击手动，则电极控制系统进入手动模式。

（3）手动模式下，电极电气参数选择默认参数即可。

（4）在手动模式下，可以通过点击单个电极或者全部电极的电极解锁、电极锁定、高速上升、低速上升、高速下降、低速下降按钮来实现对点击的单独控制与共同控制。

（5）手动模式下，还可以通过点击高压柜合闸与分闸按钮，来实现高压断路器的合闸与分闸控制。

（6）在操作过程中，出现报警，可点击故障复位按钮清除报警；故障复位按钮失效时，通知维修人员处理。

D　注意事项

（1）炉盖不能蹭电极，水冷炉盖及电极横臂夹持部位积尘过多将导致电极对地绝缘强度降低，严重时可使电极电压过低，因此该部分要及时吹扫，否则会导致无法进行冶炼。

（2）水冷炉盖下面积渣严重的情况下，电极下降时可导致电极直接与钢渣短接，影响正常的冶炼，因此要经常清理。

（3）送电前，检查三相电极臂夹电极时电极的位置，要求三电极中心距误差不超过 5mm。

（4）电极送电前需确认水冷炉盖及电极臂无问题后方可给电。

（5）正常冶炼时要密切注意观察电极臂整体运行情况，保证电极调节系统在安全可靠情况下运行。

（6）电极夹紧、放松及调整，必须在断路器分闸后进行。

12.1.2.2　LF 风动送样操作规程

A　操作前检查

（1）检查电源指示显示为绿色。

（2）检查运行指示灯为熄灭状态。

（3）检查关门指示为亮。

（4）检查系统无报警。

（5）检查空气压缩机系统正常。

（6）检查控制柜上转换开关打到工作位置。

B　风动送样操作

a　发送操作

（1）将钢样装入容器内，盖好容器盖。

（2）打开收发器门，装入容器。

（3）关上收发器门，按"发送"按钮。

b　接受操作

（1）"报警器"停止鸣响后开始取容器。

（2）打开收发器门，取容器。

（3）关好收发器门。

C　注意事项

（1）将钢样装入后，应保证容器盖的丝扣锁定有效。

（2）钢样容器有螺纹口的一端向下。

（3）不论是装入容器还是取出容器，都应保证关好门，即关到"关门指示"灯亮为止。

（4）容器到达后，不要马上取容器，等报警器停止报警 3 秒后再开门。

（5）在系统运行指示为亮时，禁止打开发送接收仓仓门。

12.1.2.3　LF 钢包车操作

（1）操作工每班必须做好车辆试车检查工作，内容包括：行走有无异常，拖缆线有无异常，传动系统有无明显问题。

（2）开车前需确认轨道上无杂物及周边无妨碍物或人等方可开车，否则要及时清理或警示。

（3）操作钢包车必须时刻注意钢包位置，保证一次准确停在工作位，严禁反复进、退定位操作。

（4）钢包车进出站必须确认炉盖和三电极在上限后才能进行，并随时注意观察炉盖黏渣情况，影响钢包车进退的黏渣必须及时清理，杜绝刮炉盖事故发生。

（5）随时注意进出站钢包包沿情况，包沿超高的钢包严禁进站。

（6）钢包车的积渣要及时清理，积渣严重可导致钢包车无法进/出，包盖无法下降不能正常冶炼。

（7）道坑及两侧积渣和杂物必须及时清理，严禁发生因积渣等刮坏钢包车及相关设备的事故。

（8）事故处理措施：

1）当发生跳闸故障后，操作人员在处理故障的同时及时通知维修人员。

2）出现钢包车无法开出情况时，及时松开故障车抱闸，清理轨道积渣，用另一辆车将钢包车顶出或用钢丝绳拉出。

3）操作人员应长期准备好事故绳，确保随时可投入使用。

12.1.2.4 LF 上料系统操作

A 操作前检查

（1）检查机旁箱及 HMI 上是否有报警。

（2）检查料仓物料存储情况。

（3）检查控制权是否在本站。

（4）检查控制模式选择状态。

（5）检查水冷炉盖与下料管的状态。

（6）检查钢包状态，是否具备加料条件。

（7）检查皮带机附件是否有人员停留。

（8）检查水冷炉盖冷却水流量、压力。

B 上料操作

上料系统操作模式分为集中与机旁控制模式。

a 集中控制模式

（1）操作前需要检查的项目执行完毕，方可进行操作。

（2）将机旁箱上的转换开关打到集中；点击控制申请，在得到对方站允许信号的情况下，获得上料系统的控制权限。

（3）点击配方表按钮，在弹出的窗口内进行物料设置，并确认。

（4）点击预警电铃按钮，预警电铃响，提醒上料将要开始，人员远离皮带等上料设备。

（5）点击称量开始按钮，在程序的控制下，开始按照事前设定的物料配方开启对应料仓的电振向称量斗下料；待物料配方执行完毕后，自动停止电振；点击称量结束按钮完成称量作业。

（6）点击上料开始按钮，在程序的控制下，皮带开始顺序启动。待皮带全部启动完毕后，称量斗开启阀门及电振，开始下料；待称量斗物料投放完毕后，关闭电振、关闭阀门，延时一段时间，保证物料全部从皮带上投放完毕后，皮带按照与启动相反的顺序停止，完成上料作业。

（7）在设备运行过程中，发现异常情况，可以点击急停按钮，停止设备运行；待异常处理完毕后，点击急停复位按钮即可恢复控制。

（8）在皮带运行过程中，如果现场巡视人员发现异常，可利用拉拉绳的方式停止设备运行。

（9）待本站上料完毕后，遇到对站发出上料申请时，要及时点击对站加料允许按钮，及时将控制权限交给对站，避免由于控制权转交不及时，影响对站上料。

b 机旁手动控制

（1）上料系统从料仓电振到皮带机均有机旁操作箱，均可采用将机旁箱上的转换开关打到机旁的方式进行机旁操作。

（2）操作前需要检查的项目执行完毕，方可进行操作。

（3）按下启动按钮，相对应的设备启动。需要停止时，按下停止按钮即可。

（4）启动皮带时，必须按照顺序启动。先启动倾角皮带，待倾角皮带启动完毕后，再启动垂直皮带，最后启动水平皮带；待皮带完全启动完毕后，才可开启阀门，启动电振，进行上料作业。

（5）停止设备时，也需要按照顺序进行。首先停止电振，然后关闭阀门；待水平皮带上没有料后，停止水平皮带；待垂直皮带没有料后，停止垂直匹敌；最后确认倾角皮带无料后，方可停止倾角皮带的运行。

C 注意事项

（1）皮带操作前，确认皮带机上没有人，方能启动。

（2）根据信号通知要求及时开停皮带机，经常与有关系统值班人员保持联系。严禁载负荷启动、载负荷停车。如果因事故载负荷停车，再启动时，必须检查物料是否超过额定量的 1/2，如超过应扒料后再启动。

（3）运行过程中，严禁跨越皮带，严禁手、脚、身体靠近或接触皮带，严禁用木棒来纠正跑偏的皮带，严禁在开车时进行检修。

（4）停车后严禁所有人员在皮带上行走或坐下休息。

（5）日常生产中，出现皮带机速度减慢，有可能压住时，应立即停机报告调度室和有关部门，查明原因后再启动。

（6）当出现异常情况时，拽拉绳开关可以急停。

12.1.2.5 LF 水冷炉盖操作

A 操作前检查

（1）检查 HMI 是否有报警。

（2）检查水冷炉盖冷却水压力、流量、温度是否正常。

（3）检查水冷炉盖附近是否有人员停留。

（4）检查液压系统是否正常。

（5）检查炉盖上是否有积渣。

（6）检查炉盖及管路是否有渗漏。

（7）检查钢包包沿大小，严禁强行使用炉盖压包沿，防止炉盖损坏。

（8）检查炉盖上是否有杂物，尤其是导电性物质。

（9）检查炉盖及电极的位置，运行时，不得有炉盖在上限位、电极臂在下限位的现象。

（10）检查炉盖观察窗状况，确保操作时，观察窗不得出现剐蹭情况。

B 水冷炉盖操作

水冷炉盖的操作分为机旁微调、集中自动及集中维修模式。

a 集中自动模式

（1）将操作前检查项目执行完毕后，方可进行操作。

（2）在 HMI 上点击自动，炉盖升降系统进入自动模式。

（3）点击炉盖下降按钮，则炉盖开始下降，到下限位停止；中途需要停止时，点击停止按钮即可。

（4）点击炉盖上升按钮，则炉盖开始上升，到上限位停止；中途需要停止时，点击停止按钮即可。

（5）观察窗的开启与关闭，需要操作人员手动控制现场电磁阀实现。

（6）在炉盖升降及冶炼过程中，要密切注意炉盖的冷却水压力、流量及温度情况。

b 集中维修模式

集中维修模式操作与自动模式相同，只是缺少了相关的联锁保护，在此模式下操作设备运行时，要尤其注意安全与设备位置的变化。

c 机旁微调模式

（1）机旁微调模式是在机旁操作箱上进行，该模式下没有任何联锁，直接控制电磁阀动作。该模式主要在炉盖到限位后，依然需要设备升降少量调整时使用。

（2）机旁微调为点动模式，按钮上升按钮则炉盖上升，按下下降按钮则炉盖下降，松开按钮则设备停止动作。

C 安全注意事项

（1）要密切注意水冷炉盖的冷却水流量、压力、温度变化，避免由于冷却水不足导致设备损坏事故。

（2）在炉盖升降时，要注意附近不得有人员停留；配合检修时的操作，尤其要联系到位，人员撤离到安全位置后，方可进行操作，避免发生挤伤事故。

（3）炉盖上面不得有杂物，特别是导电性物质，防止发生电极接地事故。

（4）炉盖漏水不得进行冶炼作业，防止发生爆炸事故。

12.1.3 LF 设备常见事故的预防与处理

12.1.3.1 LF 变电室

（1）变压器异常运行。变压器出现下面所列任何一种情况，应立即停运：

1）变压器外壳破裂，大量漏油。

2）爆破筒玻璃破碎向外喷油。

3）套管闪络爆炸。

4）变压器着火。

5）套管接头熔断。

（2）变压器自动跳闸。变压器自动跳闸有过电流继电器动作跳闸和瓦斯继电器动作跳闸两种情况。

1）过电流继电器动作跳闸。

① 经迅速检查后，未发现短路或放电烧伤痕迹，可迅速联系恢复送电。

② 确认是线路造成越级跳闸时，可先切断故障回路，再迅速恢复送电。

③ 如发生明显二次母线及变压器出口引线短路时，应对变压器整体做仔细检查并作记录。必要情况下，对变压器进行试验，处理缺陷后方可送电。

2）瓦斯继电器动作跳闸。

① 轻瓦斯动作：因加油，过滤油在 24h 内轻瓦斯动作属正常现象。因温度下降、漏油致使轻瓦斯动作，应及时报告，迅速处理。变压器内部故障而产生少量气体使轻瓦斯动作，应取油样做色谱分析试验，对变压器作全面分析鉴定。经分析鉴定确属变压器故障，可报告有关领导，投入备用变压器，此变压器可空载运行或停运。如保护回路有故障，应报告领导及时处理。

② 重瓦斯动作：重瓦斯动作一般会看到变压器有喷油现象，发现这些现象及时停电报告领导，做好安全措施，等待处理。如果重瓦斯动作而检查变压器无任何异常现象时，应详细检查保护回路，做保护及绝缘试验检查，处理合格后才能送电。

（3）变压器着火。

1）切开着火变压器两侧断路器，手车摇到试验位。

2）彻底停电后用灭火器迅速灭火。

3）当变压器火势较大时，应及时报告消防队和领导并急速灭火，防止火焰扩大。

4）严禁用水扑灭燃油，但在切断变压器两侧电源并穿戴绝缘防护用具后，可用泡沫灭火剂和水进行灭火。

12.1.3.2　电极调节系统

当电极调节出现不上升，用手动提升电极臂及包盖。具体如下：

（1）手动打开标有"1 号电极事故提升"阀门，提升至适当位置，关闭该阀门。

（2）手动打开标有"2 号电极事故提升"阀门，提升至适当位置，关闭该阀门。

（3）手动打开标有"3 号电极事故提升"阀门，提升至适当位置，关闭该阀门。

（4）关闭标有"包盖事故关闭"阀门，打开标有"包盖事故提升"阀门，提升至适当高度。

12.1.3.3　精炼液压事故

当精炼液压站出现问题时（所有泵不加压或突然停电），可用手动提升电极臂及包盖将钢包车开出。

12.1.3.4　吹氩不通

（1）烘烤时间的不合理造成的底吹氩不通。对于直接从烘烤台架吊出的钢包，投入使用以后往往底吹效果较差。原因是钢水浇完以后，钢包内的剩余炉渣随温度的下降黏度增加，如不及时倒掉，余渣容易集结在钢包底、钢包壁上。钢包烘烤过程中，剩余炉渣中间的部分低熔点相，将会首先融化，和透气砖接触以后，长时间的炉渣的浸润渗透作用，进入透气砖的窄缝，造成使用时的透气砖底吹效果不好或者底吹失败。

针对以上的情况，一是在烘烤的时候，透气砖通气（氮气或者压缩空气），达到反吹清理进入透气砖狭缝内钢渣的目的；二是新钢包修好以后，透气砖先不装，烘烤充分以后，再装好透气砖，做短时间烘烤以后投入使用。

（2）透气砖的清理过程不规范造成的透气砖的不通。透气砖使用过程中，钢包精炼炉冶炼结束以后，在连铸浇注过程中，一方面因毛细作用钢渣渗透到灰缝中，将透气砖堵塞，另一方面是连铸浇注结束以后，钢包内的钢渣和残钢沉降到包底，易将透气砖表面覆盖而造成透气砖不通气。所以每次钢包浇完后需清理透气砖表面，才能保证透气砖畅通。清理透气砖时，可采用钢包外往透气砖吹燃气，包内用燃气－氧气清扫透气砖的表面残渣残钢的方法。往透气砖内吹燃气气一方面便于观察吹气效果，另一方面可以将管道内熔的渣钢吹出。用燃气－氧混合气体清扫是为清理透气砖表面钢渣，同时熔化透气砖通道内的渣钢。

每次钢包倒完钢渣以后，钢包平放在装包工作平台，操作工通过防辐射的水冷护板，从钢包前面使用自耗式钢管，将透气砖前面的冷钢渣清理掉，如果清理的方式不得当，吹氧产生的铁液在透气砖上黏附，一般是氧气压力过小，没有在短时间内将透气砖上的冷钢吹掉，氧气氧化铁液在局部产生高温，氧化铁又可以降低透气砖的岩相组成物的熔点，造成吹氧将透气砖烧坏。

透气砖的清理是首先将透气砖的四周的残余冷钢清理干净，然后快速清理透气砖上面的残余冷钢，禁止长时间对着透气砖使用小流量的氧气清理。清理结束以后，将燃气接头接到底吹氩快速接头上，如果从钢包前面看到火焰均匀地从透气砖上升起，表明透气砖的清理比较彻底，反之则要进一步清理，如果经过多次的清理仍然不能够透气，就要更换新的透气砖了。

还有的厂家在透气砖清理结束以后，采用介质气体反吹透气砖，即从钢包底部的吹氩快速接头上，接通介质气体，吹扫透气砖，达到防止熔渣渗透到透气砖内部的目的。

一般在清理结束以后，通过透气砖的快速接头接上燃气（天然气或者煤气）的快速接头，检查透气砖的清理效果。

（3）吹氩管路漏气造成的吹氩不通。一般钢包上的吹氩管路主要采用固定的钢管和金属软管连接。软管连接底吹气透气砖底部进气管和钢包上固定的无缝钢管，钢包上固定的无缝钢管设有快速接头，钢包车上的吹氩管路也是固定的无缝钢管和金属软管连接，金属软管通过和钢包车上面的快速接头匹配的快速接头连接。出钢时，飞溅的钢液，会集结在金属软管上，随着时间的积累，会形成渣钢，磨烂软管，产生漏气，造成氩不通。

另外，电炉（EAF）出钢过程中钢水温度过低，偏心炉底 EBT 散流，电炉出钢下渣，溢出钢包；电炉出钢脱氧过程中控制不合理，造成了钢包内钢水沸腾，溢出钢包；钢包炉吹氩强度过大，钢渣搅拌剧烈溢出钢包等情况都会烧坏软管造成漏气。

针对以上的情况，应加强电炉和精炼炉的冶炼工艺控制，包括 EAF 合理的出钢温度，及时修补或者更换 EAF 的 EBT，防止散流出钢；正确控制冶炼加料和出钢吨位的关系，防止出钢下渣太多，合理控制吹氩或者吹氮的流量，防止钢渣溢出钢包。此外还要加强维护，在金属软管上包裹石棉布，定期清理吹氩管路上的冷钢渣，吹扫吹氩管道，防止吹氩管道堵塞；在快速接头黏结冷钢以后，时间允许的情况下，清理完毕冷钢以后再起吊钢包，或者钢包强行起吊以后，及时的检查吹氩管路的情况，进行修复。

EAF 出钢过满，超过渣线，接近包沿的情况下，最容易产生快速接头黏冷钢的事故。为了防止快速接头被冷钢黏结的事故，在 EAF 出钢前，以及钢包进入精炼炉冶炼位，结好快速接头以后，可将快速接头的部分使用石棉布盖住。这是一项十分有效的措施和方法。此外，在钢包的快速接头上方，装一个不影响其他操作的"遮雨篷"，防止钢渣集结在快速接头上也是一个不错的解决办法。

（4）钢包温度过低使得钢包底部结冷钢造成的底吹氩不通。钢包没有烘烤充分，或者钢包到达 EAF 出钢位，EAF 的 EBT 不自流，或者其他原因造成辅助时间较长，大于15min 以后，70t 以下的钢包温度散失较快，造成钢包变黑，加上 EAF 的出钢温度不够高，钢包底部结冷钢堵塞底吹气砖，造成吹氩不通。还有一种情况是连铸大包没有浇完的钢水，由于低温或者其他原因回到另外的钢水包里面，也没有及时倒出，黏结在钢包底部，形成"冷钢包"，出钢时，造成钢包底部钢水处于软融状态，或者钢液黏度大，吹氩不通。

此类情况的避免一般是出钢前要求电炉提高出钢温度，出钢前的氩气流量控制得偏大一点。或者使用事故吹氩长管（耐压耐高温胶管或者金属软管），电炉出钢时保持较大流量的吹氩操作，以钢水保持正常搅拌运动特征，电炉出钢结束以后，钢水从电炉出钢的钢包车吊运到 LF 炉出钢的钢包车这一段时间内，始终使用事故吹氩长管保持吹氩，防止停吹以后钢包包底结冷钢。钢包到达冶炼加热位置以后，钢包炉以最大的功率送电升温冶炼，直到钢液的温度上升到大于冶炼钢种的液相线温度 35℃ 左右，换上正常吹氩的金属软管进行正常的冶炼。

对于黏结冷钢较多的钢包，即使透气砖良好，也不宜使用。因为此类钢包投入使用以后，一是钢包内的冷钢会影响钢包内钢水化学成分的精确控制，二是有可能出钢时，高温钢水冲击冷钢产生的能量，加上脱氧的动力学条件产生的动能，搅拌气体的动能，会引起剧烈沸腾，导致钢水剧烈的沸腾，溢出钢包，烧坏吹氩设备和出钢车；三是有可能冷钢熔化不掉，覆盖在钢包底，造成吹氩不通，形成事故。

此类钢包的处理一般是采用平放以后，从钢包前面吹氧作业，将冷钢切割成为小块去除，或者将冷钢烧氧熔化，一次次的倒出，将包内冷钢清理干净。

（5）透气砖抗热振动性能差引起的底吹失败。狭缝式透气砖，一般采用浇筑成型，高温烧成，然后包铁皮再与座砖整体浇筑，养护，烘烤。普通透气砖体积密度大，荷重软化温度高，抗渣性好，高温强度大，但是抗热振性能不稳定。钢包采用狭缝式透气砖，在烘烤、接钢或者冶炼过程中，温度急剧地在较大范围内波动，在接近高温的热面上，热应力会导致透气砖产生裂纹，钢水如果渗透进入裂纹并且凝固，或者从裂纹处漏气，造成吹氩效果差或者底吹失败。

为了减少透气砖断裂造成的吹气不通，一方面要求生产厂商提高透气砖的抗热振性，比如使用低膨胀性的材料，防止透气砖在烧成和使用过程中的体积变化过大，保证狭缝的尺寸，防止热应力引起的裂纹；另一方面在使用过程中避免钢包的极冷极热，在保证生产需求的条件下，减少钢包的投入使用数量，提高钢包的热态周转，降低透气砖的热态振动损坏。

12.2　RH 精炼设备

RH 法是 1957 年由德国 Rheinstahl 公司和 Heraeus 公司共同开发的真空精炼法，又称真空循环脱气法。设计的最初目的是用于钢液的脱氢处理。50 多年来这项技术已经高度发展和广泛应用，到 2000 年全世界已投产的 RH 法工业装置有 160 余台，可处理的最大钢包容量达 400t。我国早在 20 世纪 60 年代大冶钢厂从德国 MESSO 公司引进了 1 台 RH 装置；20 世纪 70 ~ 80 年代武钢二炼钢从德国分别引进了两套 RH 装置，用于硅钢生产；后来宝钢、攀钢、鞍钢、本钢、太钢等也相继建成投产了 RH 装置。到 2007 年底，我国 RH 装置达 61 台，年处理能力大于 9000 万吨。自主开发的 RH 真空精炼技术与装备从 2002 年起在国内广泛应用。

RH 发展到今天，大体分为 3 个发展阶段。

（1）发展阶段（1968 ~ 1980 年）。这一时期 RH 装备技术在全世界广泛采用。根据 1976 年统计，世界共计投入生产的 RH 设备有 448 台。随着转炉大型化的发展，RH 也实现了大型化，世界上最大的 RH 精炼设备为 360t。

（2）多功能 RH 精炼技术的确立（1980 ~ 2000 年）。这一时期 RH 的技术发展趋势主要是：

1）优化 RH 工艺设备参数，扩大处理能力；

2）开发多功能 RH 精炼工艺和设备，使 RH 具有脱硫、脱磷等功能；

3）开发 RH 热补偿和升温技术；

4）实现全部钢水进 RH 真空处理。

经过这一时期，RH 技术几乎达到尽善尽美的地步。

日本在这一时期对 RH 的技术发展做出重要贡献，先后开发出 RH – OB、RH – PB 和 KTB 法等著名新工艺，如图 12 – 3 所示。

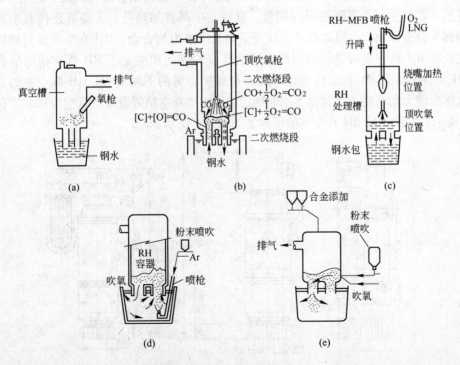

图 12 – 3 RH 的改进形式

（a）RH-OB 法；（b）RH-KTB 法；（c）RH-MFB 法；（d）RH-Injection 法；（e）RH-PB（浸渍吹）法

（3）接近反应极限的真空精炼技术（2000 年至今）。为了解决极低碳钢（$w(C) \leqslant$

10×10^{-6}）的精炼难题，需要进一步克服钢水的静压力，以提高脱碳速度。因为在极低碳区，真空度已不再是决定反应的热力学条件；反应层钢水深度（即钢水静压力）决定了反应速度。由于反应层越来越浅，如何扩大反应界面是提高反应速度的限制环节。为解决这一问题，日本川崎公司采用喷吹氢气向钢水增氢，进而利用真空脱氢产生的微气泡提高脱碳的反应界面，达到深脱碳的目的。日本新日铁公司研究开发的 REDA 工艺采用直筒型浸渍罩代替 RH 浸渍管进行真空处理，使钢水的循环流量大幅度提高，解决了极低碳钢精炼困难的问题。采用上述两种工艺，RH 可以生产含碳量为 3×10^{-6} 的极低碳钢。

12.2.1　RH 炉主要设备构造及功能

　　RH 法的设备由脱气主体设备、水处理设备、电气设备、仪表设备所组成。而主体设备又由如下设备构成：真空室及其附属设备、气体冷却器、真空排气装置、合金称量台车及加料装置、真空室移动台车、真空室固定装置、真空室下部槽及浸渍管更换台车及专用工器具、浸渍管修补台车、电极加热装置（煤气加热）、钢包液压升降装置、钢包台车、测温取样装置、脱气附属设备、管道设备、RH-OB 装置等。

12.2.1.1　RH 真空室

　　（1）RH 真空室主体设备。RH 真空室外壳为钢板围焊成的圆筒状结构内衬耐火砖。真空室下部有两根用耐火材料制成的可以插入钢液的浸渍管，也称升降管，其中一根为钢液的上升管，另一根为钢液下降管。浸渍管的上半部外侧为钢管结构。真空处理时钢液沿上升管进入真空室，沿下降管返回钢包。真空室中部有加热孔，上部有连接真空泵抽气孔，顶部为合金添加孔，可以在真空状态下向真空室内加合金。RH 真空精炼过程的冶金反应主要在 RH 真空室内进行，因此，熔池反应的表面积决定了 RH 真空精炼冶金反应（如 RH 真空脱碳反应）的反应速度。随着初炼炉容量的不断增大，RH 真空室的直径与高度也逐步增大和增高。武钢在不同时期建成的 RH 真空精炼设备的真空室形状变化如图 12 - 4 所示。宝钢 1 号 RH 真空室的形状如图 12 - 5 所示。

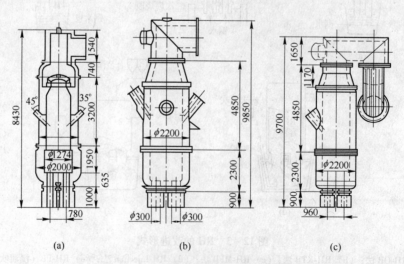

图 12 - 4　武钢 RH 真空室形状的变化

（a）1974 年建设的 1 号真空室；（b）1985 年建设的 2 号 RH 真空室；（c）1993 年改建的新 1 号 RH 真空室

（2）气体冷却器。气体冷却器由排气口伸缩接头、中间管道、气体冷却器、切断阀箱、联络管所组成。在真空室内，从钢液中排出的气体通过排气口伸缩接头、中间管道导入两台气体冷却器。排气通过气体冷却器时降低了温度，捕集了灰尘。接着排气经过切断阀箱、联络管被导入真空排气装置。切断阀箱是切断真空室和真空排气装置的设备。当真空室采用氮气进行复压时，关闭切断阀箱即可保护 N_2 氛围并捕集灰尘。

（3）真空排气装置。真空排气装置主要由蒸汽增压泵、蒸汽喷射泵（附带启动用蒸汽喷射泵）、冷凝器、雾滴分离器、密封水槽组成。蒸汽通过增压泵及喷射泵的喷嘴的时候，即将蒸汽的压力能转变为动能，从而高速喷射的蒸汽抽吸在真空室内所产生的排气，依靠冷凝器进行凝缩，然后被下一级喷射泵再次吸入，反复多次后用雾滴分离器除去水分后排入大气。在冷凝器里使用过的冷却水汇集在密封水槽内，再用返送泵送往水处理设备。另外，混入在冷却水中的排气可从密封水槽通过排气配管排入大气中。

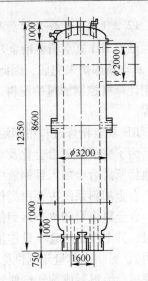

图 12-5　宝钢 300t RH 装置的真空室

（4）驱动气体的喷嘴。RH 真空精炼过程中，为了使钢液循环，需向上升管内的钢液中输送驱动气体（一般为氮气）。输送驱动气体的喷嘴的结构和位置对钢液的循环特性有影响，因此，要求气体喷嘴结构设计和材质选择上要合理。最初采用的是多孔扩散环。扩散环一般采用高铝耐火材料，在 1600℃ 以上烧成，孔径为 2mm。其特征为：孔径太小，加工困难，使用寿命短，喷孔容易堵塞，需拆掉插入管才能更换扩散环。后来扩散环改进成环形板，此时两板缝隙形成进气环。其特征是加工工艺较多孔扩散环容易些，但因为环形砖较薄（厚度为 20mm），在烧结过程中容易变形。

现在多使用在上升管的衬砖内埋设钢管的喷嘴结构，围绕上升管圆周布置单层或多层若干个喷嘴，如图 12-6 所示。喷嘴在上升管高度方向上的位置对钢液循环流量有较大的影响，喷嘴位置越低，钢液循环流量就越大。如果喷嘴位于上升管高度的中间，则钢液循环流量仅为喷嘴位于液面时的 2/3。因此喷嘴应尽量布置在靠近钢液的一侧，让上升管充分得到利用，这样少量的驱动气体可以得到大的循环量，但由于耐火材料方面的原因，不能将喷嘴位置布置得太低。一般情况下喷嘴应布置在上升管底部的 1/3 处。

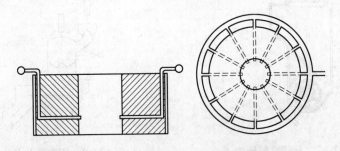

图 12-6　输送驱动气体的喷嘴

12.2.1.2　铁合金称量和加料装置

随着 RH 真空精炼冶金功能的发展，转炉炼钢脱氧合金化和成分微调的任务转移到 RH 真空精炼炉来完成，因此要求 RH 配备一套完整的合金加料系统。其控制部分已发展到用计算机控制加料的配料、称量、添加的全过程，有的用计算机控制 RH 真空精炼的全过程。

RH 真空精炼过程中钢液在真空室和钢包中得到强烈搅拌，对合金加料和混匀非常有利。为了完成脱氧合金化及对某些成分进行微调，要求合金加料系统能够准确、迅速、均匀地将所需合金加入到钢液中。

合金加料系统主要由高位料仓、合金切出装置、合金称量装置以及合金加料装置所组成。合金料由自卸汽车运到供料站，经斗式提升机及皮带运输机装满高位料仓。料仓分为三组，其中两组料仓下设称量斗，均装有电子秤，一个称料斗供称量少量的铁合金（微调用），另一个称量斗则供称量大量铁合金之用。废钢、铝和碳分别装入另一组料仓，经电磁振动给料器或旋转给料器加入真空室。

在铁合金料仓的下部设置有合金切出装置。在此装置上设有可以调节下料量的滑动闸板及电磁振动给料器。排放出的合金投放在称量台车上，依靠它称出规定数量的铁合金。称好的合金移送到斜皮带机上，然后利用皮带输送机投加到合金加料斗内。称量台车、斜皮带机、加料斗分为两条加料系统。这样无论哪台称量台车发生故障，都能使用另外一台进行合金称量。投放在合金料斗内的铁合金，利用给料仓内的电磁给料器或者旋转给料器进行排料，再通过溜槽伸缩接头、溜槽切断阀从真空室上盖投入口加入到真空室内。合金加料装置具有在钢液脱气过程中能随时投加铁合金的功能。

旋转给料器广泛地应用于 RH 真空精炼炉，其中以碳、铝添加采用旋转给料器（见图 12-7）较多。采用旋转给料器时，事先应按照合金料的密度、粒度、测量旋转给料器在一定旋转速度下，每格（或每转）加入合金料的质量。在添加合金时，根据工艺要求，计算出需要添加的合金重量，再换算成所需添加格数（转数），预先进行设定，即可自动加入。也有事先按工艺要求称量所需合金，装入可密封的料仓内，再在适当的时候，经旋转给料器全量加入钢液中。此种加料方法的优点是能定量均匀地将合金加入钢液中，对均匀成分有利。

合金添加装置安装在真空室的顶端，主要是一个真空料斗。真空料斗和真空电磁振动给料器的结构如图 12-8 所示。此种方法普遍地应用于真空精炼装置。脱氧合金化时，预

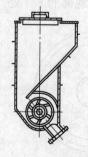

图 12-7　旋转给料器

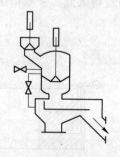

图 12-8　真空料斗及真空
电磁振动给料器

先按工艺要求，称量需要的合金，经称量斗送入真空料斗，再将真空料斗密封好，然后抽真空，开启真空料斗的出口，将合金料卸入真空给料器上，连续均匀地将合金加入真空室中。

12.2.1.3　RH真空支撑装置

RH真空室的支撑形式对设备的作业率、合金添加能力、工艺设备的布置、设备占地面积等有直接影响。它有真空室旋转升降形式、真空室垂直升降形式和真空室固定不动钢包升降形式三种支撑形式。

（1）真空室旋转升降形式。真空室可上下升降和左右旋转，钢包可设置1个或几个精炼工位（地面或地坑）。其优点是结构紧凑，基建费用低；设备总高度低，当吊车空间受到限制时也可采用；真空室下部及浸渍管的维修操作容易，不需要吊车和特殊修理车；由于可设有两个工位，可连续处理两钢包钢液，所需设备费用低。其缺点是添加合金系统与真空室连接，真空泵系统连接的管道结构复杂，需要有防止系统漏气的措施。

（2）真空室上下升降形式。真空室可上下升降，处理时钢包车运输钢包到真空室下方，通过真空室下降将真空室浸渍管插入钢液内。当钢包容量较大时，由于用液压方式升降钢包的设备增大，此时适于采用真空室上下升降装置。真空室上下升降形式适用于当设置液压缸用地坑困难时的钢厂采用，缺点是真空室上下升降需要大的升降设备，抽气管道与真空室的结合处较复杂。

（3）真空室固定不动钢包升降形式。钢包车上装有液压升降装置或其他方式使钢包升降。处理时用钢包车运输钢包到工位后再用液压缸升起钢包将真空室浸渍管插入钢包。其优点是加合金装置和真空室结合处固定不动，操作、维护方便；冷却水管、吹氩管、加热煤气管道及线路固定，便于操作和维护；抽气系统在内的全部装置固定，易于防止泄漏、维修；在真空室四周有简单固定框架，便于清理黏钢黏渣等作业。其缺点是安装占用面积大，基建费用高，真空室底部及浸渍管更换、修补操作有些不便，需单独设置专用修理平车。

以上三种支撑形式各有其优缺点，采用何种支撑形式，应根据企业的具体情况来决定。一般，从设备的维护、操作的稳定性考虑，采用真空室固定不动钢包升降形式比较合适。

钢包液压升降装置由液压缸、液压设备、升降框架、导轨及钢包承受台所组成。它是使装载于钢包台车上的钢包进行升降的装置。当满载的钢包台车位于固定的处理位置时，通过操作液压设备，地坑内的油缸在油压的作用下，带动升降框架一起顶升，当与钢包承受台接触后托起钢包继续顶升，直到浸渍管插入钢包液面深度达到要求时停止。在脱气过程中油压装置一直维持钢包在这一位置附近。处理结束后再次操作液压设备，降下钢包，使钢包下落到钢包台车上后液压缸继续下降至停止位置。

12.2.1.4　RH真空室的更换装置

为了提高真空处理的作业率，需要有2~3个真空室交替使用，以便把坏的真空室更换下来维修，并及时把新的真空室换到工作位置。目前真空室更换方式可以分为双室平移式（见图12-9）、转盘旋转式和三室平移式。其中双室平移式采用得较多，如我国宝钢和武钢三炼钢的装置均为双室平移式真空室更换形式。

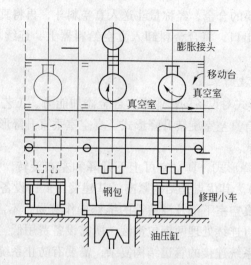

图 12 - 9　真空双室平移式

（1）真空室移送台车。用于装载真空室，可在脱气处理工位与加热修补位置间移动。操作场所分为现场和操作室两处，采用自动和手动走行操作模式。台车上还装载着部分煤气加热设备。台车停止依靠设置在厂房平台上的行程开关。

（2）真空室固定装置。为了防止真空处理过程中真空室的振动，在真空室两侧的厂房构架上共固定安装 4 只气动顶压装置。真空室停放在处理工位后，4 只气缸通气后同时伸出顶住真空室托座，即可起到固定作用。真空室在移动之前必须先缩回气缸顶头。

12.2.2　RH 设备的检查、使用与维护

12.2.2.1　RH 的测温定氧、破渣、取样枪

A　检查

（1）检查钢包车是否在工作位，槽台车是否在处理位。

（2）如果钢包车在工作位，检查是否有钢包在车上。

（3）如果钢包在车上，检查钢包与槽台车位置。

（4）检查 HMI 画面是否有报警。

（5）检查机旁箱是否有报警，按钮、指示灯及转换开关状态是否正常。

（6）检查测温定氧、破渣、取样枪是否在上限。

（7）检查测温取样枪枪架是否在待机位。

（8）检查测温取样枪枪架电液推杆是否有渗漏油情况。

（9）检查摆动枪架前活动门是否完好，动作是否正常。

（10）检查破渣枪枪头黏渣是否过多。

（11）检查测温定氧、破渣、取样枪下限时是否在同一点。

（12）检查测温定氧、取样枪编码器数值是否正确。

（13）检查测温定氧、破渣、取样枪链条是否完好。

（14）检查测温定氧、破渣、取样枪制动是否有效。

（15）检查测温定氧、破渣、取样枪限位是否完好。

（16）检查测试定氧枪电缆线是否有破损。

（17）检查枪架摆动行程内是否有阻碍物体。枪架摆动范围内不得有人员停留。

（18）操作前按下机旁箱灯测试按钮，检查指示灯是否正常。

（19）检查测温定氧仪表是否正常，数据传输是否准确无误。

（20）标定测温定氧仪表，了解测试误差数据。

B　操作

测温定氧、破损、取样枪的升降操作与枪架摆动操作均在一个机旁箱上。操作分为集中与机旁两种模式。

a　机旁模式

（1）将转换开关打到机旁。

（2）确认测温定氧、破渣、取样枪在上限；按下枪架向工作位旋转按钮，枪架在电液推杆的作用下，向工作位旋出，到达工作位限位位置时停止，相应指示灯亮起；在枪架摆动过程中，需要停止设备运行时，按下停止按钮即可。

（3）确认测温定氧、破渣、取样枪在上限；按下枪架向待机位旋转按钮，枪架在电液推杆的作用下，向待机位旋出，到达待机位限位位置时停止，相应指示灯亮起；在枪架摆动过程中，需要停止设备运行时，按下停止按钮即可。

（4）选择开关选择测温定氧枪，确认枪架在工作位；按下选中枪下降按钮，测温定氧枪开始下降，到达码盘限定位置或者下限位（先到者优先）时，停止；按下选中枪上升按钮，测温定氧枪开始上升，到上限位置时停止，相应指示灯亮起。破渣枪操作、取样枪操作与测温定氧枪相同，不同的是，需要在操作前，依据枪作用选择枪；机旁模式下，控制按钮只对选中枪有效。

（5）在有一个枪离开上限后，不得通过改变选中枪的形式操作其他枪的升降。

（6）在测温定氧枪故障时，可通过切换机旁箱上的按钮，选择手动枪继续进行作业，待冶炼完毕后进行处理。

b　集中控制

（1）集中控制在主控室 HMI 画面上进行。集中控制时，需要将现场操作箱转换开关打到集中。

（2）在完成操作前检查项目后，方可进行操作。

（3）检查枪架摆动允许指示灯是否变成绿色。

（4）点击工作位按钮，枪架向工作位运动，到达工作位限位后，停止运行。

（5）作业完成后，需要将枪架摆回待机位，在枪架摆动允许指示灯为绿色时，点击待机位按钮，枪架向待机位置摆动，到达待机位时停止。

（6）在画面上选择需要操作的枪。

（7）点击计测复位按钮后，点击计测开始按钮，选定枪在程序控制下，向下运动，打到编码器设定位置时停止，并开始计时。当计时结束后，自动将选定枪提升到上限。在期间如果出现异常，可点击故障复位按钮进行复位。

（8）如果操作前发现编码器设定有误，需要利用编码器清零按钮，重新设定编码器。

C　安全注意事项

（1）枪架摆动范围内不得有人员停留，不得有妨碍枪架摆动的物体。

（2）测温定氧、破渣、取样枪不得长期停留在钢水中，防止枪被烧损。

（3）限位失效或者故障时，必须立即停止设备运行，防止链条崩断或者电动机烧损事故发生。

（4）枪升降制动失效或者有故障时，严禁设备带病运行。

12.2.2.2　RH 顶枪操作规程

A　检查

（1）检查真空槽在处理位，枪孔盖板打开，夹持器分离。

（2）检查机械冷却水阀门打开，进出水流量、温度无报警。

（3）检查氧气、焦炉煤气、氩气阀门关闭。

（4）检查顶枪保护气体应该为氮气，确认流量设置正确。

（5）确认密封气囊处于泄气状态。

（6）检查各种介质气体压力是否有报警。

（7）检查操作箱上按钮是否完好、指示灯及高度表显示是否正确。

（8）检查操作箱及操作台上急停按钮是否旋出，转换开关位置是否正确。

（9）检查顶枪火焰检测是否有火焰显示，火焰检测是否正常。

（10）检查顶枪高度编码器数据是否正确。

（11）检查密封气囊悬挂链条是否完好、捋顺无打结。

（12）检查顶枪介质管道无明显泄漏，金属软管无扭曲、剐蹭。

（13）检查顶枪限位是否正常。

（14）确认顶枪制动器是否正常，检查顶枪小车链条是否完好、无断裂。

B　操作

顶枪操作分为机旁手动、机旁自动、集中自动和集中手动几种模式；机旁操作在机旁操作箱上进行，集中操作在主控室内 HMI 画面上进行；机旁操作主要是用来将顶枪下降到槽内待机位，并同时操作密封气囊、枪孔盖板、夹持装置；集中控制主要是用来进行顶枪在槽内待机位以下的升降控制，介质停送控制、保护气体选择控制等。

a　顶枪机旁手动操作

（1）确认急停按钮旋出；将转换开关打到机旁，手动自动切换打到手动，主回路投切转换开关打到投入；按下灯试验按钮，测试指示灯是否正常。

（2）降枪前首先按下密封装置吹扫打开按钮，打开密封气囊吹扫气。

（3）按下密封装置松开按钮，松开夹持器。

（4）按下枪孔盖板打开按钮，打开枪孔盖板。

（5）按下顶枪膨胀密封关闭按钮，密封气囊泄气。

（6）按下顶枪下降按钮，控制顶枪下降，到达槽内待机位时顶枪停止下降。如果需要继续下降，则再次按下下降按钮即可。在顶枪升降过程中，需要停止时，按停止按钮即可；发生异常时，可按下急停按钮，停止设备运行。

（7）顶枪下降到位后，按下夹持器夹紧按钮，将夹持器夹紧。

（8）按下顶枪膨胀密封打开按钮，密封气囊充气，完成整个降枪操作过程。在此过程中，如果故障报警灯亮起，可按下故障复位按钮，待故障复位完成后，继续操作。如果故障复位按钮失效，通知检修公司小班处理。

(9) 顶枪上升操作与顶枪下降过程顺序相反，依次按下对应的控制按钮，即可完成操作。

(10) 操作完毕后，将转换开关打到集中，关闭机旁箱箱门。

b 顶枪机旁自动操作

(1) 确认急停按钮旋出；将转换开关打到机旁，主回路投切转换开关打到投入；按下灯试验按钮，测试指示灯是否正常。

(2) 在机旁手动模式下，将夹持器打开，将枪孔盖板打开，然后将转换开关打到自动。

(3) 按下顶枪下降按钮，顶枪在程序控制下，自动开启吹扫气阀门，密封气囊泄气，开始降枪到槽内待机位。顶枪到位后自动将夹持器关闭，密封气囊充气，完成降枪操作。操作顶枪上升时，按顶枪上升按钮即可。在此过程中，如果发生报警可按下复位按钮进行报警复位；出现紧急异常情况，按下急停按钮，将设备停止运行。

(4) 操作完毕后将转换开关打到集中，关闭操作箱箱门。

c 顶枪集中手动操作

(1) 顶枪集中操作是在顶枪在槽内待机位及其以下的情况下进行的。

(2) 将操作前检查项目进行完毕后，方可进行操作。

(3) 确认急停按钮旋出；将转换开关打到集中，主回路投切转换开关打到投入。

(4) 在 HMI 画面上，点击手动按钮，设置当前为手动状态。

(5) 设定顶枪保护气介质及其流量，开启保护气阀门。

(6) 点击顶枪下降按钮，观察顶枪编码器高度显示，操作顶枪下降，到达要求高度后，点击停止按钮即可停止顶枪下降。操作顶枪上升时，点击顶枪上升按钮即可。在顶枪升降过程中出现报警，按下故障复位按钮，将故障复位后方可继续进行操作；复位按钮失效时，停止设备运行，通知检修公司小班处理。

(7) 顶枪集中操作还有大气吹氧、强制脱碳、铝加热、去冷钢集中模式；主要是在工艺要求的枪位下，进行介质配比，此处按照工艺要求进行操作即可；进行相应的操作，在操作条件满足的情况下，点击相应功能按钮即可实现；需要停止时，点击停止按钮即可。

(8) 在顶枪吹焦炉煤气及吹氧时，进行顶枪的火焰检测工作。如果在规定时间内，没有收到火焰检测信号，则系统认定点火失败，自动停止介质气体输送，并开启吹扫气体进行吹扫。

d 顶枪集中自动操作

(1) 顶枪集中操作是在顶枪在槽内待机位及其以下的情况下进行的。

(2) 确认急停按钮旋出；将转换开关打到集中，主回路投切转换开关打到投入。

(3) 在 HMI 画面上，点击自动按钮，设置当前为自动状态。

(4) 设定顶枪保护气介质及其流量；自动开启保护气阀门，并按照要求自动条件流量。

(5) 顶枪集中操作有大气吹氧、强制脱碳、铝加热、去冷钢几种模式；主要是在工艺要求的枪位下，进行介质配比，此处按照工艺要求进行操作即可；当进行大气吹氧时，点击大气吹氧按钮，待该按钮变成绿色后，点击开始按钮，顶枪开始按照事先设定运行；需要停止时，点击停止按钮即可。

（6）在自动模式下有顶枪模式设定表，点击该按钮，在弹出的窗口内依据工艺要求，设定顶枪的高度、介质、介质流量等参数并确认。进行大气吹氧、强制脱碳、铝加热、去冷钢操作时，在操作条件满足的情况下，点击相应功能按钮即可实现，设备将按照顶枪模式设定表设定内容自动调节顶枪运行；需要停止时，点击停止按钮即可。

（7）在顶枪吹焦炉煤气及吹氧时，进行顶枪的火焰检测工作。如果在规定时间内，没有收到火焰检测信号，则系统认定点火失败，自动停止介质气体输送，并开启吹扫气体进行吹扫。

C 安全注意事项

（1）密切注意顶枪冷却水流量及温度情况，防止顶枪漏水事故发生。在顶枪发生漏水后，必须将顶枪提出真空槽，并将枪孔盖板关闭，防止水进入钢水中，发生恶性事故。

（2）在顶枪开启介质气体进行作业时，要密切注意介质气体的工作状态。如果火焰检测异常，立即停止介质气体输送，并吹扫。

（3）顶枪升降时，要密切注意顶枪位置，不能让顶枪冲出上下极限。

（4）进行顶枪升降前，要检查顶枪小车链条及制动器，防止在升降过程中发生坠落事故。

12.2.2.3 底吹氩系统操作

A 检查

（1）检查机旁操作箱流量表数据是否为零，转换开关、流量调节旋钮是否完好。

（2）检查底吹管道是否与钢包连接。

（3）检查系统管路是否有大量气体泄漏。

（4）检查相关手动阀门的状态。

B 操作

a 机旁操作

（1）选择底吹模式（轻吹、正常还是强吹）。

（2）将选择开关打到开始位置，启动设备运行。

（3）观察钢包液面效果，调节流量调节按钮可以调节底吹气体流量大小。

（4）底吹完毕时，旋转转换开关到停止位置，停止设备运行。将底吹管道从钢包上拆除，完成底吹操作。

b 手动操作

手动操作指的是在底吹设备故障时，需要手动调节机械阀门控制底吹开始、结束、流量大小的操作。该操作过程中，从开气、流量调节到结束均是人为手动调节机械阀门。

C 注意事项

（1）注意底吹流量大小，流量太大会导致钢液飞溅或者外溢。

（2）连接底吹管线时，注意钢包上黏接物体坠落，防止坠物伤人。

（3）防止熔融金属飞溅物，造成伤人或者火灾事故。

12.2.3　RH 设备常见事故的预防与处理

12.2.3.1　顶枪系统

（1）停电。

1）变电所停电。停电后，启动顶枪应急电源 EPS 为顶枪及控制系统供电。此时按照正常情况操作将顶枪提升到上限即可。

2）变电所停电同时 EPS 故障，导致顶枪没有电源供应。停电后，顶枪停在原来的位置上。首先确认冷却水是否仍在正常循环，如冷却水系统仍正常工作，不会对设备造成损害。吹氧时则继续按原来的操作要求吹氧，吹氧结束后安排电工检查停电原因，排除故障。待变电所或 EPS 恢复供电后，将顶枪提升到上限。

（2）冷却水压差流量计异常或最小流量显示。可能是有泄漏或是冷却水流量太小造成的。此时可将顶枪自动移至最高位，通知点检及检修人员处理，检查完泄漏点后检查流量。

（3）顶枪不能回位。MCC 故障，找检修及计控工程人员处理。

（4）顶枪漏水。

1）原因：焊接部位开裂、铜头部位熔损、因水压过大而有裂缝、枪体掉落。

2）处理：破真空，关闭顶枪冷却水的进出水阀、氧气切断阀，提升顶枪到槽内待机位，终止处理复压，钢包下降，钢包车开出，通知值班调度及值班点检人员到现场进行检修。

（5）顶枪提不出。

1）原因：由于黏冷钢等各种原因提不出顶枪。

2）处理：卸下热弯管并提起，并在一定高度固定。如枪体在槽内切割，则确保顶枪能够提出并防止枪体被烧坏。提出氧枪后仔细检查。

12.2.3.2　投料系统

A　真空料斗系统

料钟不能完全关闭：料钟及密封部件之间的材料堵塞或料斗中的合金材料堵塞。

（1）原因：

1）材料可能过大，有尖锐的边角，也可能是料钟打开的时间过短。

2）汽缸的气压不足。

3）限位故障。

（2）处理：在操作过程中，将真空料斗转换为手动操作，并通过反复开关料钟将材料放出；如不能采用手动操作的阀门，通知计控人员从程序上强制执行。

B　合金料称错

（1）原因：误操作或钢种计划变更。

（2）处理：现场将合金料放至返回料仓。

C　加合金溜槽堵塞

发生此故障时，应复压并立即通知调度及点检、维修人员，安排吊至另一工位进行处理。如果是挡板打不开，那么打大气压或拆下；如果是合金量多而被堵塞，要求电焊割开溜槽进行疏通，成功后再焊接，保证焊接处不漏气。

12.2.3.3　RH 真空系统

A　真空槽外壳发红

（1）上部槽钢板发红（暗红）。

1）原因：上部槽后期，意外掉落耐火材料。

2）预防：对后期的上部槽加强观察，每处理一两炉即检查钢板情况，如发现暗红色，即更换真空槽。此项工作由小班组长负责。

3）处理：立即破真空，停止处理，并通知调度，更换真空槽后完成该炉次的处理或换另一工位进行处理。

（2）下部槽钢板发红（较上部槽钢板发红更亮）。

1）原因：下部槽后期，处理时间过长。

2）预防：对后期的下部槽加强观察，每处理一炉即检查钢板情况，处理时间长的钢种尽量不安排在下部槽处于后期的工位处理，此项工作由小班组长负责。更换浸渍管时仔细检查下部槽耐材，下部 1m 范围内烧损较严重的区域要进行挖修。

3）处理：如发现钢板暗红色，立即破真空，停止处理，并通知调度，更换真空槽后完成该炉次的处理或换另一工位进行处理。

B　处理过程中浸渍管断裂

（1）原因：浸渍管使用寿命后期、处理时间过长、炉渣温度过高、流动性太好，易发生在 LF - RH 二重处理的炉次。

（2）预防：对来自 LF 炉的钢水，要控制温度不过高；对流动性太好的炉渣 LF 炉处理终了时要加入石灰稠化炉渣；浸渍管使用寿命后期尽量不安排来自 LF 炉的钢水；浸渍管使用寿命后期的真空槽，在处理完毕复压时，顶升操作人员控制钢包的下降速度不要太快，以免浸渍管底部有烧穿的部位产生吸渣。

（3）处理：立即破真空，终止处理，将钢包车开出，指挥 240t 天车将钢包吊起，将掉落在钢包中的浸渍管撤出，更换真空槽后继续处理。

C　处理过程中真空槽漏

（1）现象：听到室外有异响；真空度急剧上升。

（2）处理：紧急复压至大气压，钢包下降至下限位，立即做换槽处理。

D　处理过程中吸渣

（1）处理：紧急复压至大气压，钢包下降至下限位，移槽至待机位。立即通知值班调度及点检人员检查气体冷却器、排气口伸缩节、排气口密封圈有无损坏，槽体上合金加料口、顶枪口、ITV 孔是否被封住，清除排气口伸缩节内渣钢。事故处理结束后恢复生产。

（2）注意事项：浸渍管寿命后期精炼工要加强对浸渍管的观察，喷补维护人员要加强对浸渍管的喷补工作，顶升工要做好顶升监护。若移槽失败，组织人员切割排气口冷钢。检查设备，如发现损坏，通知三班并进行抢修或更换，各孔内冷钢组织人员进行切割。

E　真空槽法兰漏水

（1）处理：首先确认槽体法兰漏水的部位和大小，通知无关人员立即撤离至安全区域。如漏水量很小，并确认钢包中无积水，可坚持处理完一炉钢，再次确认钢包中无积水后复压。如漏水量很大，则将有关漏水的进、出水阀门关闭并确认漏水停止，等待钢包中的积水自然蒸发完毕后复压，然后将钢包下降至下限位。移槽至待机位修理，同时通知值班调度。

（2）注意事项：钢水表面积水，一旦钢水搅动与水混合，将发生爆炸。故组长应立即组织所有人员经远离可能发生爆炸区域的安全通道撤离至安全区域。

F 真空系统停电及其他故障处理

（1）处理时不能达到操作真空度。

1）原因：仪表显示错误、设备泄漏、蒸汽压力不足、真空泵体系出现问题。

2）处理：如真空度下降不多（300～500Pa）可继续处理，处理结束后检查原因。如真空度急剧下降要立即停止处理检查。

（2）一个或几个喷射泵不正常工作。

1）原因：漏气、蒸汽含水过多。

2）处理：首先检查相关的蒸汽阀是不是完全打开。其次检查每个冷凝器冷却水的供给水及回水温度。如果冷凝器前后的冷却水温度没有任何差别就去检查上游处的喷射泵，观察是不是蒸汽管线或其他蒸汽阀的喷射泵喷嘴堵塞。

12.3 VD 精炼设备

钢包真空脱气法（Vacuum Degassing）简称 VD 法，日本又称为 LVD 法（Ladle Vacuum Degassing Process）。它是向放置在真空室中的钢包里的钢液吹氩精炼的一种方法，其原理如图 12 - 10 所示。

12.3.1 VD 炉主要设备构造及功能

VD 设备主要部件有：循环泵、蒸汽喷射泵、冷凝器、冷却水系统、过热蒸汽发生系统、窥视孔、测温取样系统、合金加料系统、吹氩搅拌系统、真空盖与钢包盖及其移动系统、真空室地坑、充氮系统、回水箱。VD 设备示意图如图 12 - 11 所示。

VD 设备一般不单独使用，而是与 LF 配合使用。对 VD 的基本要求是保持良好的真空度；能够在较短的时间内达到要求的真空度；在真空状态下能够良好地搅拌；能够在真空状态下测温取样；能

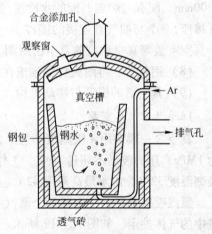

图 12 - 10 VD 钢包真空
脱气的工作原理

够在真空下加入合金料。一般说来，VD 设备需要一个能够安放 VD 钢包的真空室，而 ASEA - SKF 则是在钢包上直接加一个真空盖。

12.3.1.1 真空室

真空室用于放置对钢水进行处理的钢包，并对钢水进行真空处理。真空室盖是一个用钢板焊接而成的壳形结构。真空盖上安装的设施有：

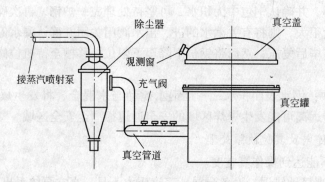

图 12 – 11　VD 的结构简图

（1）一个水冷的带有环形室的主法兰。

（2）一个密封保护环。

（3）三个供吊车吊运的吊耳。

（4）两个窥视孔，带有手动中间隔板，以防渣钢喷溅到窥视孔的玻璃上。其中一个为电动机带动的机动窥视孔。通过这两个窥视孔，可以观察钢包中的情况。

（5）为了测定钢水的温度，取出钢样，真空室盖上安装了真空密封室和取样吸管（也称取样枪）。取样枪的行程由一个旋转开关控制，运动由电动机带动。

（6）8 ~ 10 个合金料料仓，2 ~ 3 个料斗。其作用是把合金从大气下加入到真空室中。

（7）真空室地坑。真空室地坑直径为 6400mm，真空室高度为 8000mm、外径为 6800mm。配有与炉盖匹配的水冷法兰盘以及与密封圈匹配的凹槽，两个支撑钢包用的对中支撑座，一个与抽气管连接的接口，一个氩气快速接头，一个用于漏钢预报的热电偶，一个用于真空室盖与真空地坑的真空密封圈。目前真空罐一般安放在车间地平面的轨道小车上。

（8）钢包盖。将耐火材料砌筑在钢制拱形上，并用三个吊杆吊在真空盖上。

（9）真空盖的提升与移动机构。该机构是一个型钢焊接的框架结构，配两条轨道.

12.3.1.2　真空泵

真空泵一般常用 4 级蒸汽喷射泵，三个循环泵作为第 5 级。蒸汽喷射泵工作压力一般为 1MPa，压力波动不超过 10%，工作蒸汽最高温度为 250℃，过热度 20℃。冷却水进水最高温度 32℃，出水最高温度 42℃。

蒸汽喷射泵是由一个至几个蒸汽喷射器组成。其原理是用高速蒸汽形成的负压将真空室中的气体抽走，如图 12 – 12 所示。

蒸汽喷射器的工作过程分为三段：

（1）由蒸汽室送来的有一定压力的蒸汽在喉部达到声速，在喷嘴的扩张部分压力继续降低，速度继续增大，以超声速喷出断面；

（2）工作蒸汽与被抽出的气体在混合室混合，两种气体进行动量交换；

（3）混合气流在扩散器喉部达到临界速度，冲出喉管。由于扩压器的管径逐渐增大，混合气体速度降低，压力升高，在出口处被压缩到所设计的出口压力。

在对钢液进行处理时，前期钢液的放气量较大，而在处理后期放气量较少。为了尽快将真空度控制至 0.024 ~ 0.013MPa 以下，应根据钢液的放气量，将真空泵设计成变量泵，

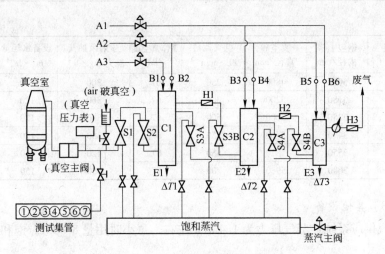

图 12-12 真空泵系统示意简图

即各级泵的抽气量不等，真空度低时抽气量大些；真空度高时，抽气量小些。可选用一种辅助泵，并联于真空泵上，从而增大系统的抽气能力。也可装一台循环泵代替二级启动喷射泵，以达到节约蒸汽的目的。

按照真空泵设计要求供给稳定的工作蒸汽是真空泵性能的重要保证。真空泵的用汽量较大，一台为 200t 级真空处理设备配置的真空泵每小时消耗蒸汽可达十几吨，见表 12-2。为了保证钢液的真空处理，真空泵应配备稳定的气源，最好有燃油或燃气快速锅炉以适应精炼炉间歇性工作的特点，达到出气快、停气快的工作要求。

表 12-2 VD 用真空泵系列

钢包容量/t	在 67Pa 的抽气能力/kg·h⁻¹	处理一次总耗汽量/t	蒸气压力为 0.8~1MPa 时蒸汽耗量/t·h⁻¹
30	120	1	3.5
50	150~180	1.5	4.5
80	200~250	2	6
120	250~350	2.5	8
150	400	4	12
200	450~500	5	15

目前我国已完全掌握了蒸汽喷射真空泵的设计与制造技术，工作真空度一般为 67Pa，抽气量在 50~500kg/h，与国际同类产品性能相当。

国产的 VD 罐的性能参数见表 12-3。

表 12-3 VD 钢包精炼炉主要技术参数

型号	额定容量/t	钢包上口内径/mm	真空罐直径/mm	氩气耗量/L·min⁻¹	工作真空度/Pa	喷射泵抽气能力/kg·h⁻¹	设备水耗量/m³·h⁻¹	喷射泵水耗量/m³·h⁻¹
VD-15	15	2100	3800	100	67	100	20	300
VD-20	20	2250	4000	120	67	150	40	350
VD-25	25	2350	4200	150	67	190	60	400
VD-30	30	2560	4400	180	67	220	80	500
VD-40	40	2650	4600	200	67	250	100	600

型号	额定容量/t	钢包上口内径/mm	真空罐直径/mm	氩气耗量/L·min⁻¹	工作真空度/Pa	喷射泵抽气能力/kg·h⁻¹	设备水耗量/m³·h⁻¹	喷射泵水耗量/m³·h⁻¹
VD – 50	50	3080	4800	250	67	300	120	800
VD – 60	60	3180	5200	300	67	360	120	900
VD – 70	70	3280	5600	500	67	360	120	1000
VD – 80	80	3450	5700	550	67	380	120	1000
VD – 90	90	3550	5820	650	67	420	130	1200
VD – 100	100	3600	5980	700	67	450	150	1200

12. 3. 1. 3　其他设备

(1) 蒸汽供应系统：蒸气压力为 1.4MPa 左右，每小时用量 8 ~ 15t。饱和蒸汽过热温度 20℃。

(2) 水冷系统：主要包括冷凝器、真空室的下口法兰、观察孔、合金加料斗、取样器、循环泵等的冷却，一般要求进水温度不超过 30 ~ 35℃，出水温度不超过 40 ~ 45℃。

(3) 真空度测量系统：由 U 形管真空计和压缩式真空计组成。

(4) 吹氩搅拌系统：钢包底部的透气砖，通常使用的是 1 ~ 2 个。

12. 3. 2　VD 设备的检查、使用与维护

A　检查

(1) 检查各开关是否处于正确位置。

(2) 检查各指示灯、仪表显示、计算机系统是否正常。

(3) 检查电力系统、油水冷却装置是否正常。

(4) 检查水冷系统管道、阀门是否漏水，压力是否正常。

(5) 检查罐盖是否牢固、升降有无障碍、密封是否有问题。

(6) 检查氩气系统是否漏气、压力大小是否正常。

(7) 检查液压系统是否正常、有无漏油、温度是否合适等。

(8) 检查罐盖车、轨道是否正常。

(9) 检查测温、定氧、定氢、取样等工具是否齐全，物料是否备齐。

B　抽真空操作（手动操作）

(1) 打开主蒸汽阀，如果温度低于 180℃，打开放散阀；温度正常后，关闭放散阀；若温度高于 200℃，通知发电车间降低蒸汽温度。

(2) 打开罐体密封圈冷却水，将罐盖车开到抽真空工位，下降罐盖并检查密封圈上是否有渣，防止密封不严，打开罐盖保护氩气。

(3) 关闭罐体密封圈冷却水。

(4) 如图 12 – 12 所示，打开真空主截止阀，关闭阀前破空阀，关闭阀后破空阀，打开进水阀 C2、C3 阀。通过键盘输入工艺规定真空保持时间。打开 B5 阀，5 级真空泵开始工作；当真空度下降到 33kPa 时，打开 B4 阀，4 级真空泵开始工作；当真空度下降到 8kPa 时，打开 B3 阀，关闭 B5、B4 阀，打开进水阀 C1，关闭进水阀 C2、C3 阀，3 级真空泵开始工作；当真空度下降到 2.5kPa 时，打开 B2 阀，2 级真空泵开始工作；当真空度

下降到 500Pa 时，打开 B1 阀，1 级真空泵开始工作。

（5）在真空度低于 67Pa 的情况下，根据各钢种的要求，保持足够的时间。

（6）真空度低于 67Pa 的情况下保持时间到后，依次关闭 B1 阀，关 1 级真空泵；关闭 B2 阀，关 2 级真空泵；关闭 B3 阀，关 3 级真空泵；关闭 B4 阀，关 4 级真空泵；关闭 B5 阀，关 5 级真空泵；关闭进水阀 C1。

（7）关闭真空主截止阀，打开空气破空阀，待真空度升至 85kPa，依次点击罐盖车定位拔销按钮、罐盖上升按钮、活动管道脱开按钮，确认罐盖车定位拔销到位、罐盖上升到位、活动管道脱开到位后，点击罐车行按钮，关闭空气破空阀。

（8）破真空前 3min，打开密封圈冷却水。

（9）抽气结束后，确认龙门钩将钢包挂好后将钢包吊出，取掉氩气管。真空除气过程前期要紧凑，以缩短真空除气时间。注意钢液的沸腾，防止发生熔渣喷溅，当钢液沸腾过于激烈时，立即关闭 B1 阀或在罐盖处手动打开破空阀进行破真空，防止发生熔渣喷溅。

C　吹氩操作

真空除气过程应保证全程吹氩，并根据不同阶段调整不同的氩气量。真空除气过程中控制氩气压力 0.2 ~ 0.5MPa，流量 0.5 ~ 2.0m^3/h。解除真空前，氩气流量恢复到 0.6 ~ 1.2m^3/h 进行弱搅拌。解除真空后软吹氩气压力小于 0.2MPa，流量 0.5 ~ 1.0m^3/h，以钢液不裸露为准，软吹时间满足钢种要求。

D　测温、取样及定氧、定氢操作

测温、取样及定氧、定氢操作时，应关小氩气，操作速度稳定，保证所测数据准确。

E　喂丝操作

（1）根据工艺规定的喂丝种类、数量、速度喂入。

（2）使喂丝导管正对吹氩位置，垂直喂入。

（3）喂丝结束切断电源，改软吹氩，吊包时向钢包投入适量覆盖剂。

F　注意事项

（1）接钢水要专人指挥，指挥天车坐包前必须确认钢包清洁，无黏渣、钢后方可靠近工位进行指挥，防止掉渣、钢伤人。

（2）用对讲机指挥天车接好氩气管，将钢包吊入 VD 罐。

（3）打开吹氩阀门，调整好氩气压力（或流量），检查吹氩是否满足要求，出现问题应及时处理，底吹氩不透不得进行抽真空操作。

（4）室内配电工确认罐盖车行车区域、弯管车行车区域内无人时方可将罐盖车、弯管车开到同一工位。启动两台浊环泵，打开冷却塔。

12.3.3　VD 设备常见事故的预防与处理

A　VD 大罐漏钢

（1）原因。

1）单机泵手操盒"开"黏电，造成"开"动作一直来。

2）原规定的单机泵工作压力值 3MPa 能够将滑板拉开。

（2）预防处理措施。

1）加强手操盒及压扣的检查。

2）将原规定的单机泵工作压力值 3MPa 改为 2MPa。

3）重新细化 VD 上油缸的操作规范。

　　B　其他

（1）透气砖透气性差，应加大吹氩压力，若 3min 后不见好转，则停止精炼。

（2）因蒸气和设备原因不能正常执行工艺时，允许真空度不大于 $3.0 \times 10^3 Pa$，且在 $3.0 \times 10^3 Pa$ 以下保持时间不短于 15min。异常情况时的真空处理，必须尽力提高并维持最高真空度，并在操作记录上注明最高真空度、保持时间、蒸汽压力、温度及异常情况。

（3）包盖塌落、包盖漏水，均应立即停止精炼，吊出钢包进行处理。

（4）钢包穿钢时，应立即停止精炼，提升炉盖，迅速吊出事故包进行处理。

（5）因为季节（冬季）或钢包烘烤器等因素，导致钢包蓄热不饱和，允许出钢温度高出工艺规定上限。

（6）温度达不到上连铸要求的，重新吊回 LF 炉升温。

12.4　CAS 精炼设备

　　在大气压下，钢包吹氩处理钢液时，在钢液面裸露处由于所添加的亲氧材料反复地接触空气或熔渣，易显著降低脱氧效果和合金收得率。因此，日本新日铁公司八幡技术研究所于 1975 年开发了吹氩密封成分微调工艺，即 CAS（Composition Adjustment by Sealed Argon Bubbling，密封吹氩合金成分调整）工艺。此后，为了解决 CAS 法精炼过程中的温降问题，在前述设备的隔离罩处再添加一支吹氧枪，成为 CAS – OB 法，OB 即为吹氧的意思，这是一种借助化学能快速简便地升温预热的装置。到 2007 年低，国内 CAS – OB 精炼装置共有 16 台套。

12.4.1　CAS 炉主要设备构造及功能

（1）CAS 炉设备。CAS 炉设备由钢包底吹氩系统，带有特种耐火材料（如刚玉质）保护的精炼罩，精炼罩提升架，除尘系统，带有储料包、称重、输送及振动溜槽的合金化系统，取样、测温、氧活度测量装置等组成，如图 12 – 13 所示。

（2）CAS – OB 炉设备。CAS – OB 法除了 CAS 设备外，还有氧枪及其升降系统、提温剂加入系统、烟气净化系统、自动测温取样、风动送样系统等设备，如图 12 – 14 所示。

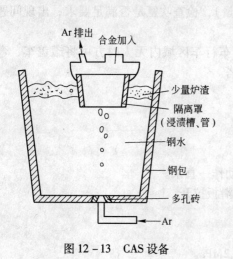

图 12 – 13　CAS 设备

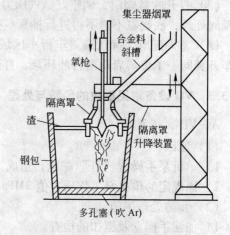

图 12 – 14　CAS-OB 设备

12.4.2　CAS 设备的检查、使用与维护

12.4.2.1　处理前的准备

(1) 调出生产信息画面，了解当班生产计划。

(2) 确认喂丝机工作正常，所备丝线的长度和种类满足本炉次要求。

(3) 检查测温及取样系统，枪运动时，应平稳、无异常响声、上下行顺利。

(4) 检查生产所需的各种工器具。

(5) 检查能源、介质系统。

(6) 确认供氩系统运行正常。

(7) 检查确认钢包车的启动平稳、停位准确，氩管卷筒工作正常。

(8) 检查确认一次除尘系统工作正常。

(9) 检查确认加料系统设备工作正常，各种原、辅材料能满足本炉次生产要求。

(10) 与生产调度联系，反映当前设备情况。

(11) 了解炼钢相关信息：

1) 了解处理钢种和熔炼号；

2) 了解出钢温度和成分；

3) 了解钢包情况；

4) 了解挡渣情况；

5) 与化验室联系；

6) 联系送样筒；

7) 联系非常规取样；

8) 风动送样设备故障时联系处理。

(12) 与维修部门联系进行各类机械、电气设备、各类仪器、仪表设备故障处理。

12.4.2.2　钢包车操作

A　检查

(1) 检查确认轨道线上及其周围无障碍物。

(2) 检查浸渍罩在待机位置。

(3) 检查测温、取样枪在上极限及停放位置。

(4) 检查底吹氩系统接通。

(5) 检查钢包车行驶限位正常。

B　就地操作

(1) 将就地操作台上的"就地控制关/开"选择开关打到"开"。

(2) 确认"就地控制有效试验灯"指示灯亮。

(3) 将出完钢的钢包车开到 CAS 处理区域，并确认其与浸渍罩处于合适位置。

(4) 按"行走快速停止"按钮，可将钢包车在当前运行位置快速停止。

(5) 遇紧急情况，按下"急停"按钮。

12.4.2.3　钢包底吹气体搅拌操作

A　启动底吹气体搅拌的条件

(1) 搅拌气体软管连接到钢包上，搅拌气体管线无泄漏、堵塞。

(2) 减压阀后的压力应大于最小值。

B　就地操作

(1) 将就地操作台上的"就地控制关/开"选择开关打到"开"。

(2) 确认"就地控制有效试验灯"指示灯亮。

(3) 确认"BY PASS"、"LINE CLOSE"指示灯灭。

(4) 触摸"ARGON"或"NITROGEN"选择氩气或氮气。

(5) 触摸"LINE 1"和/或"LINE 2"，选择1号和/或2号透气砖。

(6) 触摸相应的"INCREASE"或"DECREASE"，调整1号或2号 透气砖搅拌气体流量。

(7) 需要吹堵或大搅拌气体流量可触摸"BY PASS"。

(8) 按"MOVEMENT FAST STOP"按钮，可立即停止底吹气体搅拌。

(9) 遇紧急情况，按下"EMERGENCY"按钮。

12.4.2.4　浸渍罩升降操作

A　操作前的确认

(1) 测温取样枪在上极限且在停放位。

(2) 浸渍罩处于等待位或工作位。

B　就地操作

(1) 将就地操作台上的"就地控制"选择开关打到"就地"。

(2) 确认就地操作台上的"传动装置正常"指示灯亮。

(3) 确认"就地操作允许"指示灯亮；

(4) 确定升降锁定机构为"松开"状态。

(5) 操作就地操作台上的浸渍罩升降开关，可提升或下降浸渍罩，浸渍罩提升至工作上限时，延时20s浸渍罩锁定机构自动锁定。可以根据就地操作台上的"升降位置数显示表"和主控监控摄像头了解浸渍罩的位置。

(6) 浸渍罩在升降过程中夹紧/松开操作无效，远程操作不进行松开/夹紧操作。

(7) 浸渍罩在升降过程中锁定/松开操作无效，就地操作箱上开关打至"远程"，浸渍罩停在"待机"工位，允许进行松开/锁定操作。

12.4.2.5　取样、测温、定氧操作

A　操作前的确认

(1) 接通操作盘主电源开关。

(2) 接通操作盘控制电源开关。

(3) 确认钢包车在CAS处理位置。

(4) 确认浸渍罩已落下。

(5) 确认总报警指示灯无报警信号。

B 操作

a 就地人工操作

(1) 将就地操作台上的选择开关打到"测温"。

(2) 确认"就地控制有效试验灯"指示灯亮。

(3) 按就地操作手操器的"自动下枪",下降测温枪,插入钢水中进行测温或测温定氧操作,枪下到测量位停滞 2s（时间可以根据使用情况进行调整）后会自动提枪,完成测温或测温定氧操作。

(4) 紧急情况,按下"快速提枪"按钮,提升测温枪。

(5) 将就地操作台上的选择开关打到"取样"。

(6) 按就地操作手操器的"自动下枪",下降取样枪,插入钢水中进行取样操作,枪下到测量位停滞 2s（时间可以根据使用情况进行调整）后会自动提枪,完成取样操作。

(7) 紧急情况,按下"快速提枪"按钮,提升取样枪。

b 人工操作

(1) 取样。

1) 装上取样探头。

2) 根据工艺技术规程要求进行取样操作。

3) 若第一次取样不合格,则进行第二次取样。

(2) 测温、定氧。

1) 装上测温或定氧探头。

2) 确认信号灯亮。

3) 根据工艺技术规程要求进行测温、定氧。

4) 第一次测温、定氧未测出或与预计值偏差较大时,进行第二次测温、定氧。

5) 测温、定氧、取样结束后,将测温、取样枪放回原处。

12.4.2.6 风动送样操作

(1) 从取样枪上取下取样探头,取下并冷却试样。

(2) 确认试样和样票炉次一致。

(3) 将试样放入弹盒后拧紧,在就地操作箱上按"开门"按钮,放入送样装置,注意弹盒放入送样装置时保持弹盒的盖朝下、底朝上。

(4) 按动"发送"按钮发送试样。

12.4.2.7 CAS投料操作

CAS投料系统共有 2 地 3 种操作方式,CRT 半自动、CRT 手动、机旁单机手动操作方式。

(1) CRT 半自动操作方式:此种操作方式是按操作工设定数据进行称量投入的控制操作方式。

(2) CRT 手动操作方式:此种操作方式是在保留必要的设备联锁条件的情况下,人工在 CRT 上分别对设备进行各种操作的单机控制操作方式。

(3) 机旁单机手动操作方式:此种操作方式是仅有单机设备自身最基本的安全联锁而无其他联锁,由人工在机旁进行单机设备检修和调试时使用的控制操作方式。

A　称料操作

（1）操作前确认。

1）称量、振动系统正常。

2）CLD 称量斗显示数据在正常范围内。

3）合金料仓有料位显示。

（2）操作。称量斗（LHLC01～LHLC06）称量，然后依次启动相应的电动机振动给料机（LHVF01～LHVF06）至称量完毕停，称量结束。当需只加某种料时，只选中某一对应的称量斗，启动某一相对应的振动给料机，再按以上顺行进行启动。

B　加料操作

（1）操作前确认。

1）钢包在处理位。

2）称量、振动系统正常。

3）浸渍罩在低位。

4）二次除尘正常。

（2）操作。当钢包需要加入合金料时，打开电液动平板闸门（LHDPZ）→启动电动机振动给料机（LHVF07）→启动给料阀门（LHDYT）至卸空称量斗止→关闭给料阀门（LHDYT）→关闭电机振动给料机（LHVF07）→关闭电液动平板闸门（LHDPZ），加料结束。

12.4.2.8　喂丝操作

A　操作前的确认

（1）操作盘所有指示灯正常。

（2）所喂金属丝的种类及数量能满足需要。

（3）喂丝机操作正常。

（4）钢包在喂丝工位。

B　控制箱操作

（1）将就地操作箱上"手动/自动"两位选择开关打到"自动"。

（2）将主控柜上"就地控制/远程控制"选择开关打到"远程控制"。

（3）点击 HMI 运动画面中的"WIRE FEEDER"喂丝机框，进入喂丝状态窗口。

（4）点击"RECIPE"，进入喂丝配方窗口。

（5）在 1 流、2 流、3 流或 4 流上设定喂丝长度、喂丝速度、退丝长度。

（6）点击"START"，开始喂丝。

（7）点击"PAUSE"，暂时停止喂丝。

（8）点击"STOP"，停止喂丝。

12.4.3　CAS 设备常见事故的处理

（1）钢包底吹不通。

1）处理方法。

①用旁通（破渣）方式吹氩将钢包底吹透气砖吹通。

② 如果用旁通 (破渣) 方式吹氩 10 ~ 15min 仍未吹通时, 应检查底吹供气系统是否正常。如果没有流量, 应检查有关阀门是否工作正常、是否全部打开。如果检查确认底吹供气系统正常, 但钢水表面仍无翻腾, 也无流量, 说明透气砖已堵塞。

③ 如果仍不符合处理条件, 则不能进行处理, 倒包或回炉。

2) 注意事项。在判断钢包底吹是否吹通时, 用肉眼观察钢水面的翻腾情况来决定。

(2) 钢包包壁发红。

1) 处理方法。

① 立即提升浸渍罩, 停止氩气搅拌。

② 将钢包车开到吊包位, 吊离钢包进行倒包。

2) 注意事项。吊包过程中注意钢水滴落烧伤人。

(3) 钢包漏钢。

1) 处理方法。

① 立即停止冶炼, 提升浸渍罩, 停止氩气搅拌, 切断电源。

② 将钢包车开至吊包位。

③ 若在钢包包壁渣线部位漏钢, 等到钢水流到漏钢位置后, 吊离钢包进行倒包; 若钢包底部或钢包侧壁下部漏钢, 不进行任何操作, 只有等到钢水流完再进行处理。

2) 注意事项。

① 吊包过程中注意钢水滴落烧伤人。

② 炉下渣道洒水, 清理轨道。

思考与练习

12 - 1 常用的炉外精炼手段有哪些?

12 - 2 常用的炉外精炼设备的功能有哪些?

12 - 3 LF 精炼设备由哪几部分组成?

12 - 4 LF 精炼设备常见事故有哪些?

12 - 5 如何使用及维护 LF 精炼设备?

12 - 6 RH 精炼设备由哪几部分组成?

12 - 7 RH 精炼设备常见事故有哪些?

12 - 8 如何使用及维护 RH 精炼设备?

12 - 9 VD 精炼设备由哪几部分组成?

12 - 10 VD 精炼设备常见事故有哪些?

12 - 11 如何使用及维护 VD 精炼设备?

12 - 12 CAS 精炼设备由哪几部分组成?

参 考 文 献

[1] 罗振才. 炼钢机械 [M]. 2版. 北京: 冶金工业出版社, 2011.

[2] 时彦林, 李鹏飞. 冶炼设备维护与检修 [M]. 北京: 冶金工业出版社, 2008.

[3] 冯捷. 转炉炼钢生产 [M]. 北京: 冶金工业出版社, 2008.

[4] 李传薪. 钢铁厂设计原理 (下册) [M]. 北京: 冶金工业出版社, 1995.

[5] 陈达士. 最新炉外精炼及铁水预处理新工艺、新技术实用手册. 北京: 当代中国音像出版社, 2005.

[6] 中国冶金百科全书总编辑委员会. 中国冶金百科全书 (钢铁冶金) [M]. 北京: 冶金工业出版社, 2001.

[7] 赵沛. 炉外精炼及铁水预处理实用手册 [M]. 北京: 冶金工业出版社, 2004.

[8] 徐增启. 炉外精炼 [M]. 北京: 冶金工业出版社, 2003.

[9] 冯聚和, 艾立群, 刘建华. 炉外精炼技术 [M]. 北京: 冶金工业出版社, 2006.

[10] 高泽平. 炉外精炼教程 [M]. 北京: 冶金工业出版社, 2011.

[11] 朱苗勇. 现代冶金学 [M]. 北京: 冶金工业出版社, 2005.

[12] 俞海明. 电炉钢水的炉外精炼技术 [M]. 北京: 冶金工业出版社, 2010.

[13] 秦斌, 高爽, 张文锋. RH真空处理装置预热枪控制系统 [J]. 冶金自动化, 2009, 33 (3): 37-40.

[14] 姜进强, 张东力. 高效RH新工艺开发应用 [J]. 山东冶金, 2008, 30 (4): 1-3.

[15] 刘浏. RH真空精炼工艺与装备技术的发展 [J]. 钢铁, 2006, 41 (8): 1-7.

[16] 任彤, 董伟光. RH钢水真空循环脱气装置的发展及现状 [J]. 重型机械, 2006 (S1): 9-11.

[17] 吴利中, 程晓文, 邓增广. 韶钢120t LF炉生产工艺实践 [J]. 南方金属, 2006 (1): 52-54.

[18] 张旭升, 关勇, 吕春风, 等. 新型LF炉精炼渣的研制与应用 [J]. 鞍钢技术, 2006 (2): 33-34.

[19] 刘闯. 不锈钢AOD精炼工艺的应用和发展 [J]. 特殊钢, 2007, 28 (1): 45-46.

[20] 郭家祺, 刘明生. AOD精炼不锈钢工艺发展 [J]. 炼钢, 2002, 18 (2): 54-55.

[21] 王海江, 朱宏利, 魏季和, 等. 不锈钢的侧顶复吹AOD精炼过程 [J]. 上海金属, 2005, 27 (5): 44-46.